引信弹道修正技术

申 强 李东光 纪秀玲 时景峰 等著

国防工業出版社
·北京·

内容简介

本书对引信弹道修正技术的概念、弹道修正引信分类以及弹道修正引信技术的发展过程进行了介绍，对比分析了各种类型弹道修正引信的主要特点。介绍了常用坐标系及外弹道模型，分析了引信弹道修正技术对改善弹药射击精度的作用。分别对卫星定位和惯性传感器测量弹丸飞行弹道的方法进行了介绍，深入研究了弹丸飞行高动态条件下卫星定位接收机基带处理技术。研究了几种常用的弹道辨识和落点预估方法，比较分析了不同弹道模型用于落点预估的精度和特点。针对一维、二维弹道修正引信不同修正机构的特点进行了气动计算，比较研究了各种修正机构的气动特性，对一维弹道修正引信工作原理、修正策略、射程修正误差进行了研究和分析，对二维弹道修正引信工作原理、基于固定偏角舵修正执行机构的工作原理和特点进行了分析，研究了针对固定偏角舵的弹丸飞行稳定性及控制机理。

本书可作为武器系统设计专业本科生、兵器科学与技术研究生的参考教材，也可供引信技术、弹箭控制、灵巧弹药等相关领域的工程技术人员参考。

图书在版编目（CIP）数据

引信弹道修正技术/申强等著. —北京：国防工业出版社，2016.3

（现代引信技术丛书）

ISBN 978-7-118-10752-4

Ⅰ. ①引… Ⅱ. ①申… Ⅲ. ①武器引信—弹道学 Ⅳ. ①TJ43

中国版本图书馆 CIP 数据核字（2016）第 117009 号

※

国防工业出版社出版发行

（北京市海淀区紫竹院南路 23 号 邮政编码 100048）

北京嘉恒彩色印刷有限公司印刷

新华书店经售

*

开本 710×1000 1/16 **印张** 13¼ **字数** 270 千字

2016 年 3 月第 1 版第 1 次印刷 **印数** 1—2000 册 **定价** 69.00 元

国防书店：（010）88540777 发行邮购：（010）88540776

发行传真：（010）88540755 发行业务：（010）88540717

《现代引信技术丛书》

FOREWORD 序

引信是利用目标、环境或指令信息，在预定的条件下解除保险，并在有利的时机或位置上起爆或引燃弹药战斗部装药的控制系统（或装置）。弹药是武器系统的核心部分，是完成既定战斗任务的最终手段。引信作为弹药战斗部对目标产生毁伤作用或终点效应的控制系统（或装置），始终处于武器弹药战场终端对抗的最前沿。大量实战案例表明：性能完善、质量可靠的引信能保证弹药战斗部对目标实施有效毁伤，发挥武器弹药作战效能“倍增器”的作用；性能不完善的引信则会导致弹药在勤务处理时、发射过程中或发射平台附近过早炸，遇到目标时发生早炸、迟炸或瞎火，不仅贻误战机，还可能对己方和友邻造成严重危害。

从严格的学科分类意义上讲，“引信技术”并不是一个具有相对独立的知识体系的学科或专业，而是一个跨学科、专业的工程应用综合技术领域。因此，现代引信及其系统是一类涉及多学科、专业知识的军事工程科技产品。纵观历史，为了获取战争对抗中的优势，人们总是将自己的智慧和最新科技成果优先应用于武器装备的研制和发展。引信也不例外，现代引信技术的发展一方面受到武器弹药战场对抗的需求牵引，另一方面受到当代科学技术进步的发展推动。

近30年来，随着人类社会进入以信息科技为主要特征的知识经济时代，作战方式发生了深刻的变化，目标环境也日趋复杂。为适应现代及未来作战需求，高新技术武器装备得到快速发展，弹药战斗部新原理、新技术层出不穷，促使现代引信技术在进一步提高使用安全性和作用可靠性的同时，朝着多功能、多选择，以及引爆-制导一体化、微小型化、灵巧化、智能化和网络化的方向快速发展。

“现代引信技术丛书”共12册，较系统和客观地反映了近30年来现代引信技术部分领域的理论研究和技术发展的现状、水平及趋势。丛书包括：《激光引信技术》《中小型智能弹药舵机系统设计与应用技术》《引信安全系统分析与设计》《引信环境及其应用》《引信可靠性技术》《高动态微系统与MEMS引信技术》《现代引信装配工程》《引信弹道修正技术》《高价值弹药引信小子样可靠性评估与验收》《弹目姿轨复合交会精准起爆控制》《侵彻弹药引信技术》《引信 MEMS 微弹性元件设计基础》。

这套丛书是以北京理工大学教师为主，联合中北大学及相关科研单位的教师和研究人员集体撰写的。这套丛书的特色可以概括为：内容厚今薄古；取材内外兼收；突出设计思想；强调普适方法；注重科技创新；适应发展需求。这套丛书已列为 2015 年度国家出版基金项目，既可作为从事兵器科学与技术，特别是从事弹药工程和引信技术的科技工程专业人员和管理人员的使用工具，也可作为高等学校相关学科专业师生的教学参考。

这套丛书的出版，对进一步推动我国现代引信技术的发展，进而促进武器弹药技术的进步具有重要意义。值此丛书付梓之际，衷心祝贺“现代引信技术丛书”的出版面世。

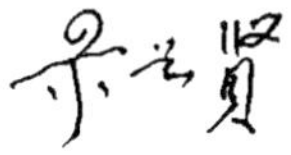

2016 年 1 月

PREFACE 前言

引信弹道修正技术是指在引信常规安全与解除保险和发火控制功能的基础上，增加弹道参数测量、控制和执行装置，在原有射击操作过程基本不变，保证弹丸飞行稳定且按正常弹道飞行的前提下对弹道进行微小的调整，从而减小弹丸落点散布，提高弹丸射击精度的一门技术。

20世纪90年代，北京理工大学马宝华教授提出在引信上安装“鸭式舵”对弹道进行简易修正的弹道修正引信概念。国外弹道修正引信概念也是在这一时期提出的。弹道修正引信概念的提出是引信行业乃至弹药行业的一个重要创新，它把引信从传统的炸点高度维精确控制向射程纵向、横向两个维度进行了拓展，是引信功能的自然延伸。尤其是针对采用底排减阻增程、火箭增程或二者复合增程技术的增程类弹药，配用弹道修正引信，可在不需对弹丸进行任何改动，以及装药量不变的前提下获得精度的大幅度提高。因此，引信弹道修正技术已成为国内外引信技术的重要发展方向。目前国内相关高校、研究所、工厂正在竞相开展一维、二维弹道修正引信的研制和关键技术攻关工作。

对于引信弹道修正技术，国内外在理论、产品设计、试验等方面开展了大量研究工作，取得了较大进展，在研制过程中也积累了大量资料，发表了不少论文。但是，迄今为止还未见对相关研究成果较为系统的介绍，国内各科研院所、企业在从事有关引信弹道修正技术的研究和工程研制过程中，也没有较为系统、全面的论著可供借鉴。为此，著者以所在的北京理工大学引信弹道修正技术科研团队十多年科学研究成果为主，参阅部分国内外相关资料编写了本书。

引信弹道修正技术涉及技术领域宽泛，如引信技术、弹道学、控制理论、制导技术、测试技术、机械设计、气动力学、武器系统总体技术等多学科理论和技术，但引信弹道修正技术并不是这些知识的简单组合和应用，而是在这些知识的基础上形成了独特的技术规律。本书在总结著者所在团队多年的研究成果和研制经验、充分借鉴行业内相关研究成果的基础上，对引信弹道修正技术所涉及的关键技术问题进行了重点阐述，以一维、二维弹道修正引信为例对弹道修正引信设计过程与相关技术进行了总结和归纳。本书紧密联系工程设计实践，具有较强的实用性，是国内第一本对引信弹道修正技术进行较为全面总结和系统分析的学术著作，对弹道修正引信及弹道修正弹药研制具有一定参考价值。由于引信弹道修正技术研究还在继续深入及不断发展中，本书所列相关内容在广度和深度上存在一些不足，有些问题还只是阶段性的成果，因而内容上还需不断充实和发展。

本书是著者与课题组成员多年的研究成果总结。首先感谢马宝华教授，从引信弹道修正概念到某些具体关键技术，从课题组成员的研究方向确定到科研项目的立项都凝聚了马宝华教授的大量心血。申强编写了第1、3、5、7、8章；纪秀玲编写了第6章；李东光、时景峰编写了第2、4章。本书由申强统稿。闫刚、曾广裕、刘旭东、龚如、王瑞石、万林、王少飞、李淼等同学，以及“引信动态特性国防科技重点实验室”，在本书编写过程中给予了大力的支持与帮助，在此表示感谢。

此外，本书部分内容还参考了国内外同行专家、学者的最新研究成果，在此一并表示诚挚的谢意！

由于作者水平有限，书中难免存在不妥之处，敬请读者批评指正。

著　者

2016年2月于北京理工大学

CONTENTS 目录

1

第1章 绪 论

1.1 引信弹道修正技术概念

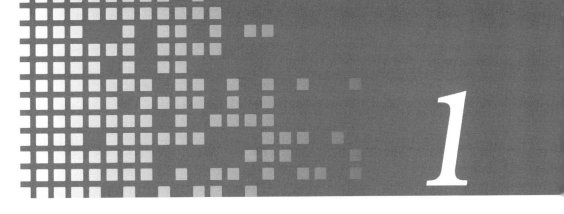

1.1.1 引信弹道修正技术基础知识

引信弹道修正技术是指在引信常规安全与解除保险和发火控制功能的基础上，增加弹道参数测量、控制和执行装置，在遵循弹药原有射击操作过程且保证弹丸稳定飞行前提下对其飞行弹道进行适当调整，从而减小弹丸落点散布，提高弹丸射击精度的一项技术。通过引信实现弹道修正进而实现弹丸命中点控制，是引信功能的自然延伸，即把引信从以前的命中点高度维（触发、近炸）控制向其他两个维度（射击纵向、横向）进行有效的拓展。

弹道修正弹药特点是以较低的技术复杂度和较低的成本获得较高的射击精度从而实现对目标的精确度压制。其主要作战效能体现在弹药消耗量大幅降低、后勤补给负担减轻、附带毁伤降低，从而缩短了战斗任务完成时间，在有效压制杀伤敌方的同时有利于己方生存。火炮弹药采用底排、火箭或二者复合的增程技术后，弹药在射程上实现了“远程打击”；但射击散布大幅增加，无法实现“精确命中”。采用弹道修正技术能很好地解决“远程打击”和“精确命中”二者兼顾的问题。

实现弹道修正功能，既可对全弹进行改造和整体设计，也可仅对引信进行改造，利用引信实现弹道修正功能。在引信中实现弹道修正功能具有如下主要优点：

(1) 仅需更换一个“引信”，无需对弹丸进行改动，即可将无控弹药激活为灵巧弹药，非常适合于大量库存、新研无控弹药尤其是增程类弹药的改造。

(2) 与引信进行一体化设计可有效缩小体积，保证战斗部最大毁伤效能。

(3) 便于引信安全与解除保险模块充分利用弹道信息，提高引信的安全性。

主要缺点如下：

(1) 引信系统集成设计难度加大，对各个模块的小型化设计、电磁兼容性设计等要求高。

(2) 弹道修正能力有限，需要设计高效执行机构。

引信弹道修正技术主要涉及弹道参数动态测量技术、基于飞行稳定的低成本弹道控制技术、高效气动执行器技术、系统集成技术等关键技术。

1.1.2 弹道修正引信的分类

根据安装了弹道修正引信的弹丸在发射后是否需要地面火控、人员等参与修正过程或是否与地面火控系统等产生信息交联，可分为指令式弹道修正引信和非指令式弹道修正引信。法国的 SPACIDO 一维弹道修正引信是指令式弹道修正引信的典型，该引信采用雷达测量弹丸飞行的外弹道，利用火控计算机对弹道进行辨识和预测，解算增阻机构启动最佳时间，并通过无限数据链路将此时间指令传给引信，引信按此接收的时间启动增阻机构实施修正。

非指令式弹道修正引信也称为自主式弹道修正引信，能够实现弹丸发射后“不管”，其的弹道测量、弹道辨识和解算、弹道控制等在引信上完成。美国的 PGK 二维弹道修正引信、欧洲的 ECF 一维弹道修正引信都是非指令（自主）式弹道修正引信的典型。目前，自主式弹道修正引信已成为引信弹道修正技术的主要发展趋势。

另外，从射击精度的角度可分为一维弹道修正引信和二维弹道修正引信。一般而言，一维弹道修正引信仅指能够降低弹丸射击纵向散布的弹道修正引信，二维弹道修正引信则指既能降低射击纵向散布，又能降低射击横向散布的弹道修正引信。

1.2 引信弹道修正技术发展过程

1.2.1 弹道修正功能是引信炸点控制功能的扩展

引信弹道修正技术是引信技术发展的必然结果，是引信由高度炸点控制向水平和高度炸点控制的演进。美国引信年会给出了 20 世纪 50 年代到 21 世纪初引信的技术发展趋势，如图 1－1 所示。由图可以看出，引信发展的高级阶段是带有近炸功能的弹道修正引信，以解决水平维和高度维的炸点控制问题。

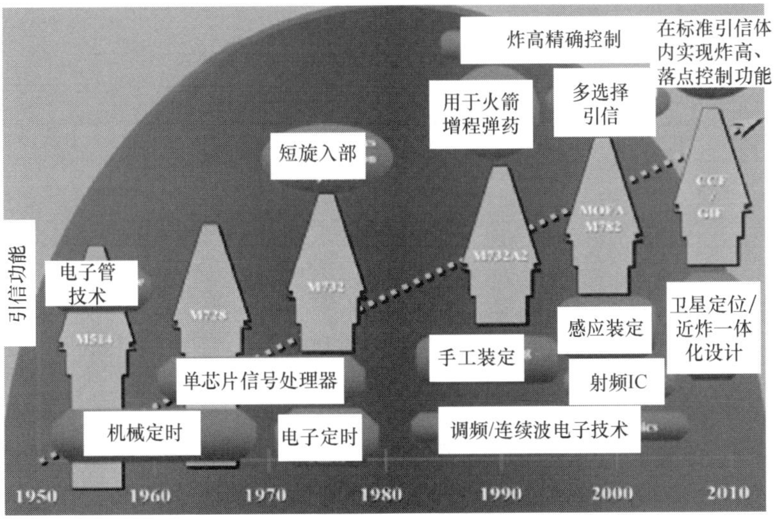

图 1－1　引信的技术发展趋势

1.2.2　弹道修正引信技术的发展过程

美国的 Sanders Associates 虽于 20 世纪 70 年代中期就提出了弹道修正引信概念，但见诸报道则在 90 年代中期，当时称作“末端修正的旋转稳定弹”(TCSP)。它是一种旋转高射炮弹，其预想的结构和工作过程：修正组件完全安装在原弹的引信室中，末端红外探测目标，确定修正量，指令鸭舵偏转，实现弹道修正。此系统概念是弹道修正引信的理想方案，具有的优点：① 弹道修正引信完全装在原有弹药的引信室中，无需对原库存炮弹进行改动；② 射击后不用管，具有极大的战术优越性；③ 既保留了原弹的高速旋转，又实现了鸭舵控制，这对于高速旋转稳定炮弹实现弹道修正是十分重要的。但是，这种方案技术难度很大，特别是探测器件的探测距离较近和鸭舵修正能力不足，使该计划于 80 年代后期终止。80 年代末，美国陆军研究实验室（ARL）开始探索研究全球定位系统（GPS）试射弹和 2D（距离和方向）修正系统。该实验室和美国陆军研究发展和工程中心（ARDEC）合作进行低成本特种技能弹药（LCCM）研究。LCCM 项目是一种新颖的武器概念，是弹道修正引信系统的典型应用。它的目的是采用低成本的北约制式引信，通过调整炮弹弹道来提高现有和未来炮弹的作用效果，使命中精度提高 50%。其关键技术是 GPS 接收机、宽动态范围的惯性测量装置和小型化增阻机构。LCCM 的 GPS 制导引信按北约标准制造，可用于几乎所有火炮和迫击炮弹药中。

LCCM 计划分三个阶段研制：第一阶段是 LCCM“自动试射”弹药，在标准尺寸的引信腔内装入微型化的 GPS 接收机和无线电发射机，用于收集弹丸飞行中的弹道数据并把数据发回地面装置；第二阶段的 LCCM 是在第一阶段设计结构上加装阻力器的阻力型射距修正弹药，该引信也采用 GPS 接收机收集飞行中的弹道数据，但不再把数据发回地面，而是据此数据在修正模块中计算出修正量，控制阻力器启动时间，由于是增阻型修正，所以初始装定的弹着点应远于目标实际位置；第三阶段是把阻力器变成可偏转的鸭舵，利用鸭舵的旋转来驱动弹丸或左或右运动，从而修正方向误差。美国的 LCCM 计划在 20 世纪 90 年代末期派生出了几种不同的技术方案，最终通过方案优选确定采用阿联特技术系统（ATK）公司的精确制导组件（PGK）二维弹道修正引信方案。

美国的引信弹道修正技术发展过程如图 1－2 所示。

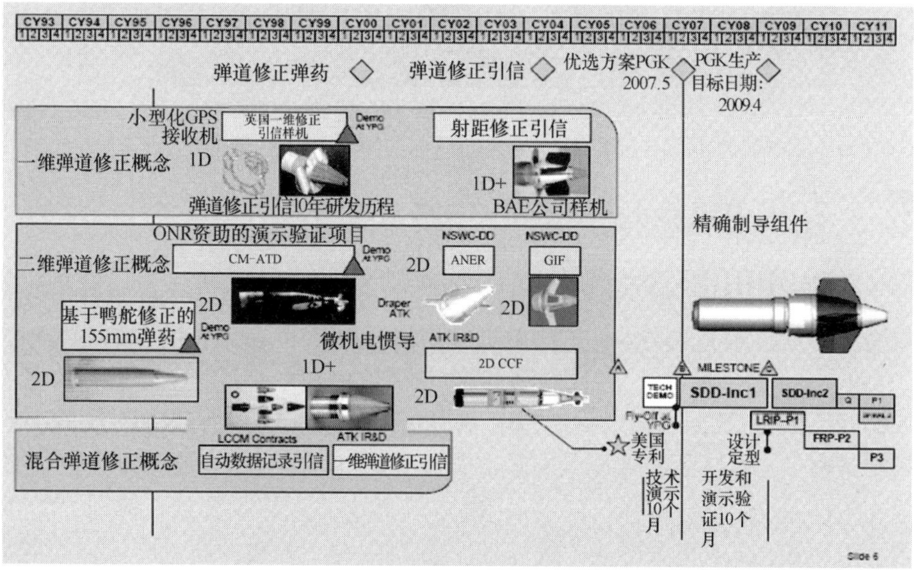

图 1－2　引信弹道修正技术发展过程

从图 1－2 可以看出，一维弹道修正引信执行器最典型的是增阻式修正执行器。而 1D＋修正引信主要是针对旋转稳定弹进行射击纵向、横向两个方向修正，在射击纵向上采用增阻式修正模式，在射击横向上采用旋转阻力器以降低弹丸的转速，利用陀螺效应改变弹丸的动力平衡角从而减少旋转弹本来存在的偏流。作战使用时，射击纵向上需要“瞄远打近”，比目标瞄得更远一些；对于右旋弹（从弹尾看顺时针旋转），在射击横向上需要“瞄右打左”，比目标瞄得更右一些。

二维弹道修正引信在发展过程中，执行机构出现了可调舵偏角鸭舵执行机构、固定舵偏角鸭舵执行机构、乒乓舵执行机构、栅格舵执行机构等类型。

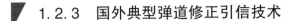

1.2.3 国外典型弹道修正引信技术

1. 欧洲修正引信

欧洲修正引信（ECF）是基于 GPS 的一维弹道（射程）修正引信，其工作过程如图 1－3 所示。

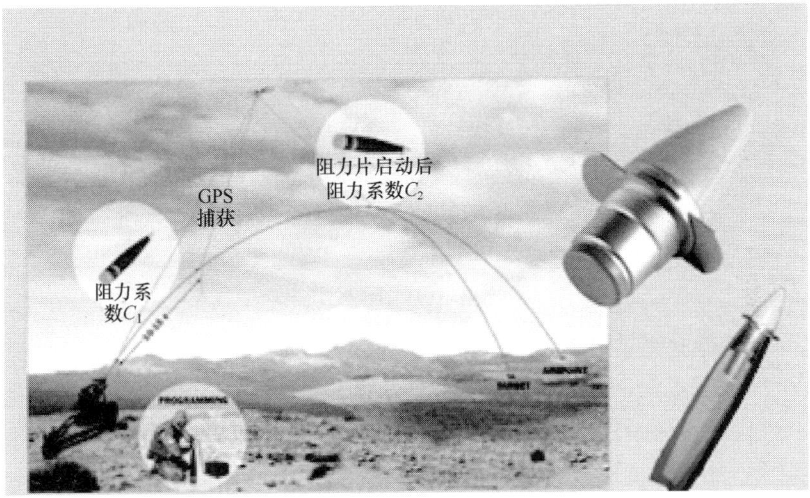

图 1－3 ECF 及其工作过程

ECF 主要特点如下：

（1）采用短旋入引信室，兼容于所有炮兵弹药和平台，外形与制式引信外形及其装定器接口匹配。

（2）采用 C/A 码 GPS 接收机进行弹道测量，修正后纵向散布误差小于 40m。

（3）采用多选择引信作用方式，包括近炸、触发、延期和定时。

（4）采用感应装定方式，符合北约 STANAGS 标准。

2. 法国 SPACIDO 弹道修正引信

SPACIDO 是基于炮位雷达测速的一维弹道修正引信，具有近炸、时间、触发和延期四种作用方式。利用炮位多普勒测速雷达跟踪弹丸飞行 7～8km 以确定实际弹道并由火控计算机确定阻力修正机构启动时间，通过遥测发射机将此时间发射至引信。SPACIDO 及其工作过程如图 1－4 所示。SPACIDO 以炮口初速雷达测量弹道参数，以三片式增阻机构作为修正执行机构，使用这种引信后弹药消耗量可减少 75%。

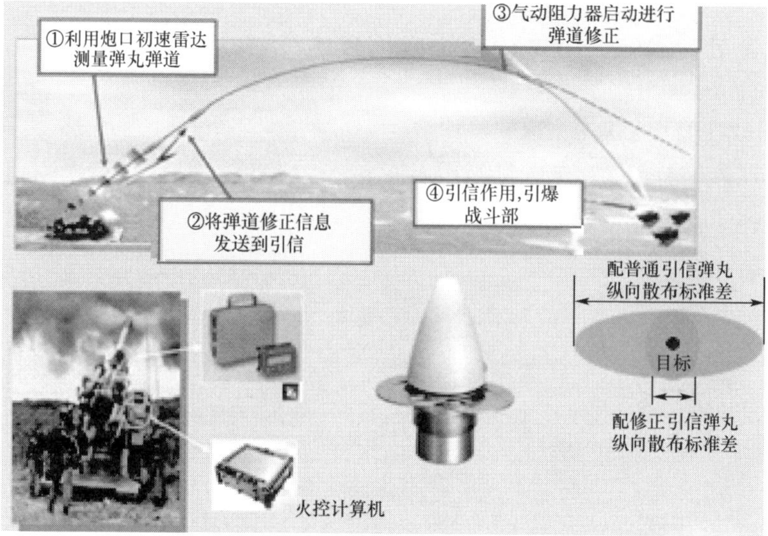

图 1－4　SPACIDO 引信及其工作过程

3. 1D＋弹道修正引信

1D＋弹道修正引信如图 1－5 所示。1D＋弹道修正引信由两个轴向阻力器和一个旋转阻力器组成。两个轴向阻力器一小一大，分别对初始诸元引起的纵向偏差、弹道末段纵向偏差进行修正。旋转阻力器利用旋转稳定弹的陀螺偏流效应实现对横向散布的修正。该修正引信为开环修正方式，在射击时采用"瞄远打近"及"瞄右打左"的修正策略。采用该方案弹道修正引信结构简单，无复杂的舵机，在本质上与一维修正引信相同；但只适用于旋转稳定弹，且属于开环一次性修正，对弹道预测精度的要求较高。此种弹道修正引信后来未见进入装备研制的报道。

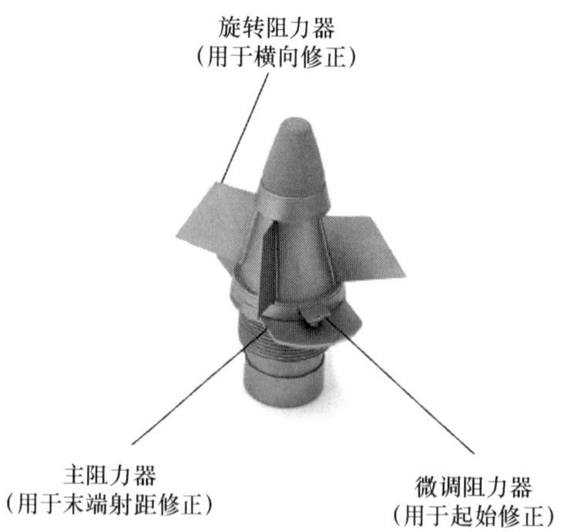

图 1－5　1D＋弹道修正引信

4. PGK 二维弹道修正引信

PGK 二维弹道修正引信是美国弹道修正技术多年发展过程中从多种方案中脱颖而出的一种方案，最终得以进入装备研制流程，目前已设计定型并少量装备部队。PGK 二维弹道修正引信如图 1-6 所示。该引信比制式引信在旋入和外露部分均有所加长。该引信采用固定偏角舵作为修正执行器，依靠改变固定偏角舵组件对地旋转姿态改变修正力方向，进而达到在纵向、横向上同时进行修正的目的。它主要用于 155mm、105mm 榴弹炮弹药系列。采用 GPS 接收机测量弹道参数和滚转姿态，可自发电，是一种低成本弹道修正引信方案。

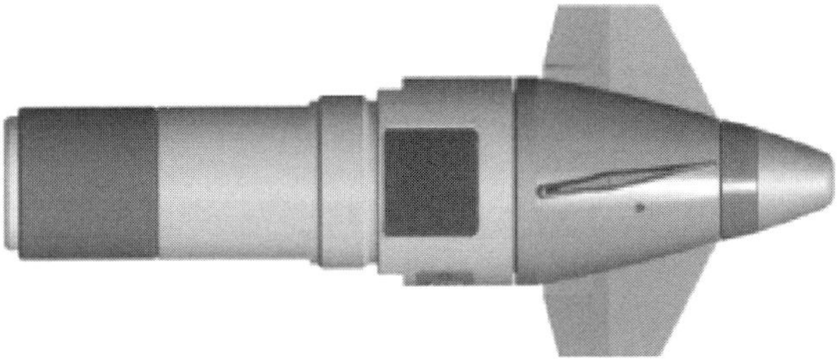

图 1-6 PGK 二维弹道修正引信

5. 南非二维弹道修正引信

南非二维弹道修正引信如图 1-7 所示。该引信采用 MIMU/GPS 方案，圆概率误差指标（CEP）为 10m，目前处在概念设计阶段，没有经过炮射试验。其中，用于旋转姿态测量的磁传感器已经在南非“猫鼬”导弹上使用过。

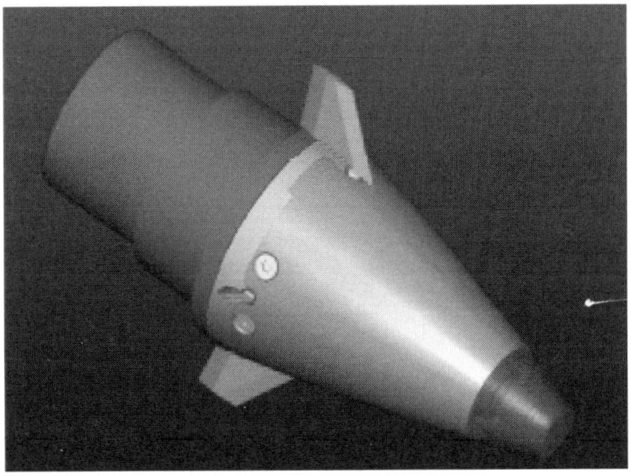

图 1-7 南非二维弹道修正引信

国外弹道修正引信技术特点见表 1-1。

表 1-1　国外弹道修正引信技术特点

弹道修正引信类型	修正机构类型	弹道测量方式	代表产品	技术特点
二维弹道修正引信	折叠式栅格舵，舵偏角可调	GPS	美国海军 GIF	引信整体减旋，利于卫星定位接收机、地磁传感器等测量弹道参数。舵偏可调，修正力大小可调，能实现精确修正。对减旋轴承设计要求高，需外供电
	展开式电动舵组，舵偏角可调	GPS 或 MIMU/GPS	南非二维弹道修正引信	
	折叠式多模控制电动舵组	GPS	美国海军 GIF 发展型 Viper	引信不减旋，控制简单，需外供电
	自发电固定舵，舵偏角固定	GPS	美国 MGK	仅舵面部分减旋，强度好，轴承等设计难度相对小，发电能力强，不需电池。需传感器数量少，仅需 GPS 接收机，既能定位，又能完成滚转测量。突破基于贴片天线的高转速 GPS 接收机定位技术、滚转测量技术、基于弹丸滚转信息和舵相对弹丸滚转信息双路输入条件下的舵滚转角控制技术
	外供电固定舵	GPS	美国 MGK	除需增加电池外，技术特点同 PGK
一维弹道修正引信	两片式增阻式阻力修正机构	GPS	欧洲 ECF	标准引信外形，与制式引信通用射表
	三片式增阻式修正机构	雷达	法国 SPACIDO	

国外引信弹道修正技术的主要特点如下：

（1）高度集成化设计，在标准引信体积内实现弹道修正功能，与引信安全与起爆控制功能进行一体化设计。

（2）低成本设计，各组成模块尽量采用成熟的货架产品。

（3）以卫星定位为主进行弹道参数测量，卫星定位接收机具有深组合的功能，能与惯性测量单元进行组合导航，以提高抗干扰能力。

（4）采用高效气动修正机构，保证在引信小体积约束下能够获得最大的修正力。

国外引信弹道修正技术的发展趋势：由引信实现弹道修正，从单通道位置闭环控制逐渐向多通道位置/姿态混合闭环控制过渡，弹道修正能力得以较大增强，精度得以较大提高。另外，卫星定位/惯性深组合、不依赖于卫星定位手段的弹道参数测量技术、小体积高效气动修正及引信舵机技术、低成本飞行控制技术等，是未来引信弹道修正技术的重要研究方向。

1.2.4 国内弹道修正引信发展过程

国内对于弹道修正引信系统的研究始于1993年，北京理工大学马宝华教授正式提出："……在引信上设置'鸭舵'、在航空子母弹药上设置小型冲压发动机由引信控制点火……起到对末端弹道进行修正的作用……"1994年，北京理工大学正式进行基于惯性制导原理的自主式弹道修正引信的研究，提出了利用微机电加速度传感器和微机电陀螺仪测量弹道特征参数，通过微型推冲器修正弹道的原理方案，并开展了弹道修正引信的基本理论研究。其后，在马宝华教授、李世义教授、李东光教授等指导下，北京理工大学的数名研究生陆续加入弹道修正引信系统的研究小组中，分别进行相关技术领域的研究工作。2005年，北京理工大学作为总研究师单位承担了"低成本弹道修正弹药系统"演示验证项目，该项目以一维弹道修正引信为核心，在120mm火箭增程迫击炮弹上进行演示。采用加速度传感器测量火箭增程段的加速度，以减少火箭增程发动机推力散布对射击纵向精度的影响。由于当时国内北斗导航定位系统尚未成熟，所以该方案是唯一可行的自主式弹道修正技术方案。该方案的成败取决于加速度传感器的精度，加速度传感器在发射后的零点漂移是影响此方案精度的主要因素。另外，在高速旋转稳定弹丸上应用时，还要考虑传感器敏感轴与弹轴偏心且存在一定安装角时由于旋转形成的离心加速度带来的影响。随后，北京理工大学陆续开展了总装备部"十一五""十二五"有关二维弹道修正引信技术的预先研究。经过多年技术积累，北京理工大学引信弹道修正技术已在国内具有一定领先优势。目前，北京理工大学正以掌握的核心关键技术与中国兵器工业集团公司844厂、304厂、724厂、9604厂等多家兵工企业合作开展一维弹道修正引信、二维弹道修正引信、子母弹/特种弹自适应电子时间引信的工程研制工作，积极争取外贸、型号立项及承担相关研制任务。近年来，陆续在155mm加榴炮、122mm榴弹炮、100mm新型步兵战车炮等平台上通过了靶场试验验证。

除北京理工大学外，中国兵器工业集团公司212所、844厂、304厂等单位也在开展有关引信弹道修正与自适应开舱控制技术的科研工作。综合分析，目前国内一维弹道修正引信研制已接近国外水平。二维弹道修正引信研制水平相对国外还存在5~10年的差距，主要体现在：

（1）弹道修正机理及策略研究能力有待进一步提高。目前国内弹道修正引信研制过程中，重“靶试”，轻“仿真”，对国外产品的仿研较多，原创性不足。采用“画”加“打”研制模式的问题依然较为突出。因此，非常有必要借鉴制导弹药的研制模式，加强引信弹道修正机理研究水平。在气动仿真、6D 弹道仿真、实时半实物仿真方面提升研究能力。

（2）外弹道参数测量技术水平有待进一步提高。小型化高动态卫星定位接收机的抗干扰、防欺骗能力偏弱。国外用于弹道修正引信的卫星定位模块本身已具有干信比 80dB 的抗干扰能力，国内目前只勉强实现了抗窄带干扰 60dB 的能力。这主要是因为国内多传感器融合弹道参数测量技术还远未达到实际应用状态，卫星定位/惯性深组合弹道参数测量技术仅停留在机理研究层面，而国外用于弹道修正引信的卫星定位接收机本身即具备深组合能力。

弹道修正引信用弹丸姿态测量技术还不成熟。基于微机电惯性传感器的弹丸姿态测量技术在高发射过载、高旋转等条件下使用还面临误差快速积累、初始对准等问题；利用地磁传感器测量弹丸滚转姿态等尚需解决抗干扰等问题。美国等已开始研究将 MEMS – IMU 用于炮射弹药的外弹道参数测量，并进行了相关试验，解决了抗高过载（大于 15000g）、初始对准（对准时间小于 10s）等技术难题，下一步将直接用于二维弹道修正引信，与卫星定位接收机进行深组合以提高弹道参数测量精度和可靠性。

（3）适于弹道修正引信的弹丸飞行控制技术还有待进一步深入研究。其中，基于外弹道测量数据的气动参数、气象参数辨识方法还存在精度低、重复性差等特点。高精度弹丸落点预估技术在预测精度、预测速度等方面还有很大提升空间。根据相关文献分析，国外已对 5 种以上可用于弹道修正引信的控制律进行实时半实物仿真研究和评估。国内目前还仅停留在少数几种控制律的应用和分析方面。

（4）修正执行机构修正效率不高，高效气动修正机构设计能力有待进一步加强。国外已设计出“栅格舵”等具有复杂气动面的高效气动修正机构。而国内还在起步阶段，这主要受限于结构/气动设计一体化能力；同时，舵机控制效率低，参数优化能力有限。

（5）针对导弹的气动及稳定性分析计算技术已相当成熟，但弹道修正引信大多不进行姿态稳定控制，对弹丸增加弹道修正引信后的弹丸稳定性能力要求更高，因此针对配弹道修正引信弹丸的气动及稳定性分析计算问题有其特殊性，需要进一步深入研究。

目前，国内弹道修正引信技术依赖于卫星定位，应加紧研究不依赖于卫星导航的弹道修正引信技术。

2

第2章 常用坐标系及外弹道模型

在引信弹道修正技术中常用的坐标系有地心惯性坐标系、地心地固坐标系、发射点地理（北－天－东）坐标系、弹上地理坐标系、发射坐标系、基准坐标系、弹道坐标系、弹轴坐标系、第二弹轴坐标系、弹体坐标系、WGS－84 坐标系。常用的模型有 6D 刚体弹道模型、3D 质点弹道模型、改进质点弹道模型、简化刚体弹道模型、线性化弹道模型等。6D 刚体弹道模型在各种参数齐全的情况下计算精度最高，主要用于弹道修正引信方案设计阶段仿真计算；但由于所需气动参数多、计算量大，不适于弹丸飞行过程中的实时解算。3D 质点弹道模型一般用于尾翼稳定弹丸飞行及修正过程中的实时解算；但在旋转稳定弹中，无法对落点偏流进行准确预测，需要使用考虑了弹丸旋转速度信息的改进质点弹道模型或简化刚体弹道模型。

本章重点对 6D 刚体弹道模型、3D 质点弹道模型、改进质点弹道模型、简化刚体弹道模型及线性化弹道模型进行介绍。

2.1 常用坐标系

2.1.1 坐标系定义

1. 地心惯性坐标系 $OX_iY_iZ_i$（i 系）

该坐标系原点为地心，OX_i 位于赤道平面内指向春分点，OZ_i 轴指向北极方向，OY_i 依右手定则确定。该坐标系不随地心地固自转。实际上，这个坐标系不是一个严格意义上的惯性坐标系，但对于研究常规弹药所在射程范围内相关问题，精度影响可以忽略。

2. 地心地固坐标系 $OX_eY_eZ_e$（e 系）

该坐标系原点为地心，OX_e 为赤道平面与本初子午面交线且经度为 0°，

OZ_e 轴指向协议北极方向，OY_e 依右手定则确定。该坐标系随地心地固自转。协议北极是考虑地心地固自转轴不固定出现的极移现象而约定的一个平均固定指向。

3. 发射点地理坐标系 $OX_tY_tZ_t$ （t 系）

该坐标系原点为发射点，OX_t 轴位于水平面指向地理北，OY_t 轴位于铅垂面内向上（天），OZ_t 轴位于水平面与其他两坐标轴构成右手坐标系（东）。该坐标系与地心地固坐标系的关系可由发射点的经度和纬度确定。

4. 弹上地理坐标系 $OX_{t_1}Y_{t_1}Z_{t_1}$ （t_1 系）

该坐标系与发射点地理坐标系唯一不同在于坐标原点取在弹丸质心，坐标系随弹丸运动，该坐标系与发射点地理坐标系之间存在转动关系，且当射程超过不能忽略地心地固曲率的范围时必须考虑由于该转动形成的姿态变换关系。

5. 发射坐标系 $OX_fY_fZ_f$ （f 系）

该坐标系原点为炮口断面中心，OX_f 轴沿水平线指向目标点，OY_f 轴铅直向上，OZ_f 轴依右手定则确定。该坐标系与发射点地理坐标系的关系由基准射向 α_N（射击方向北向夹角）决定。射程、偏流、纵向密集度和横向密集度即在此坐标系内描述。

6. 基准坐标系 $OX_NY_NZ_N$ （N 系）

该坐标系是由发射坐标从发射点平移至弹丸质心而成，该坐标系主要用于确定弹丸质心速度方向。

7. 弹道坐标系 $OX_2Y_2Z_2$ （V 系）

该坐标原点为弹丸质心；OX_2 轴与速度 $\boldsymbol{v}$ 方向一致，为弹道切线方向；OY_2 轴在含 $\boldsymbol{v}$ 的铅垂面内垂直于 OX_2 轴，向上为正；OZ_2 轴依右手定则垂直于 X_2OY_2 平面。此坐标系为动坐标系，主要用来建立质心运动方程。

8. 弹轴坐标系 $O\xi\eta\zeta$ （A 系）

坐标原点取在全弹几何中心；$O\xi$ 与几何纵轴一致，指向弹头；$O\eta$ 轴在含 $O\xi$ 轴的铅垂面内垂直于 $O\xi$ 轴，向上为正；$O\zeta$ 轴依右手定则垂直于 $O\xi\eta$ 平面。该坐标系表示弹轴的空间方位。

9. 第二弹轴坐标系 $O\xi\eta_2\zeta_2$（A_2 系）

坐标原点取在弹丸质心，$O\xi$ 轴为弹轴，$O\eta_2$、$O\zeta_2$ 轴不是自基准坐标系旋转而来，而是自弹道坐标系旋转而来。

10. 弹体坐标系 $OX_bY_bZ_b$ （b 系）

坐标原点在全弹几何中心，OX_b 轴与 $O\xi$ 轴重合，其余两轴与弹体固连，该坐标系表示全弹在空间的姿态。

11. WGS－84 坐标系

在采用卫星定位接收机测量弹道时，卫星定位结果通常以 WGS－84 坐标的形式给出。WGS－84 坐标系是一种相当精确的协议地心地固坐标系，同时规定了相应大地坐标系（由经度、纬度、高度表示的极坐标形式），描述了与大地水准面相应的重力场模型，提供了基准椭球体长半径、极扁率、自转角速度、地心地固引力及质量、真空中的光速等修正后的基本大地参数。

2.1.2 各坐标系之间的关系

各坐标系之间的关系既可以用方向余弦的形式进行描述，也可用欧拉角、四元数、等效旋转矢量等进行描述。本书涉及的坐标系转换大多采用欧拉角描述。引信弹道修正技术常涉及如下坐标系转换关系。

1. 地心地固坐标系与发射点地理坐标系之间的关系

以卫星定位接收机作为测量手段的弹道修正弹药经常用到这两个坐标系之间的关系。卫星定位接收机的原始测量结果为 WGS－84 地心地固坐标系下的位置 x_e、y_e、z_e 和速度 v_{ex}、v_{ey}、v_{ez}。弹道解算通常在发射坐标系内进行，因此为将卫星定位接收机测量值转换到发射坐标系内，应首先转换到发射点地理坐标系内，再由发射点地理坐标系转换到发射坐标系。

发射前，需要通过装定器向引信装定炮位（发射点）坐标。如果已知发射点 WGS－84 大地坐标纬度 φ_0、经度 λ_0 和高度 h_0，则地心地固坐标系与发射点地理坐标系之间的转换关系由以下步骤求取：

（1）将发射点 WGS－84 大地坐标转换为地心地固坐标 x_{e0}、y_{e0}、z_{e0} 形式，即

$$\begin{cases} x_{e0}=(N+h_0)\cos\varphi_0\cos\lambda_0 \\ y_{e0}=(N+h_0)\cos\varphi_0\sin\lambda_0 \\ z_{e0}=[N(1-e^2)+h_0]\sin\varphi_0 \end{cases} \tag{2-1}$$

式中：N 为基准椭球面卯酉圆曲率半径；e 为椭球偏心率。

$$e^2=\frac{a^2-b^2}{a^2} \tag{2-2}$$

式中：a 为基准椭球体长半径；b 为基准椭球体短半径。

$$N=\frac{a}{\sqrt{1-e^2\sin^2\varphi}} \tag{2-3}$$

基准椭球长半径 α 和极扁率 f 之间的关系为

$$f=\frac{a-b}{a} \tag{2-4}$$

偏心率 e 与极扁率 f 之间的关系为

$$e^2=f\ (2-f) \tag{2-5}$$

基准椭球体的长半径 $\alpha=6378137.0\text{m}$，极扁率 $f=1/298.257223563$。

（2）将弹载卫星定位接收机所测位置坐标转换为发射点地理坐标系。地心地固坐标系与发射点地理坐标系之间的关系由发射点的经度 λ_0、纬度 φ_0 确定。转换矩阵为

$$\boldsymbol{L}_{\mathrm{e}}^{\mathrm{t}}=\begin{bmatrix}-\sin\varphi_0\cos\lambda_0 & -\sin\varphi_0\sin\lambda_0 & \cos\varphi_0\\ -\sin\lambda_0 & \cos\lambda_0 & 0\\ \cos\varphi_0\cos\lambda_0 & \cos\varphi_0\sin\lambda_0 & \sin\varphi_0\end{bmatrix}\tag{2-6}$$

位置坐标转换公式为

$$\begin{bmatrix}x_{\mathrm{t}}\\ y_{\mathrm{t}}\\ z_{\mathrm{t}}\end{bmatrix}=\boldsymbol{L}_{\mathrm{e}}^{\mathrm{t}}\begin{bmatrix}x_{\mathrm{e}}-x_{\mathrm{e}0}\\ y_{\mathrm{e}}-y_{\mathrm{e}0}\\ z_{\mathrm{e}}-z_{\mathrm{e}0}\end{bmatrix}\tag{2-7}$$

速度坐标转化公式为

$$\begin{bmatrix}v_{x\mathrm{t}}\\ v_{y\mathrm{t}}\\ v_{z\mathrm{t}}\end{bmatrix}=\boldsymbol{L}_{\mathrm{e}}^{\mathrm{t}}\begin{bmatrix}v_{x\mathrm{e}}\\ v_{y\mathrm{e}}\\ v_{z\mathrm{e}}\end{bmatrix}\tag{2-8}$$

（3）将发射点地理坐标系内坐标转换到发射坐标系内。发射点地理坐标系与发射坐标系之间的关系由基准射向 α_{N} 决定。转换矩阵为

$$\boldsymbol{L}_{\mathrm{t}}^{\mathrm{f}}=\begin{bmatrix}\cos\alpha_{\mathrm{N}} & 0 & \sin\alpha_{\mathrm{N}}\\ 0 & 1 & 0\\ -\sin\alpha_{\mathrm{N}} & 0 & \cos\alpha_{\mathrm{N}}\end{bmatrix}\tag{2-9}$$

2. 基准坐标系与弹道坐标系之间的关系

用于确定这两个坐标系之间关系的角度为弹道倾角 θ_{a} 和弹道偏角 ψ_2，如图 2-1 所示。

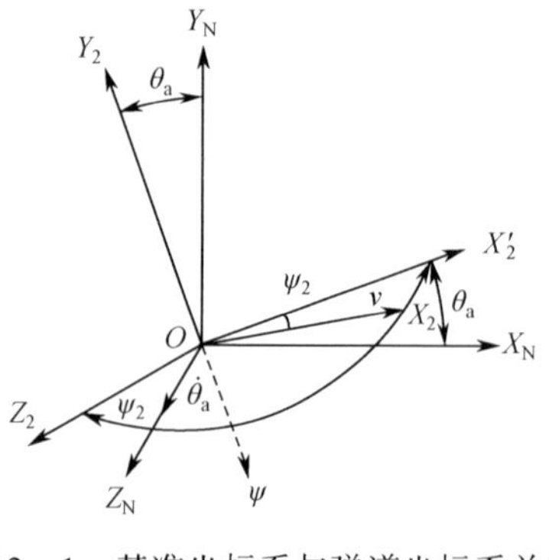

图 2-1　基准坐标系与弹道坐标系关系

弹道倾角为速度方向（质心弹道切线方向）与炮位水平面之间的夹角。

由弹道坐标系向基准坐标系转换的矩阵为

$$\boldsymbol{L}_{\mathrm{V}}^{\mathrm{N}}=\begin{bmatrix}\cos\psi_2\cos\theta_{\mathrm{a}} & -\sin\theta_{\mathrm{a}} & -\sin\psi_2\cos\theta_{\mathrm{a}}\\ \cos\psi_2\sin\theta_{\mathrm{a}} & \cos\theta_{\mathrm{a}} & -\sin\psi_2\sin\theta_{\mathrm{a}}\\ \sin\psi_2 & 0 & \cos\psi_2\end{bmatrix}\tag{2-10}$$

由基准坐标系向弹道坐标系转换的矩阵为 $\boldsymbol{L}_{\mathrm{V}}^{\mathrm{N}}$ 的逆矩阵或转置矩阵。

3. 基准坐标系与弹轴坐标系及弹体坐标系之间的关系

用于确定基准坐标系与弹轴坐标系之间关系的角度为弹轴倾角 φ_{a} 和弹轴偏角 φ_2，弹体坐标系与弹轴坐标系之间的关系由弹丸滚转角 γ 决定。三个坐标系之间的关系如图 2－2 所示。这三个角度也可认为是弹丸的俯仰、偏航、滚转角。

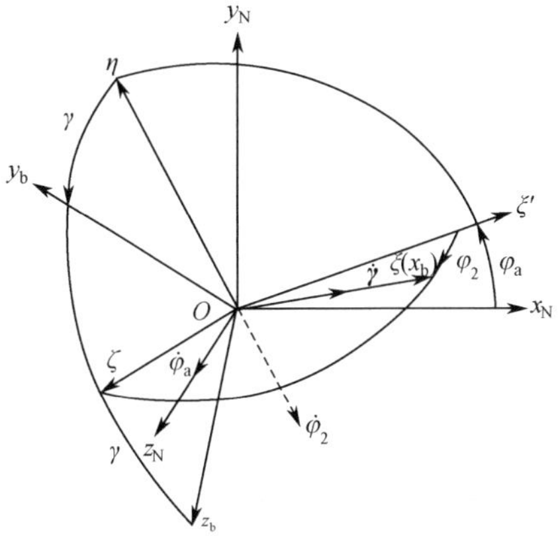

图 2－2　基准坐标系与弹轴坐标系及弹体坐标系之间的关系

由弹轴坐标系向基准坐标系转换的矩阵为

$$\boldsymbol{L}_{\mathrm{A}}^{\mathrm{N}}=\begin{bmatrix}\cos\varphi_2\cos\varphi_{\mathrm{a}} & -\sin\varphi_{\mathrm{a}} & -\sin\varphi_2\cos\varphi_{\mathrm{a}}\\ \cos\varphi_2\sin\varphi_{\mathrm{a}} & \cos\varphi_{\mathrm{a}} & -\sin\varphi_2\sin\varphi_{\mathrm{a}}\\ \sin\varphi_2 & 0 & \cos\varphi_2\end{bmatrix}\tag{2-11}$$

由基准坐标系向弹轴坐标系转换的矩阵为 $\boldsymbol{L}_{\mathrm{A}}^{\mathrm{N}}$ 的逆矩阵或转置矩阵。

从弹体坐标系向弹轴坐标系转换的矩阵为

$$\boldsymbol{L}_{\mathrm{b}}^{\mathrm{A}}=\begin{bmatrix}1 & 0 & 0\\ 0 & \cos\gamma & -\sin\gamma\\ 0 & \sin\gamma & \cos\gamma\end{bmatrix}\tag{2-12}$$

由弹轴坐标系向弹体坐标系转换的矩阵为 $\boldsymbol{L}_{\mathrm{b}}^{\mathrm{A}}$ 的逆矩阵或转置矩阵。

4. 第二弹轴坐标系与弹道坐标系之间的关系

第二弹轴坐标系主要用于描述弹丸在飞行中产生的攻角，用于计算弹丸所受气动力。两个坐标系的关系由高低攻角 δ_1 和水平攻角 δ_2 确定，如图 2－3 所示。由第二弹轴坐标系向弹道坐标系之间的转换关系为

$$\boldsymbol{L}_{\mathrm{A}_2}^{\mathrm{V}}=\begin{bmatrix}\cos\delta_2\cos\delta_1 & -\sin\delta_1 & -\sin\delta_2\cos\delta_1\\ \cos\delta_2\sin\delta_1 & \cos\delta_1 & -\sin\delta_2\sin\delta_1\\ \sin\delta_2 & 0 & \cos\delta_2\end{bmatrix}$$

由弹道坐标系向第二弹轴坐标的转换矩阵为 $\boldsymbol{L}_{\mathrm{A}_2}^{\mathrm{V}}$ 的逆矩阵或转置矩阵。

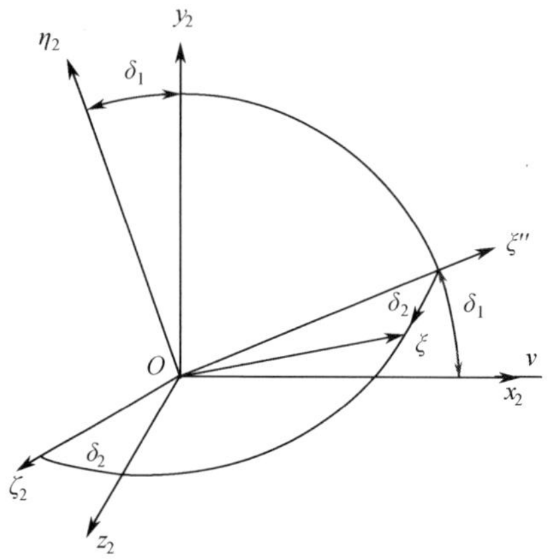

图2　3　第二弹轴坐标系与弹道坐标系之间的关系

5. 第二弹轴坐标系与弹轴坐标系之间的关系

两个坐标系仅差一个绕弹轴旋转的角度 β，由第二弹轴坐标系向弹轴坐标系转换的矩阵为

$$\boldsymbol{L}_{\mathrm{A}_2}^{\mathrm{A}}=\begin{bmatrix}1 & 0 & 0\\ 0 & \cos\beta & \sin\beta\\ 0 & -\sin\beta & \cos\beta\end{bmatrix} \tag{2－13}$$

由弹轴坐标系向第二弹轴坐标系的转换矩阵为 $\boldsymbol{L}_{\mathrm{A}_2}^{\mathrm{A}}$ 的逆矩阵或转置矩阵。

2.2　引信弹道修正技术常用外弹道模型

在引信弹道修正技术中常用的外弹道模型主要有 3D 质点弹道模型、3D 修正质点弹道模型、刚体弹道模型等，在本书第 5 章中会介绍欧美国家常用的线性化刚体弹道模型。

2.2.1 3D 质点弹道模型

按求解的未知量有两种形式：

第一种形式为相对于发射坐标系的位置分量、速度分量。

具体形式为

$$\begin{cases}\dfrac{\mathrm{d}v_x}{\mathrm{d}t}=-\dfrac{1}{2}\rho S v_{\mathrm{r}}(v_x-w_x)c_x(Ma)\\[2ex]\dfrac{\mathrm{d}v_y}{\mathrm{d}t}=-\dfrac{1}{2}\rho S v_{\mathrm{r}} v_y c_x(Ma)-g\\[2ex]\dfrac{\mathrm{d}v_z}{\mathrm{d}t}=-\dfrac{1}{2}\rho S v_{\mathrm{r}}(v_z-w_z)c_x(Ma)\\[2ex]\dfrac{\mathrm{d}x}{\mathrm{d}t}=v_x\\[2ex]\dfrac{\mathrm{d}y}{\mathrm{d}t}=v_y\\[2ex]\dfrac{\mathrm{d}z}{\mathrm{d}t}=v_z\\[2ex]\dfrac{\mathrm{d}\rho}{\mathrm{d}t}=-\rho\dfrac{v_y}{R_1\tau}\end{cases}\tag{2-14}$$

式中：x、y、z、v_x、v_y、v_z 为发射坐标系内位置和速度；ρ 为对应高度 y 的空气密度；S 为气动力参考面积，一般取最大弹径横截面面积；v_{r} 为弹质心相对空气的速度，$v_{\mathrm{r}}=\sqrt{(v_x-w_x)^2+v_y^2+(v_z-w_z)^2}$；$w_x$ 为纵风，沿发射坐标系 X 轴；w_z 为横风，沿发射坐标系 Z 轴；τ 为虚温；R_1 为大气常数，取 29.27。

炮兵气象信息中一般给出不同高度上的气压、虚温、风速、风向等信息。空气密度与气压的关系遵循湿空气状态方程

$$p=\rho R_{\mathrm{d}}\tau \tag{2-15}$$

将风速、风向转为纵风和横风的公式为

$$\begin{cases}w_x=-w\cos(\alpha_{\mathrm{W}}-\alpha_{\mathrm{N}})\\ w_z=-w\sin(\alpha_{\mathrm{W}}-\alpha_{\mathrm{N}})\end{cases}\tag{2-16}$$

另一种形式的 3D 质点弹道模型为

$$\begin{cases}\dfrac{dv}{dt}=-\dfrac{1}{2}\rho S v_r(v-w_{x_2})c_x(Ma)-g\sin\theta_a\\[2mm]\dfrac{d\theta_a}{dt}=\dfrac{\dfrac{1}{2}\rho S v_r w_{y_2} c_x(Ma)-g\cos\theta_a}{v\cos\psi_2}\\[2mm]\dfrac{d\psi_2}{dt}=\dfrac{\rho S v_r w_{z_2} c_x(Ma)+mg\sin\theta_a\sin\psi_2}{2mv}\\[2mm]\dfrac{dx}{dt}=v\cos\psi_2\cos\theta_a\\[2mm]\dfrac{dy}{dt}=v\cos\psi_2\sin\theta_a\\[2mm]\dfrac{dz}{dt}=v\sin\psi_2\end{cases}\tag{2-17}$$

式中：w_{x_2}、w_{y_2}、w_{z_2} 分别为风速在弹道坐标系上三个轴的分量。

2.2.2 3D 修正质点弹道模型

3D 修正质点弹道模型主要用于计算旋转稳定弹的射程和偏流，模型如下：

$$\begin{cases}\dfrac{dv}{dt}=\dfrac{F_{x_2}}{m},\dfrac{d\theta}{dt}=\dfrac{F_{y_2}}{mv\cos\psi_2},\dfrac{d\psi_2}{dt}=\dfrac{F_{z_2}}{mv},\dfrac{d\dot{\gamma}}{dt}=\dfrac{1}{C}M_\xi\\[2mm]\dfrac{dx}{dt}=v\cos\psi_2\cos\theta_a,\dfrac{dy}{dt}=v\cos\psi_2\sin\theta_a,\dfrac{dz}{dt}=v\sin\psi_2\\[2mm]\dfrac{dp}{dt}=-\rho g v_y=-\dfrac{p}{R_1\tau}v\cos\psi_2\sin\theta_a\end{cases}\tag{2-18}$$

弹丸所受外力合力在弹道坐标系中的分量为

$$\begin{cases}F_{x_2}=-\dfrac{\rho v_r S}{2}c_{x0}(1+k\delta_p^2)(v-\omega_{x_2})+\dfrac{\rho S}{2}c_y\dfrac{1}{\sin\delta_r}[v_r^2\cos\delta_{2p}\cos\delta_{1p}-\\ \qquad v_{r\xi}(v-\omega_{x_2})]-mg\sin\theta_a\cos\psi_2\\[2mm]F_{y_2}=\dfrac{\rho v_r}{2}Sc_{x0}(1+k\delta_p^2)\omega_{y_2}+\dfrac{\rho S}{2}c'_y\left(\dfrac{\delta_r}{\sin\delta_r}\right)(v_r^2\cos\delta_{2p}\sin\delta_{1p})-mg\cos\theta_a+\\ \qquad 2\Omega_E mv(\sin\psi_2\cos\theta_a\cos\Lambda\cos\alpha_N+\sin\theta_a\sin\psi_2\sin\Lambda+\cos\psi_2\cos\Lambda\sin\alpha_N)\\[2mm]F_{z_2}=\dfrac{\rho v_r}{2}Sc_{x0}(1+k\delta_p^2)\omega_{z_2}+\dfrac{\rho S}{2}c'_y\left(\dfrac{\delta_r}{\sin\delta_r}\right)(v_r^2\sin\delta_{2p})+mg\sin\theta_a\sin\psi_2+\\ \qquad 2\Omega_E mv(\sin\Lambda\cos\theta_a-\cos\Lambda\sin\theta_a\cos\alpha_N)\end{cases}\tag{2-19}$$

作用在弹轴上的外力矩为

$$M_\xi = -\frac{\rho Sld}{2}m'_{xz}v_r\dot{r} + \frac{\rho v_r^2}{2}Slm'_{x\omega}\cdot\delta_f \tag{2-20}$$

式中

$$v_r = \sqrt{(v-\omega_{x_2})^2 + \omega_{y_2}^2 + \omega_{z_2}^2}$$

动力平衡角计算公式为

$$\begin{cases}\delta_{2p} = -\frac{P}{Mv}\dot{\theta} - \left[\frac{PT}{M^2v^2} - \frac{2P^3T}{M^3v^2}\right]\ddot{\theta} \\ \delta_{1p} = -\frac{P^2T}{M^2v}\dot{\theta} - \left[\frac{P^2}{M^2v^2} - \frac{P^4T^2}{M^4v^2} - \frac{1}{Mv^2}\right]\ddot{\theta}, \quad \delta_p = \sqrt{\delta_{2p}^2 + \delta_{1p}^2} \\ \ddot{\theta} = \dot{v}\theta(b_x + 2g\sin\theta/v^2)\end{cases} \tag{2-21}$$

式中

$$P = \frac{C\dot{r}}{Av}, M = k_z = \frac{\rho Sl}{2A}m'_z, T = b_y - \frac{A}{C}k_y$$

$$b_x = \frac{\rho S}{2m}c_x, b_y = \frac{\rho S}{2m}c'_y, \quad k_y = \frac{\rho Sld}{2A}m''_y, \delta_r = \arccos\frac{v_{r\xi}}{v_r}$$

$$v_{r\xi} = (v-\omega_{x_2})\cos\delta_{2p}\cos\delta_{1p} - \omega_{y_2}\cos\delta_{2p}\sin\delta_{1p} - \omega_{z_2}\sin\delta_{2p} \tag{2-22}$$

其中

$$\omega_{x_2} = \omega_x\cos\psi_2\cos\theta_a + \omega_z\sin\psi_2, \omega_{y_2} = -\omega_x\sin\theta_a$$

$$\omega_{z_2} = -\omega_x\sin\psi_2\cos\theta_a + \omega_z\cos\psi_2, \omega_x = -\omega\cos(\alpha_W - \alpha_N), \quad \omega_y = -\omega\sin(\alpha_W - \alpha_N)$$

2.2.3 刚体弹道模型

刚体弹道模型考虑了弹丸绕质心运动而形成的攻角，而攻角的存在又进一步形成了升力，同时会改变阻力的大小，最终改变对弹丸质加速度，从而影响质点运行轨迹。刚体弹道模型在弹道修正引信设计中主要用于在方案设计时评估增加修正执行机构后的弹道分析。刚体弹道模型为

$$\begin{cases} m\frac{dv}{dt} = F_{x_2}, \quad mv\cos\psi_2\frac{d\theta_a}{dt} = F_{y_2}, \quad mv\frac{d\psi_2}{dt} = F_{z_2} \\ C\frac{d\omega_\xi}{dt} = M_\xi \\ A\frac{d\omega_\eta}{dt} = M_\eta - C\omega_\xi\omega_\zeta + \omega_\eta^2\tan\varphi_2 \\ A\frac{d\omega_\zeta}{dt} = M_\zeta + C\omega_\xi\omega_\eta - \omega_\eta\omega_\zeta\tan\varphi_2 \\ \cos\varphi_2\frac{d\varphi_a}{dt} = \omega_\zeta, \quad \frac{d\varphi_2}{dt} = -\omega_\eta, \quad \frac{d\gamma}{dt} = \omega_\xi - \omega_\zeta\tan\varphi_2 \\ \frac{dx}{dt} = v\cos\psi_2\cos\theta_a, \quad \frac{dy}{dt} = v\cos\psi_2\sin\theta_a, \quad \frac{dz}{dt} = v\sin\psi_2 \end{cases} \tag{2-23}$$

$$\begin{cases}\sin\delta_2 = \cos\psi_2\sin\varphi_2 - \sin\psi_2\cos\varphi_2\cos(\varphi_a - \theta_a)\\ \sin\delta_1 = \cos\varphi_2\sin(\varphi_a - \theta_a)/\cos\delta_2\\ \sin\beta = \sin\psi_2\sin(\varphi_a - \theta_a)/\cos\delta_2\end{cases} \tag{2-24}$$

以上方程组可分为两类，即质心运动方程和绕质心运动方程。质心运动方程中所受外力在弹道坐称系三个轴分量为

$$\begin{cases}F_{x_2} = -X - G\sin\theta_a\cos\psi_2\\ F_{y_2} = Y - G\cos\theta_a\\ F_{z_2} = Z + G\sin\theta_a\sin\psi_2\end{cases} \tag{2-25}$$

式中：X、Y、Z 为三个方向所受气动力的合力，具体表达式为

$$\begin{cases}X = Qv^2c_x\\ Y = Qv^2c'_y\cos\delta_2\sin\delta_1 + Qv^2c'_z\sin\delta_2\\ Z = Qv^2c'_y\sin\delta_2 - Qv^2c'_z\cos\delta_2\sin\delta_1\end{cases} \tag{2-26}$$

其中：Q 为动压，$Q=\rho S/2$（ρ 为空气密度，S 为参考面积）。

绕心运动方程中所受外力矩在弹轴坐标系三个轴分量为

$$\begin{cases}M_\xi = M_{xz} + M_{xw}\\ M_\eta = M_{z\eta} + M_{zz\eta} + M_{y\eta}\\ M_\zeta = +M_{z\zeta} + M_{zz\zeta} + M_{y\zeta}\end{cases} \tag{2-27}$$

式中：M_{xz} 为极阻尼力矩；M_{xw} 为尾部导转力矩（无尾翼，为0）；M_z 为静力矩（对于旋转稳定弹丸，为翻转力矩）；M_{zz} 为赤道阻尼力矩；$M_{y\eta}$、$M_{y\zeta}$ 为马格努斯力矩在 η、ζ 方向的分量。

2.3 引信弹道修正技术对改善弹药射击精度的作用

采用引信弹道修正技术的主要目的是提高弹药的射击精度。射击精度由射击准确度和射击密集度构成。射击准确度用射弹的平均弹着点对瞄准点位置的偏差表示，也称为诸元误差。射击密集度用弹着点相对平均弹着点的偏差表示，也称为散布误差。准确度和密集度是由两类不同性质的误差引起的，准确度由系统误差引起，密集度由随机误差引起。

2.3.1 射击准确度与射击密集度

1. 射击准确度

影响射击准确度的误差源见表 2-1。

表2-1 影响射击准确度的误差源

误差类型	误差源
测地准备误差	决定炮阵地（观察所）坐标的误差
	决定炮阵地高程的误差
	赋予火炮基准射向的误差
目标位置误差	决定目标坐标的误差
	决定目标高程的误差
弹道准备误差	决定装药批号和火炮初速偏差量的误差
	决定药温偏差量的误差
气象准备误差	决定地面气压偏差量的误差
	决定弹道温偏的误差
	决定弹道风的误差
模型误差	射表误差
	计算方法误差
技术准备误差	人工瞄准时检查误差，自动瞄准时传感器误差
其他误差	未测定或未修正的射击条件误差

诸元误差是由测量、计算、气象条件控制、弹道模型、操作、火炮系统加工制造等方面的误差而形成的。根据概率论的中心极限定理可知，大量的小误差之和服从正态分布。因此，射击时，决定诸元误差的是二维正态随机变量(x_c, z_c)。一般选取瞄准点为坐标原点，X轴与射击方向一致，Z轴与射击方向垂直。$\overline{\Delta_c}$在X轴上的投影x_c称为决定诸元的距离误差；在Z轴上的投影z_c称决定诸元的方向误差，如图2-4所示。它们的数学期望为0，中间误差分别为E_d和E_f，假定决定诸元的距离误差和方向误差是相互独立的，则(x_c, z_c)的分布密度为

$$\hat{\varphi}(x_c, z_c) = \frac{\rho^2}{\pi E_d E_f}\exp\left[-\rho^2\left(\frac{x_c^2}{E_d^2}+\frac{z_c^2}{E_f^2}\right)\right] \tag{2-28}$$

式中：ρ为正态常数，$\rho = 0.476936$。

如果影响诸元精度的各因素误差大小和方向都已确定，则诸元误差的大小可利用单项误差代数和的方法求出。但由于在射击前各影响因素误差的大小和方向难以确定，因此，常用的合成方法是按概率误差合成，即

$$E_x^2 = \sum_{i=1}^{m}(a_{1i}E_{i\alpha})^2 \tag{2-29}$$

$$E_z^2 = \sum_{i=1}^{m}(a_{2i}E_{i\beta})^2 \tag{2-30}$$

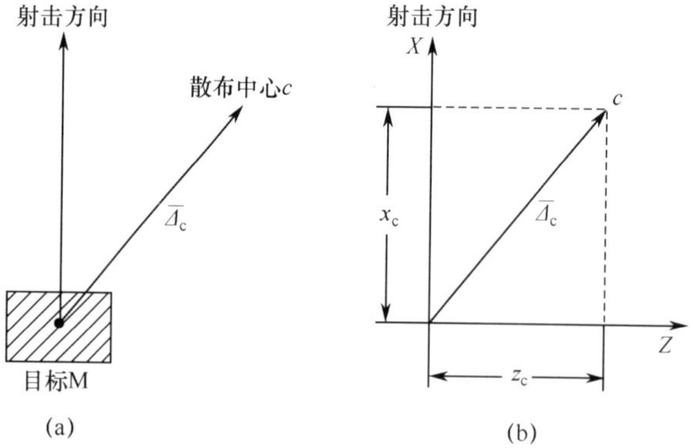

图 2-4　诸元误差

2. **射击密集度**

射击密集度是指炸点对散布中心的偏离程度，用散布误差的大小来衡量，所以射击密集度也称为散布程度。以相同的射击诸元连续发射多发弹药，各发炸点并不重合在一个点上，而是分布在散布中心周围的一定区域内，这种现象称为射弹散布。在射击时，射弹散布一般是指水平面或垂直面上的散布，空炸射击时是指空间的散布。影响射弹散布的主要因素如下：

（1）火炮方面：每次发射时炮身温度、炮膛干净程度的微小差异，炮身的随机弯曲，炮架、车体连接，火炮放列的倾斜度，炮身振动，药室与炮膛的磨损，底盘与火炮上部的连接，底盘与地面的接触状态及弹炮相互作用等。

（2）弹药方面：发射药重量、温度和湿度的微小差异，装药结构、点火传火与燃烧规律的微小变化，药的几何尺寸、密度、理化性能的微小变化，弹丸的几何尺寸、质量分布、弹带理化性能、几何尺寸等的微小变化。

（3）人工操作方面：装定射击诸元、瞄准的微小差异，排除空间、装填力和拉力（击发力）、装填方法的差异。

（4）火炮放列方面：火炮两轮、驻锄、放列与土壤接触等微小差异，火控系统的随机误差。

（5）气象方面：每发弹飞行过程中在地面和空中的气温、气压、风速、风向的随机变化及气象数据的处理误差。

（6）弹着点预测方面：观测弹着点的方法、计算统计弹着点的方法、观测器材的精度、观察人员的误差等。

散布误差如图 2-5 所示。散布的距离误差 x_s 和方向误差 z_s 相互独立且服从正态分布，散布的距离中间偏差为 B_d，方向中间偏差为 B_f。

以散布中心为坐标原点时，则（x_s, z_s）的分布密度为

$$\hat{\varphi}(x_s, z_s) = \frac{\rho^2}{\pi B_d B_f}\exp\left[-\rho^2\left(\frac{x_s^2}{B_d^2}+\frac{z_s^2}{B_f^2}\right)\right] \tag{2-31}$$

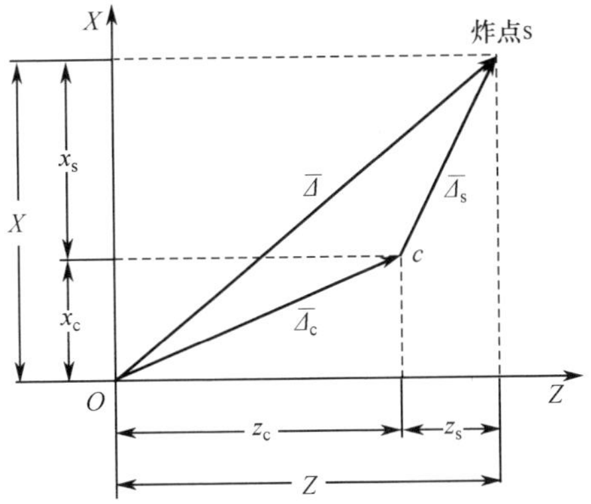

图 2-5 散布误差

式中：ρ 为正态常数，$\rho = 0.476936$。

影响散布误差的各因素误差的大小和方向都是随机的，一般按概率误差合成。设有 n 个影响距离散布的随机因素，各因素的概率误差为 $E_{i\eta}$；有 n 个影响方向散布的随机因素，各因素的概率误差为 $E_{i\xi}$。如果距离散布与方向散布相互独立，则散布概率误差为

$$E_x^2 = \sum_{i=1}^{n} (b_{1i} E_{i\eta})^2 \tag{2-32}$$

$$E_z^2 = \sum_{i=1}^{n} (b_{2i} E_{i\xi})^2 \tag{2-33}$$

2.3.2 引信弹道修正技术对精度的改善作用

由于弹道修正引信能对实际弹道进行测量并控制弹丸飞行轨迹从而修正原有飞行弹道，因此可消除大部分决定诸元（准确度）误差和散布（密集度）误差，但引入了修正系统本身的误差。值得一提的是，仅提高弹丸密集度，对于弹药消耗、单发命中概率等射击效率指标提升有限，而提高射击准确度能明显降低弹药消耗，提高首（单）发命中概率。因此，弹道修正引信设计时应以同时提高准确度和密集度为主要目标。

3

第3章 卫星定位接收机弹道测量技术

对弹丸发射后实际弹道的高精度测量是实现弹道修正的关键，卫星定位是一种在弹道修正弹药/引信中采用的成本较低、精度较高且普遍采用的弹道测量方式。与常规应用环境相比，其特殊性主要体现在抗高过载、适应弹丸的高速旋转以及需要发射后快速定位等方面。本章首先介绍卫星定位在弹道修正引信中的应用，然后重点介绍在弹丸飞行动态环境下卫星信号接收机的基带处理方法。

3.1 卫星定位系统概述

3.1.1 主要卫星定位系统发展历程

卫星定位系统包括美国全球定位系统（GPS）、俄罗斯格洛纳斯（GLONASS）定位系统、中国北斗（BD）定位系统以及欧洲伽利略（Galileo）定位系统。其中，GPS是美国国防部为满足军事部门对海上、空中和陆地运载工具的高精度导航和定位要求建立起来的，从20世纪70年代开始研制，历时20年，耗资200亿美元，于1994年全面建成，是具有在海、陆、空进行全方位实时三维导航与定位能力的新一代卫星导航与定位系统，也是目前世界上应用最为广泛、最为成熟的全球定位系统。表3－1列出了GPS导航定位系统发展历程。

表3－1　GPS卫星定位系统发展历程

时间	发展历程
1969年	美国国防部建立国防导航卫星系统（DNSS）方案
1978—1985年	共超过10颗Block－Ⅰ型GPS试验卫星发射升空，以验证整个GPS的概念

（续）

时间	发展历程
1989—1994 年	现代 Block－Ⅱ型卫星发射
1995 年	NAVSTAR GPS JPO 宣布 GPS 具备完整运营能力
2005	美国暂停选择可用性（SA）策略，批准 GPS 现代化建设；第一个 GPS 现代化卫星发射升空并开始发射 L2C 信号

我国于 1994 年正式启动北斗卫星导航试验系统建设，2000 年相继发射了 2 颗北斗导航试验卫星，成为继美国、俄罗斯之后的世界上第三个拥有自主卫星定位的国家。北斗卫星导航技术发展历程见表 3－2。北斗卫星定位已成功应用于测绘、电信、水利、渔业、交通运输、森林防火、减灾救灾和公共安全等诸多领域，产生显著的经济效益和社会效益。目前，北斗卫星定位已具备覆盖亚太地区的定位、导航和授时以及短报文通信服务能力。参与北斗二代卫星定位系统定位的卫星已达 19 颗。2020 年左右，将建成覆盖全球的北斗卫星定位。北斗卫星定位致力于向全球用户提供高质量的定位、导航和授时服务，包括开放服务和授权服务两种方式。开放服务是向全球免费提供定位、测速和授时服务，定位精度为 10m，测速精度为 0.2m/s，授时精度为 10ns。授权服务是为高精度、高可靠卫星导航需求的用户，提供定位、测速、授时和通信服务以及系统完好性信息。

表 3－2　北斗卫星定位系统发展历程

时间	发展历程
1989 年	使用 2 颗东方红二号地心地固同步轨道卫星完成双星定位试验
1994 年	开始实施北斗计划
2001 年	发射 2 颗地心地固同步轨道卫星形成双星定位系统
2003 年	第 3 颗地心地固同步卫星发射升空
2007 年	第 1 颗北斗二代 M1 中轨道卫星发射成功
2015 年	卫星已达 19 颗，初步具备中国境内及东南沿海覆盖能力

3.1.2　卫星定位系统组成

卫星定位系统通常包括空间星座、地面监控和用户设备三部分。GPS 组成概况如图 3－1 所示。GPS 星座由 6 个轨道面内的 24 颗卫星构成，卫星轨道为中高轨道（约 2×10^4 km），卫星发送测距信号和导航信息数据（导航电文），卫星信号的编码为码分多址（CDMA）方式。地面运营控制系统承担卫星星座的跟踪和维持任务，要求监测卫星的健康情况、信号的完好性，以及保持卫星的轨道配置。由此可见，地面控制网络需不断更新卫星时钟误差修正、卫星星历，以及一系列对确定用户位置、速度和时间（PVT）至关重要的参量。用户设备接收来自卫星星座信号，并计算出所需的位置、速度和时间信息。GPS 提供标准定位服务（SPS）和精密定位服务（PPS）。

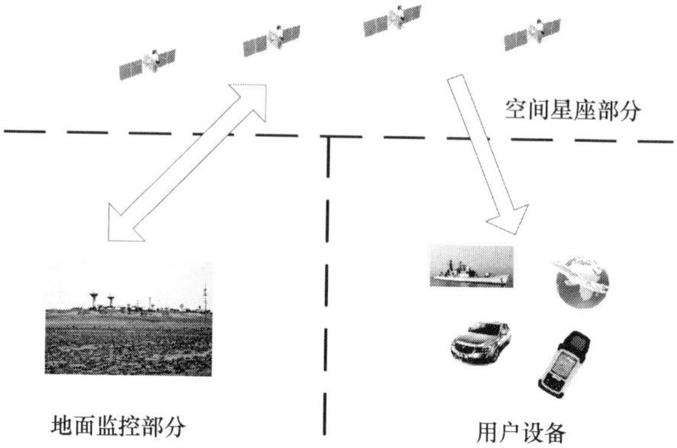

图 3－1　GPS 组成概况

3.1.3　卫星定位基本原理

卫星定位采取“三球交会”定位原理，如图 3－2 所示。卫星发射测距信号和导航电文，导航电文中包含用于计算卫星位置的参数信息。用户接收机在某一时刻同时接收 3 颗以上卫星信号，测量出测站点（用户接收机）至 3 颗卫星的距离，解算出卫星的空间坐标，再利用距离交会法解算出测站点的位置。

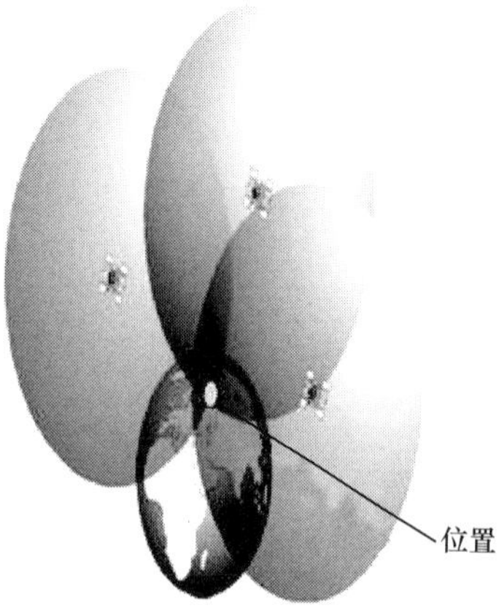

图 3－2　“三球交会”定位原理

目前，各种卫星定位均采用“三球交会”定位原理：

(1) 用户测量出自身到3颗卫星的距离。

(2) 已知卫星的精确位置，通过电文播发给用户。

(3) 以卫星为球心、距离为半径画球面。

(4) 三个球面相交得到两个点，根据地理常识排除一个不合理点即得到用户位置。

卫星定位接收机实现定位必须解决以下两个问题：

(1) 获取各颗可视卫星在空间的准确位置。该信息可通过解析卫星电文信息获取，卫星发射的导航电文中不仅包括各颗卫星具体的轨道参数信息及电文时间信息，还包括时钟误差修正信息、电离层、对流层误差修正参数、卫星健康状态等信息，地面接收机通过解析接收到的导航电文信息完成对星空可视卫星位置的解算。

(2) 测量从接收机到各可视卫星的精确距离。由于卫星钟、接收机钟的误差以及无线电信号经过电离层和对流层中的延迟，接收机实际测量的距离与卫星到接收机的几何距离有一定的差值，因此，测量出的距离一般为伪距，通过解算伪距方程完成对载体位置信息的解析。伪距定义为卫星信号发射时间与接收机接收时间之差和光速的乘积。由于接收机存在本地时钟误差，所以接收机通常需要同时获取4颗以上卫星的信号才可完成对伪距方程的解算。

3.1.4 卫星定位接收机启动方式及典型技术指标

1. 卫星定位接收机启动方式

常规接收机启动方式有冷启动、温启动和热启动。冷启动是指初次使用时，接收机内没有任何卫星星历和历书数据，也没有进行任何时间和位置数据的设置，由接收机自行搜索捕获、锁定跟踪信号实现定位。由于接收机无法估计可视卫星及其频率范围，所以需要的搜索时间最长。

温启动是指距上次定位时间超过2h的启动。温启动情况下，接收机仍然保留上一次的位置、时间和历书信息。搜索卫星数为可视卫星数，搜索频率范围为当前卫星频率区间。

热启动是指距上一次定位时间小于2h的启动。热启动情况下，接收机仍然保留上一次的位置、时间和星历数据且星历数据尚未失效。搜索卫星数为可视卫星数，搜索频率范围为当前卫星频率区间。因此，热启动方式接收机捕获卫星时间最短。对于弹道修正引信而言，由于可将炮位坐标、当前时间有效星历预先装定，因此发射后接收机直接进入热启动方式。

2. 卫星定位接收机典型技术指标

卫星定位接收机的主要指标有定位精度、接收灵敏度、接收机通道数、首次定位时间等。此外，还有其他一系列电气和物理力学性能指标。

定位精度是最重要的指标，通常由系统性能和接收机环境条件决定。

接收灵敏度表征接收机接收弱信号的能力。弹载卫星定位接收机，信号捕获灵敏度不小于 -148dBm，信号跟踪灵敏度不小于 -160dBm。

接收机通道数又称信道数，是指接收机能够同时接收可视卫星的数量。常用的卫星导航接收机大多为 12 个信道，现在也有 20 个信道的。由于 GNSS 多系统的工作，所以可视卫星数量越来越多，目前有 200 多个信道的接收机。

首次定位时间对射程较近的弹道修正弹药而言很重要，一般要求在发射上电后 8s 内能定位。

3.2 卫星定位技术在弹道修正引信中的应用

美国等北约国家一直非常重视卫星导航技术在常规弹药中的应用，20 世纪 90 年代，美国空军就开始在航空炸弹、巡航导弹中应用弹载 GPS 导航技术，极大地提高了弹药的精度。这一时期美国开始研究将 GPS 用于弹道修正引信（TCF）进行弹道测量的技术，目前已在 PGK 二维弹道修正引信中得到应用。

3.2.1 国外小型化弹载卫星定位接收机发展现状

国外小型化弹载卫星定位接收机技术已发展成熟，弹道修正引信所采用的弹载卫星定位接收机技术代表了该技术领域的最高水平。这类接收机的研制企业主要有 L3 公司、五月花（Mayflower）公司、罗克韦尔·柯林斯（Rockwell Collins）公司。

图 3-3 为 L3 公司研制的可配用于二维弹道修正引信、“神剑”制导炮弹的“Trutrak Evolution”弹载接收机。其核心芯片为 XFACTOR，集成了下变频模块、基带处理模块、P 码解码模块，采用多芯片内核集成封装设计方式，只需外接天线和低噪声放大器即可构成完整卫星定位接收机。XFACTOR 芯片最初是针对“神剑”制导炮弹需求开发的，后应用于 PGK。其核心技术是集成了 P 码解码模块，并且采用热喷涂封装技术防止接收机内部核心技术外泄；同时，在该芯片内为用户提供了针对特殊需求进行二次开发的专用集成芯片和处理器。XFACTOR 芯片的主要性能指标见表 3-3。

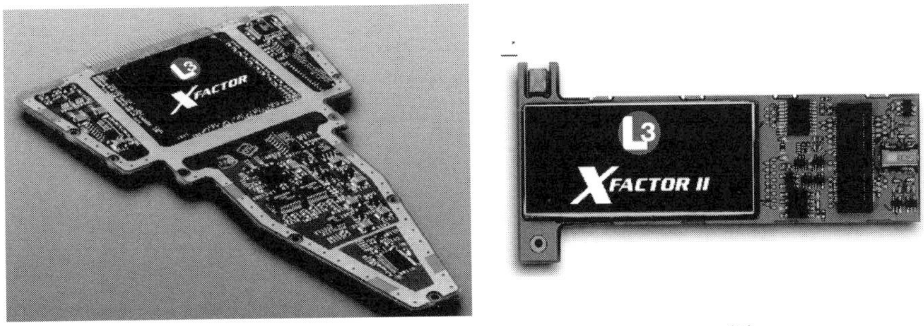

(a) (b)

图 3-3 L3 公司研制的弹载接收机

表 3-3 XFACTOR 芯片的主要性能指标

尺寸	40mm×40mm×3.2mm（FBGA 封装）
功率	跟踪状态 2W；捕获状态 4W
工作电压	I/O 3.3V；内核 2.5V
通道数	12 个通道，外加 1 个独立捕获通道
码	C/A，P，P（Y）
频点	L1/L2
安全性	支持选择可用性防欺骗模块（SAASM），可进行解码密钥装定
输出	伪距、载波相位和星历数据
捕获性能	小于 6s（无干扰条件下 Y 码直捕，概率大于 95%）；快速捕获专用集成 2048 个相关器，外加 16 个 DFT 模块，等效于 30000 个时频搜索单元
动态性能	速度不小于 15km/s；加速度不小于 10g
抗干扰性能	捕获时，$J/S \geq 40$dB；跟踪时，$J/S \geq 50$dB；重捕时间不大于 5s（概率大于 95%）
精度	伪距误差小于或等于 3m；伪距率不大于 0.025m/s
抗冲击性能	后坐过载不小于 15500g（16ms）；横向过载不小于 5000g（1ms）；旋转速度不小于 18000r/min
温度范围	工作温度 −54 ~ 81℃；储存温度 −51 ~ 71℃

图 3-4 为美国五月花公司研发的 NAVASSURE 小型弹载 P 码 GPS 接收机，主要配用于为美国海军提出的一种二维弹道修正引信方案中，也称为制导集成引信（GIF）。NAVASSURE-100 GPS 接收机主要性能指标见表 3-4。

(a) (b)

图 3－4 五月花公司研发的 NAVASSURE 小型弹载 P 码 GPS 接收机

表 3－4 NAVASSURE－100 GPS 接收机主要性能指标

直径	40mm
功率	≤1.3W（连续跟踪状态）
工作电压	3.3V
通道数	12 个
码	C/A，P，P（Y）
频点	L1/L2
安全性	支持 SAASM
射频输入	无源天线；SSMC 接口
输出	ICD－GPS－153（PVT，PR/DR），通道/卫星/SAASM 状态；更新率 1～10Hz
捕获性能	热启动 Y 码直捕，捕获时间不大于 8s
动态性能	适应高旋转炮弹弹道，适应旋转不小于 300Hz
精度	位置不大于 5m（1σ）；速度不大于 0.1m/s（1σ）
抗冲击性能	不小于 20000g
温度范围	工作温度－40℃～85℃；储存温度－55℃～125℃

图 3－5 为罗克韦尔·柯林斯公司为炮射精确制导弹药研制的“导航火力”（NAVFIRF）接收机。NAVFIRE GPS 接收机主要性能指标见表 3－5。

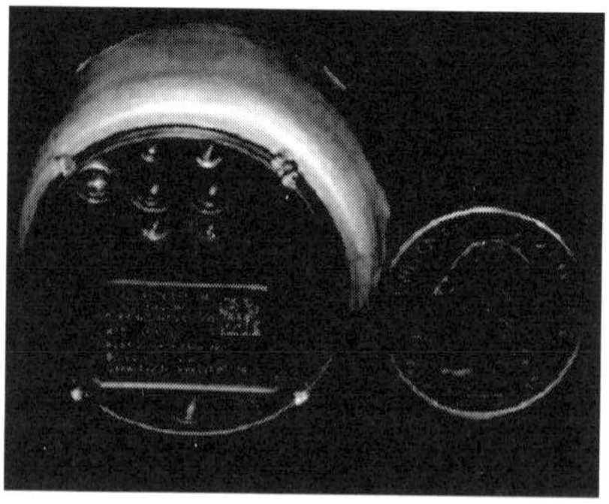

图 3－5 NAVFIRE GPS 接收机

表3-5　NAVFIRE GPS 接收机主要性能指标

尺寸	直径41.73mm，高24.13mm
功率	≤2.8W
通道数	24 个
码	C/A，P，P（Y）
频点	L1/L2
安全性	支持 SAASM
射频输入	2 路 RF 信号
输出	PVT，更新率 10Hz
捕获性能	Y 码直捕，捕获时间不大于 6s
动态性能	≥10g，适应高旋转炮弹弹道，适应旋转不小于 300Hz
精度	位置不大于 3.5m（1σ）；速度不大于 0.07m/s（1σ）
抗干扰性能	J/S 不小于 86dB
抗冲击性能	（20000～25000）g
工作温度	-40～85℃

国外弹载卫星导航接收机的发展过程如图3-6所示。

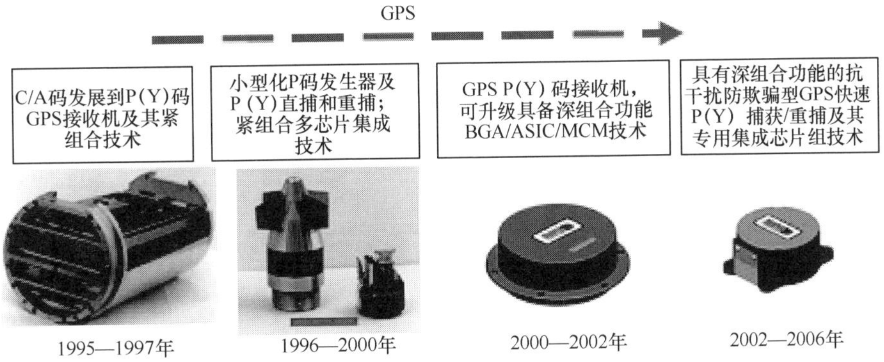

图3-6　国外弹载卫星导航接收机的发展过程

由图3-6可见，国外弹载卫星导航接收机从最初的C/A码体制逐步发展到基于P(Y）码的选择可用性反欺骗模块欺骗（SAASM）体制，同时完成了小型化、高可靠性设计。国外弹载卫星导航接收机具有以下特点：

（1）体积小，单芯片集成化程度高，芯片尺寸为40mm×40mm。

（2）抗冲击过载能力强，具有抗超过 15000g 冲击过载的能力。

（3）动态适应能力强，适应炮弹飞行中的加速度和高旋转等动态条件。

（4）安全性高，基于 SAASM 的单芯片封装集成设计，密钥可装。

（5）启动快，军码直接捕获时间不大于 8s。

（6）精度高，位置精度不大于 5m，测速精度不大于 0.1m/s。

（7）功耗低，跟踪时不大于 2W，捕获时不大于 4W。

3.2.2 国内小型化弹载卫星定位接收机发展状况

近年来，随着我国北斗二代卫星定位的逐步开发和建设，用于制导弹药或制导化弹药的卫星定位技术已成为国内高校、科研院所及企业的研究热点。其中，中国电子科技集团公司第 24 研究所等单位已研制成功用于北斗二代各频点的射频芯片。北京理工雷科电子信息技术有限公司等单位在小型化弹载卫星导航接收机技术方面积累了一定经验。

北京理工大学瞄准弹道修正引信需求，从总体方案最优的角度提出了弹载卫星定位接收机的技术指标，并与相关单位合作，分别基于 GPS 和北斗二代民码体制开展了小型化弹载卫星定位接收机（含天线）的研究，并进行了靶场试验验证，在小型化天线、高动态信号跟踪等方面取得了一定的成果，弹载小型化原理样机如图 3－7 所示。

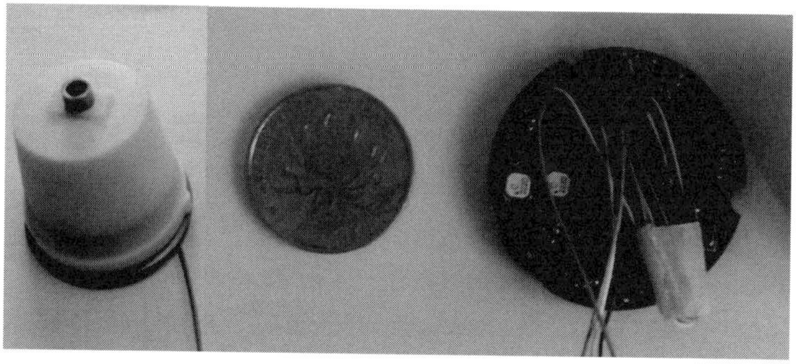

(a)　　(b)

图 3－7　弹载小型化原理样机

（a）小型化全向天线；（b）小型化高动态接收机。

近年来，我国虽然在弹载卫星定位技术方面进行了一些探索和研究，并且取得了一定成果，但是与国外同类技术水平和国内武器装备实际需要达到的技术指标相比，还存在很大差距，主要体现如下：

（1）接收机集成化、通用化程度不高。目前国内还未对射频处理模块、基带相关器、基带处理器、军码产生器等进行统一集成封装设计，导致接收机

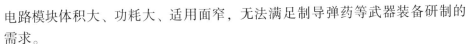

电路模块体积大、功耗大、适用面窄，无法满足制导弹药等武器装备研制的需求。

（2）军码产生器使用和管理潜在安全隐患。目前国内军码接收机由独立军码芯片产生测距码，该测距码密级为绝密级，在装备量较大的修正弹药中使用时，管理上存在诸多不便。

（3）军码直捕时间偏长。由于作战时战场电磁环境极其复杂，通过民码辅助军码进行捕获，接收机防欺骗抗干扰能力非常有限，因此需要对军码进行直接捕获。但是，目前军码直捕时间为10s左右，无法满足常规弹药制导的使用要求。

（4）弹载小型化北斗二代卫星天线技术不成熟。引信本身可供安装天线的空间狭小，既要适应弹丸俯仰角大范围变化、弹丸自身高旋转等外弹道环境，又要保证天线增益、轴比、驻波比等关键特性参数满足技术指标要求。导致天线设计难度大。尤其是当面临抗干扰需求时，设计难度更大。

（5）高动态卫星信号跟踪技术还有待进一步改进。为使接收机适应炮弹飞行动态环境，仅在信号跟踪环路设计时采取增大带宽、提高环路阶数等措施，接收信号的载噪比较低，定位精度差，容易中途失锁，卫星定位可靠性差。

3.3 弹载高动态卫星定位接收机特性分析

3.3.1 高动态环境的特点及对接收机定位的影响

高动态运动轨迹的定义，最早由美国国家航空航天局喷气推进实验室（JPL）提出。JPL设定了两种高动态运动轨迹，都是对载体的加加速度进行规定的，对速度和加速度并没有具体规定。因为影响导航信号跟踪的主要是多普勒频移的变化率，即对应加速度的大小，而这是由接收机和卫星的相对加速度决定的。一种高动态是，$100g/s$ 的加加速度持续0.5s，重复两次（g 为地心地固表面的重力加速度，$1g=9.8m/s^2$）。另一种是 $70g/s$ 的加加速度持续1s。弹道导弹是所有导弹类型中速度最快的，如美国“和平保卫者”弹道导弹弹头末端再入速度 $Ma>25$。近年来，导弹可承受的过载加速度也在逐渐提高，例如，以色列的“巨蟒”4可承受的最大加速度过载高达 $70g$，而美国的空空导弹AIM－9X甚至可以达到 $100g$ 的机动过载。但是受到空气动力学和材料的影响，目前大部分导弹的加速度在几 g 到 $40g$。

实际上，在弹道修正引信应用中比JPL定义的这种情况动态弱一些：抗发射过载不小于 $20000g$、初速不小于1000m/s、弹丸转速不小于300r/s、最大加速度不小于 10g。

高动态环境对卫星导航信号接收和处理主要带来以下影响:

(1)高动态给卫星导航载波信号附加了较大的多普勒频移,若使普通接收机的载波锁相环保持锁定,就必须增加环路滤波器的带宽,而环路带宽的增加又会使带宽噪声窜入,当噪声电平增大到超过环路门限时就会导致载波跟踪环失锁。若不增加载波锁相环的环路带宽,则载波多普勒频移常会超过锁相环的捕获带和同步带,也就不能保证对载波的可靠捕获和跟踪。

(2)高动态使得卫星导航信号副载波——伪随机码产生动态延时,使普通接收机的码延时跟踪环容易失锁,而且重新捕获时间过长往往使导航解发散。

(3)载波跟踪失锁也使 50Hz 的调制数据无法恢复,相应的卫星星历无法获取。

解决以上问题,重要的是提高对多普勒频移变化规律的了解程度。设法估计出载体多普勒频移及多普勒频移变化情况,从而降低本地载波及伪码与实际输入信号频率及相位的差异,减小信号捕获不定域及改善接收机动态冗余性能。

对于高动态卫星定位接收机的研究,最早也是最有成绩的是 JPL。1983 年,JPL 启动了高动态 GPS 应用技术研究。1986 年 JPL 的 W. J. Hurd 等提出每个通道采用最大似然估计估计伪码和频率,代替锁相环和码环,提高了动态适应能力,更易于数字化实现以减小接收机体积,更新率更高,导航解算仍然采用传统方法,创新之处在于伪码和频率的估计值从导航解算过程中得到,同时导航解算结果也对初始化、捕获、重捕过程进行辅助。1988 年 12 月,JPL 给出了一份关于高动态跟踪的报告,针对高动态低载噪比的情况提出了数字锁相环、叉积自动频率跟踪环、EKF 和 FFT 辅助的叉积频率跟踪环,并且对它们的频率跟踪误差和保持锁定的能力进行了详细比较。相对于美国而言,其他国家对高动态卫星定位接收机的研究起步晚一些,但是研究热度不逊于美国,并且取得了一定的成果。例如,在捕获方面,荷兰的 Nee 等于 1991 首次提出使用 FFT 进行并行频率搜索,验证了可以缩减运算时间,该方法已经成为捕获运算的经典算法之一。比利时的 Wilde 等于 2006 年提出一种新的捕获方法,即具有 FFT 的匹配滤波捕获。因为伽利略和现代化 GPS 卫星系统的码长比 C/A 码长得多,信号捕获的不确定范围大大增加,传统的捕获方法不能满足快速要求,提出一种灵活的硬件快速捕获单元(FAU),即专用硬件捕获单元完成对各种信号的捕获。

我国从 20 世纪 90 年代开始引进 GPS 定位技术,主要应用于大地测量、汽车防盗、物流运输、监控等领域。由于高动态接收机涉及政治军事及国家安全等敏感问题，所以国外在高动态接收机上对我国仍存在较大的技术约束。不仅如此，甚至西方国家出口到我国的 GPS 接收机产品也有严格的技术指标限制：速度小于 515m/s，工作高度小于 18km，加速度小于 4g，加加速度小于 1g/s。2000 年以后，我国逐渐关注高动态 GPS 接收机的研究，并取得了一定成果。由北京理工大学与西北工业集团有限公司 844 厂合作的基于卫星定位技术的一维弹道修正引信研制，结合弹丸结构尺寸，在提高接收机动态适应性能的同时，重新设计满足弹载条件下的全向天线，降低由于天线旋转引起的载波多普勒及频率偏移，从而降低接收信号的动态扰动，提高接收机动态适应性。该设计方案已经在 155mm 火炮各型（底凹、底排、底排/火箭复合增程）杀爆弹中得到了验证，极大地提高了对弹丸飞行轨迹的测量精度。

3.3.2 接收机动态性能分析

高动态接收机设计主要集中在载波跟踪环和码跟踪环的跟踪算法，由于伪码周期远大于载波周期，动态应力变化对码跟踪环影响相对较弱，特别是采取载波环辅助码环设计方案可进一步降低动态应力对码环的干扰，所以动态接收机跟踪环路设计主要集中在对载波跟踪环的设计与优化。

接收机跟踪环路阶数通常为二阶或三阶。二阶跟踪环路能稳定跟踪相位阶跃信号及频率阶跃信号，对于频率斜升信号存在稳定跟踪误差。三阶跟踪环路既能跟踪频率斜升信号又能跟踪加加速度信号，但是存在稳定跟踪误差。不同跟踪环路阶数性能对比见表 3 -6。

表 3 -6 不同跟踪环路阶数性能对比

跟踪环路	跟踪信号	优点	缺点
二阶跟踪环路	相位阶跃信号	① 无条件稳定； ② 收敛速度快； ③ 收敛过程中，振荡轻微	① 跟踪加速度信号时存在稳定跟踪误差； ② 无法跟踪加加速度信号
	频率阶跃信号		
	频率斜升信号		
三阶跟踪环路	相位阶跃信号	① 能稳定无误差跟踪加速度信号； ② 能稳定跟踪加加速度信号，存在稳定跟踪误差	① 存在最大带宽不大于 18Hz 限制； ② 跟踪收敛时间长，收敛过程中，振荡剧烈； ③ 稳定性差，信号跟踪精度低
	频率阶跃信号		
	频率斜升信号		

典型接收机环路参数指标有预测量积分时间、环路噪声带宽、超前－滞后伪码相关间距等。下面从接收机环路跟踪性能及典型环路参数对接收机跟踪性能的影响等角度，分析不同环路参数对接收机性能的影响。

1. **环路跟踪性能**

1）载波锁相环跟踪性能

锁相环的相位测量误差源包括相位抖动误差 σ_i 和动态应力误差 θ_e 。相位抖动误差主要为热噪声均方差 σ_{tPLL} ，机械颤动所引起的振荡源频率抖动 σ_v 以及艾伦均方差 σ_A 影响微弱，暂不进行讨论。对锁相跟踪门限的估算方法：

$$3\sigma_i + \theta_e \leqslant \frac{\theta_r}{4} \tag{3-1}$$

热噪声均方差可表示为

$$\sigma_{tPLL} = \frac{180°}{\pi}\sqrt{\frac{B_L}{C/N_0}\left(1+\frac{1}{2T_{coh}\,C/N_0}\right)} \tag{3-2}$$

式中：B_L 为锁相环噪声带宽；C/N_0 为载噪比，载噪比的单位 Hz，$1\text{Hz} = 10^{\frac{(C/N_0)_{dB\cdot Hz}}{10}}$；$T_{coh}$ 为预检积分时间。

式（3－2）表明：热噪声与环路阶数无关，环路阶数的选取主要考虑环路的动态性能而非噪声性能。减小热噪声对环路带来的影响：一方面通过减小噪声带宽 B_L ，降低噪声影响；另一方面通过增加预检积分时间 T_{coh} ，相当于降低积分滤波器带宽。

由于达到地面的 GPS 等卫星信号功率通常为－160dBW，温度为 25℃时，热噪声功率密度 N_0 ＝－205dBW/Hz，故正常情况下接收机接收信号的载噪比 C/N_0 ＝45dB · Hz。考虑器件热噪声及插入损耗，进入基带信号处理部分的信号载噪比 35～55dB · Hz 变化。其中，载噪比大于40dB · Hz的信号视为强信号，载噪比小于 28dB · Hz 的信号视为弱信号，如图 3－8 所示。图 3－9、图 3－10分别示出中等强度信号下（载噪比为 40dB · Hz），预测量积分时间及噪声带宽对接收机热噪声带来的影响。

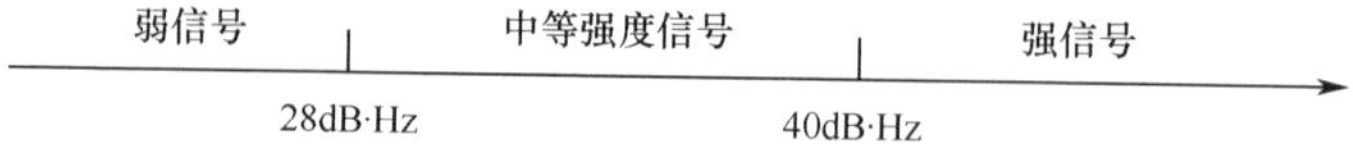

图 3－8　GPS 信号强度

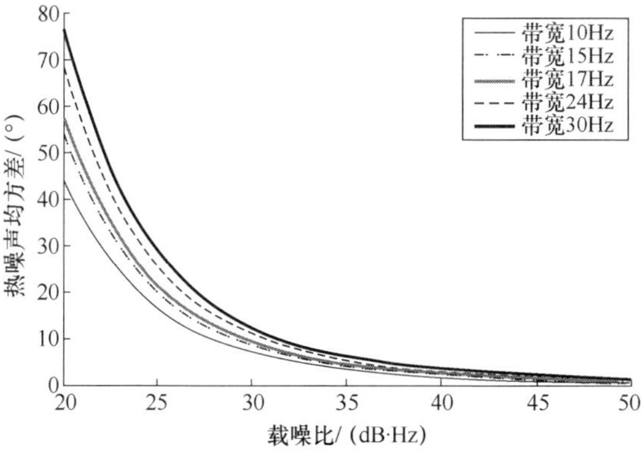

图 3-9 当预检积分时间 $T_{coh}=1\text{ms}$ 时，热噪声均方差随载噪比变化的曲线

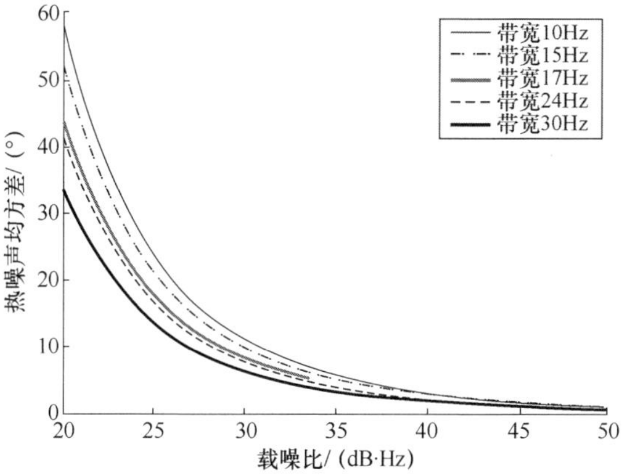

图 3-10 当预检积分时间 $T_{coh}=2\text{ms}$ 时，热噪声均方差随载噪比变化的曲线

由图 3-9 和图 3-10 可知：

（1）在接收信号载噪比相同情况下，预检积分时间越长，热噪声越小。

（2）在相同预检积分时间及载噪比下，环路带宽越大，热噪声越大，热噪声均方差与环路带宽近似呈指数关系。在接收机环路参数设计中，特别是弱信号下的定位，接收机热噪声抖动对接收机带来的影响越明显。

图 3-11 为中等强度信号下，不同载噪比时环路带宽与热噪声均方差的变化关系。由图 3-11 可知：

（1）环路带宽越大，热噪声均方差越大，但变化趋势有所减弱。

（2）在同等带宽下，热噪声均方差随载噪比增大而减小。

对于 N 阶锁相环，其动态应力误差可表示为

$$\theta_e = \frac{1}{\omega_n^N}\frac{d^N R}{dt^N} \tag{3-3}$$

式中：R 为卫星与接收机之间的距离；$\mathrm{d}^N R/\mathrm{d}t^N$ 为距离对时间的 N 次导数；ω_n 为特征频率，与噪声带宽有关的参量。

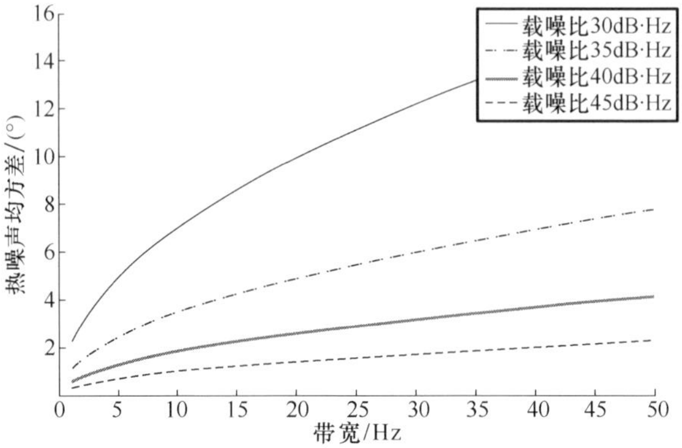

图 3-11　$T_{\mathrm{coh}}=1\mathrm{ms}$，不同载噪比时，环路带宽与热噪声均方差曲线

2）载波锁频环（FLL）信号跟踪性能

锁频环的频率测量误差源包括频率抖动误差 σ_i 和动态应力误差 f_e 两部分。频率抖动主要是由热噪声导致，由机械颤动和艾伦方差所引起的频率抖动量相对较小，可忽略。经验方法如下：

$$3\sigma_\mathrm{i}+f_\mathrm{e}\leqslant\frac{f_\mathrm{r}}{4} \tag{3-4}$$

热噪声频率抖动均方差的估算公式为

$$\sigma_{\mathrm{tFLL}}=\frac{1}{2\pi T_{\mathrm{coh}}}\sqrt{\frac{4\mathrm{FB_L}}{C/N_0}\left(1+\frac{1}{T_{\mathrm{coh}}(C/N_0)}\right)}\quad(\mathrm{Hz}) \tag{3-5}$$

式中：F 为噪声指数，当载噪比 C/N_0 较高时，$F=1$，当 C/N_0 较低而使信号跟踪接近门限时，$F=2$。

由式（3-5）可知，减少锁频环热噪声影响不仅可以通过增加预检积分时间，也可以减小环路带宽使更多噪声信号被滤除，从而提高载噪比。

由于锁频环比同阶数的 PLL 跟踪环多包含一个积分器，因此动态应力误差可表示为

$$f_\mathrm{e}=\frac{\mathrm{d}}{\mathrm{d}t}\left(\frac{1}{360\varphi_n^N}\frac{\mathrm{d}^N R}{\mathrm{d}t^N}\right)\quad(\mathrm{m/s}) \tag{3-6}$$

2. 典型环路参数对接收机跟踪性能的影响

上面从接收机环路跟踪性能角度出发分析了不同环路参数对接收机跟踪性能的影响，下面结合接收机基带信号处理过程中具体应用规则对各环路参数影响接收机跟踪性能进行总结。

1）预测量积分时间 T_{coh} 对接收机性能的影响

（1）预测量积分时间 T_{coh} 对锁频环性能影响：

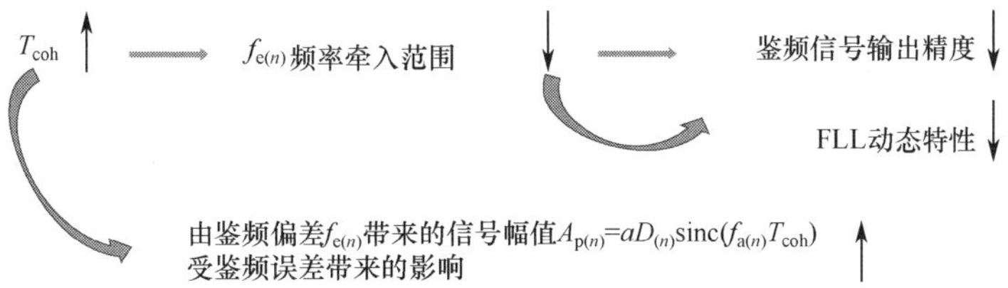

（2）预测量积分时间 T_{coh} 对信噪比的影响：

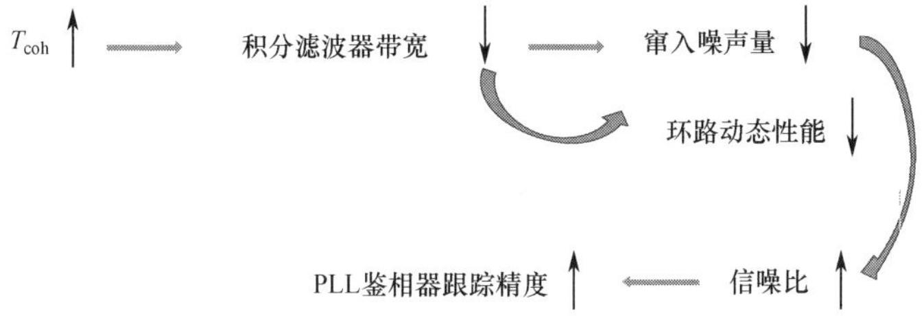

2）环路噪声带宽对接收机性能的影响

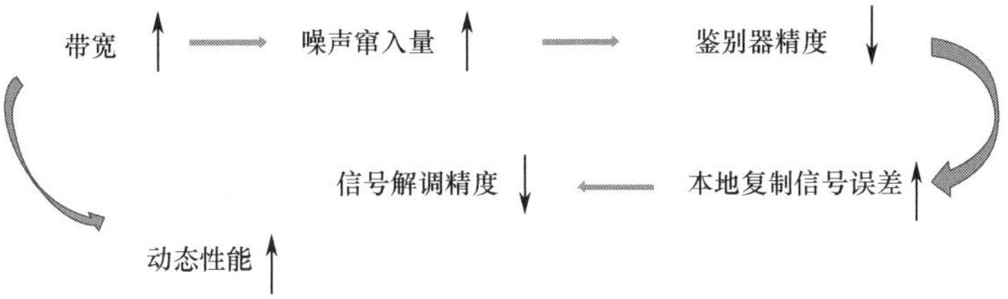

3）超前－滞后伪码相关间距对接收机性能影响

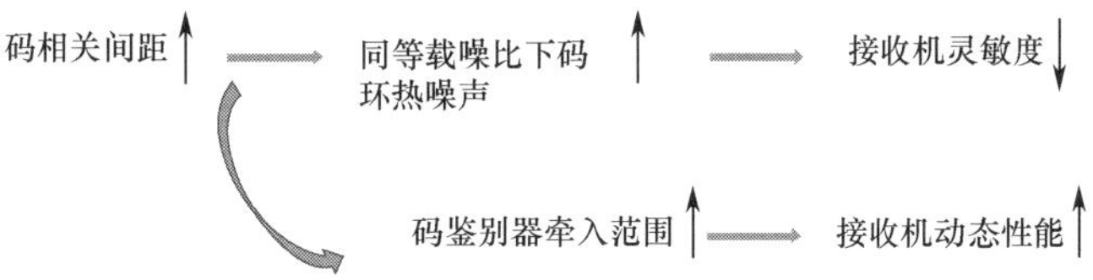

高动态接收机设计中，以上所述的典型环路参数通常随着动态应力的变化自适应调整，以提高接收机动态冗余性能及信号测量精度。

3.3.3　弹丸飞行动态分析及对接收机性能的影响

弹载高动态卫星定位接收机设计难点主要体现在弹丸飞行时间短及飞行过程中速度、加速度和加加速度变化较为剧烈，致使接收信号载波多普勒频移变化较大，从而增大了信号捕获及跟踪难度；过大的载波多普勒频移超出接收机跟踪环路信号捕获带与同步带，致使接收机信号跟踪失锁。另外，弹丸旋转过程中天线与弹丸一起转动，接收到的卫星信号附加由于旋转引起的载波多普勒频移，使常规接收机信号跟踪失锁。下面分别从弹丸平动及旋转等角度出发，分析弹丸运动对接收信号的干扰，为设计弹道修正引信用高动态卫星定位接收机提供理论参考。

下面以155mm加榴炮弹为对象，分析弹丸与卫星之间相对动态应力随飞行时间的变化规律。由图3－12可知，弹丸飞行起始阶段，速度 v 、加速度 a 及加加速度 $\dot{a}$ 变化剧烈。随着弹丸的飞行稳定，飞行速度逐渐平稳，加速度及加加速度变化微弱，弹丸飞行动态应力变化存在较为明显的动态应力“分界点”。

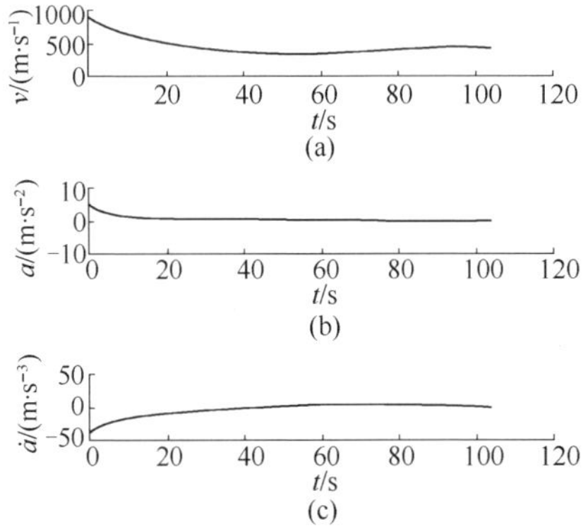

图3－12　弹丸速度、加速度及加加速度变化曲线

图3－13为假设弹丸飞行速度方向与卫星信号入射方向平行时，由于弹丸平移运动引起多普勒频移及其变化率随时间变化曲线。由图3－13可知，由弹丸飞行动态应力变化引起的载波多普勒频移及其变化率在弹丸发射后10s以内变化剧烈，随着弹丸的飞行稳定，逐渐趋于常值。

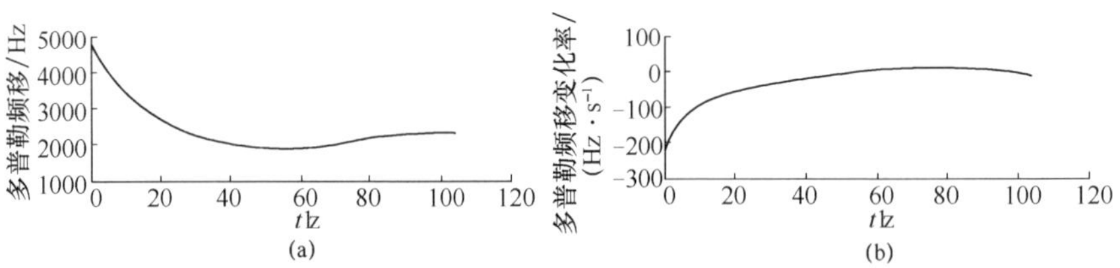

图3－13　多普勒频移及其变化率随时间变化曲线

针对弹载环境下存在上述动态应力变化规律，接收机环路设计中有针对性地调整环路跟踪策略及环路参数，以提高接收机动态冗余性能及信号测量性能，如图3－14所示。在弹丸飞行起始阶段，飞行动态应力变化剧烈，接收机环路基带信号处理中可通过增大噪声带宽、增加环路滤波器阶数等方式提高接

收机动态冗余性能，此时会损失一定的定位精度。然而，随着弹丸的飞行稳定，由于弹丸运算引起的飞行动态应力逐渐趋于平稳，在接收机基带信号处理过程中，通过测量信号的动态应力变化，实时调整跟踪环路参数，以提高接收机信号测量精度及抗干扰性能。

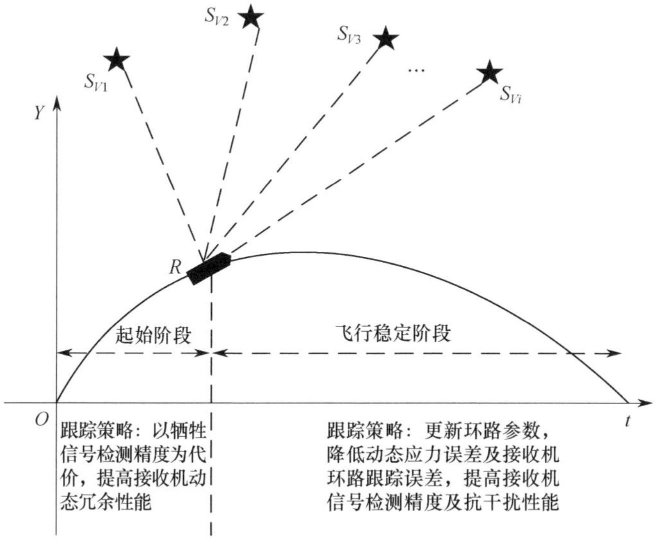

图 3－14　弹载接收机环路跟踪策略

注：S_{Vi} 代表标号为 i 的空间卫星。

图 3－15、图 3－16 分别为接收机最小跟踪灵敏度为 28dB · Hz 下，不同动态应力下环路跟踪误差与噪声带宽变化的关系。

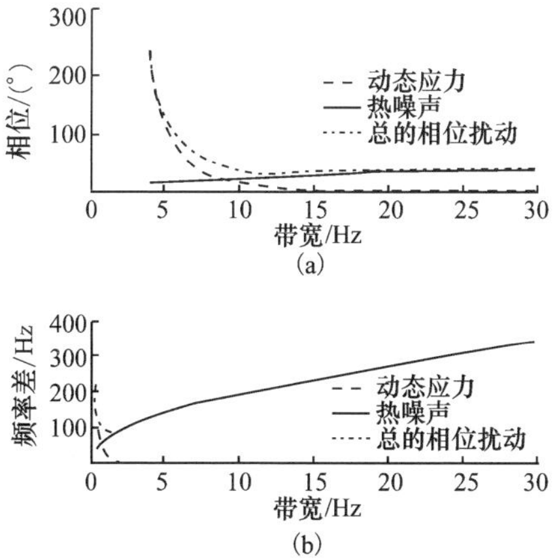

图 3－15　跟踪误差与带宽变化的关系

（a）三阶 PLL 动态特性；（b）二阶 FLL 动态特性。

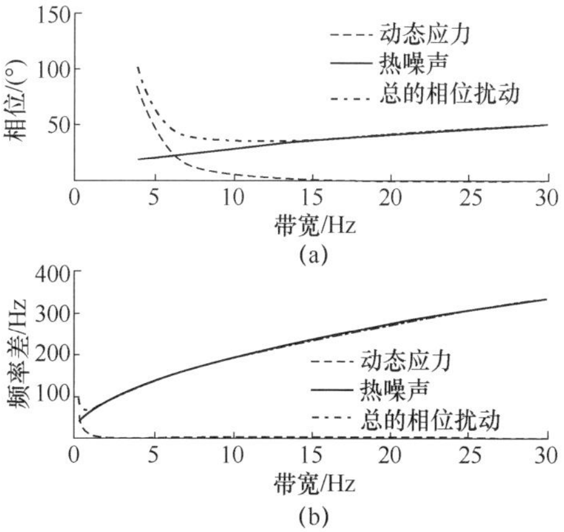

图 3－16　跟踪误差与带宽变化的关系

（a）三阶 PLL 动态特性；（b）二阶 FLL 动态特性。

结合图 3－15、图 3－16 所示的对不同动态应力下载波跟踪环跟踪误差随噪声带宽变化规律可知：①热噪声误差随着噪声带宽的增大而增大；②动态应力越大，环路动态应力误差也越大，且动态应力误差随着噪声带宽的增大而降低，系统具有更高的动态冗余性能；③总的相位扰动随着噪声带宽的变化存在最优区间。

对于如图 3－15 所示的动态应力场景，弹丸飞行动态应力存在明显的“分界点”，弹丸飞行起始阶段，动态应力变化剧烈。结合图 3－15 加速度为 50m/s^2、最大加加速度为 20m/s^3 时跟踪误差与带宽变化关系可知：对于载波锁相环，总的相位扰动误差在噪声带宽为 10～16Hz 时最优，随着噪声带宽的进一步增加，相位扰动误差也随之增大；同样，对于载波锁频环，最优带宽为2～4Hz。随着弹丸飞行时间增加，结合图 3－16 加速度为 10m/s^2、最大加加速度为 6m/s^3 下跟踪误差与带宽变化关系可知：对于载波锁相环，总的相位扰动在噪声带宽为 8～14Hz 时最优，随着噪声带宽的增加，相位扰动误差也越大；同样，对于载波锁频环，最优噪声带宽为 2～3Hz。

为更好地验证上述弹载动态接收机设计方案的信号跟踪性能，选取表 3－7 中序号 1 为常规动态接收机环路跟踪策略做对比，序号 2 对应改进算法后接收机环路跟踪策略。

表 3－7　不同环路跟踪策略

序号	跟踪环路		出炮膛后前 20s	出炮膛 20s 以后
1	载波环	策略	二阶 FLL 辅助三阶 PLL	二阶 FLL 辅助三阶 PLL
		带宽设置	8Hz（FLL），18Hz（PLL）	8Hz（FLL），18Hz（PLL）
	码环	策略	载波环辅助三阶码环	载波环辅助三阶码环
		带宽	3Hz	3Hz
2	载波环	策略	二阶 FLL 辅助三阶 PLL	三阶 PLL
		带宽设置	3Hz（FLL），14Hz（PLL）	8Hz（PLL）
	码环	策略	载波环辅助三阶码环	载波环辅助三阶码环
		带宽	3Hz	2Hz

图 3－17 为改进算法后接收机测量弹道与模拟弹道对比。图 3－18 为不同跟踪策略下卫星信号信噪比变化曲线。由此可知，改进算法不仅能较好地实现对弹道的测量，同时测量信号信噪比较常规动态接收机有明显的改善，特别是在弹丸飞行 20s 后，随着跟踪策略及环路参数的调整，信噪比改善效果更为明显，最大改善精度达 4dB。常规动态接收机测量信噪比普遍集中在约 40dB，属于中等偏弱信号。信噪比改善有利于提高接收机跟踪稳定性及抗干扰性能。

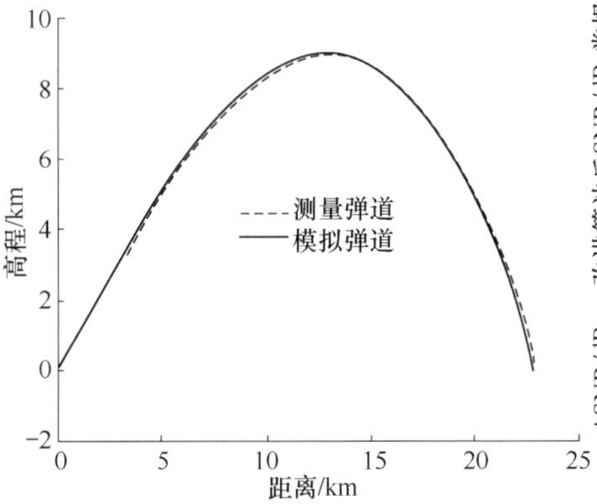

图 3－17 弹道测量与模拟弹道对比

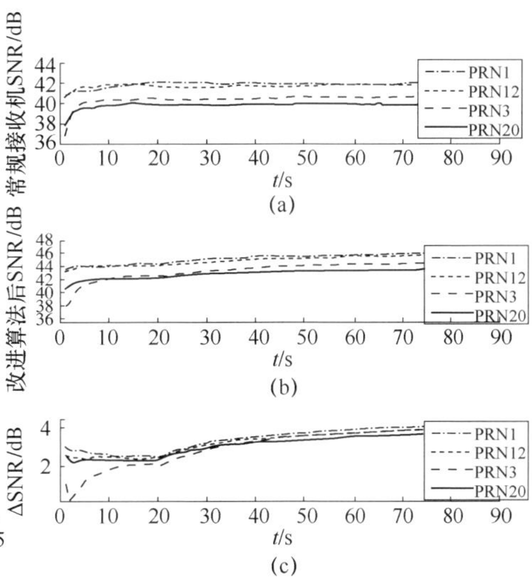

图 3－18 信噪比变化曲线

（a）常规动态接收机测量到卫星信号信噪比变化情况；（b）改进算法后测量相同卫星信噪比变化情况；（c）两者信噪比差。

3.3.4 天线旋转对接收信号的影响分析

弹道修正引信采用的卫星定位天线分为全向天线和非全向天线两种。全向天线是指在弹丸旋转一周对某一颗特定可视卫星信号接收增益基本保持不变，其相位中心与弹丸几何中心（轴线）重合或距离基本保持不变，此类天线弹丸旋转对信号接收的影响较小。非全向天线是指弹丸旋转一周对某一颗特定可视卫星信号接收增益会发生周期变化，同时，由于非全向天线几何相位中心偏离弹丸轴线，造成卫星到天线相位中心可视距离的变化，从而带来较大的多普勒频移和相位偏移。非全向天线由于可以利用信号的强弱变化对弹丸滚转信息进行提取，所以具有潜在的应用前景。

1. 微带天线旋转模型

图 3－19 为卫星与天线之间相对位置的几何关系。图 3－20 为典型微带天线方向图。微带天线安装于载体圆周表面，$O-X_bY_bZ_b$ 为弹体坐标系，O 为弹体坐标系原点，OX_b 轴为载体自转轴，OZ_b 轴通过贴片天线的相位中心，OY_b 轴与其他两轴构成右手坐标系。为了更好地描述，定义参考坐标系 $O-X_iY_iZ_i$，其中，O 为弹体坐标系原点，OX_i 轴为载体自转轴，OZ_i 与水平面平行，OY_i 轴与其他两轴构成右手坐标系。定义当 OY_b 轴与 OY_i 重合时的旋转角为 0°，此时弹体坐标系与参考坐标系重合，同时，旋转角 γ 定义为载体绕 OX_i 轴顺时

针方向旋转，弹体坐标系 OY_b 轴相对参考坐标系 OY_i 转过的角度。θ_i 为入射信号的俯仰角，即卫星信号入射方向与参考坐标系原点的连线（视线）与 OY_iZ_i 平面夹角；φ_i 为入射信号方位角，定义绕 OZ_i 逆时针为正，即入射信号视线在 OY_iZ_i 平面的投影与 OZ_i 轴的夹角。

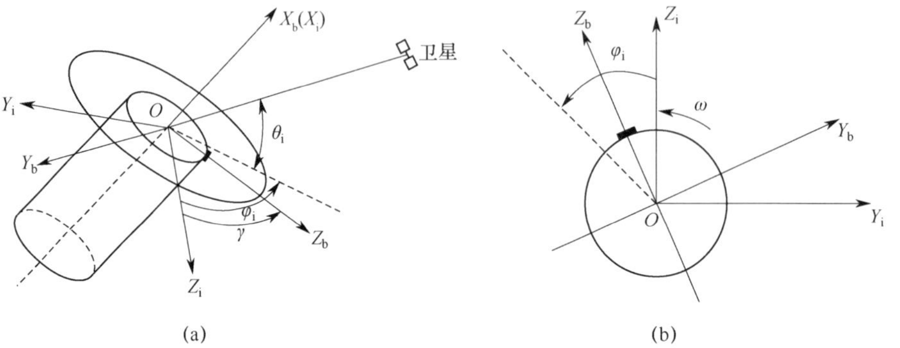

图 3-19　卫星与天线之间相对位置的几何关系

（a）整体图；（b）截面图。

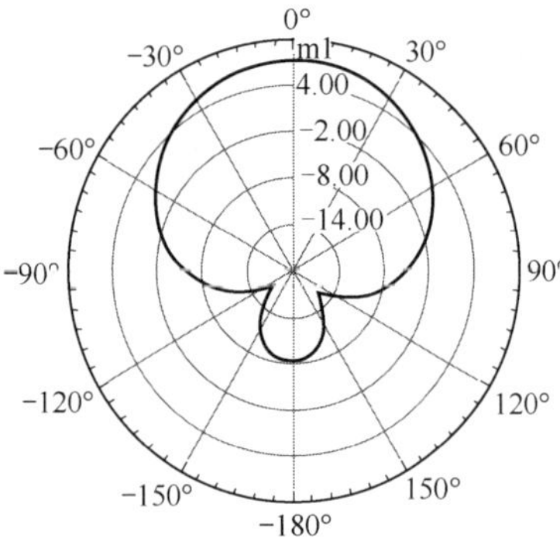

图 3-20　典型微带天线方向图

2. 旋转对接收信号幅值的影响

弗利斯传输理论主要用于分析入射信号强度与接收信号强度之间的关系，是天线参数设计中的重要理论。弗利斯传输方程为

$$P_{re} = \left(\frac{\lambda}{4\pi r}\right)^2 G_1 G_2 f_1^2(\theta,\varphi) f_2^2(\theta,\varphi) P_{in} \tag{3-7}$$

式中：r 为发射天线与接线天线之间的距离；G_1 为发射天线增益；G_2 为接收天线增益；$f_1(\theta,\varphi)$ 为发射天线归一化天线方向函数；$f_2(\theta,\varphi)$ 为接收天线归一化天线方向函数；P_{in} 为发射天线功率；P_{re} 为接收信号功率。

从式（3-7）可以看出，在已知 P_{in}、G_1、$f_1(\theta,\varphi)$ 等参数下，接收信号强弱与接收天线增益成正比关系。假设入射信号方向不变，接收天线绕载体旋转轴转动，微带天线接收信号幅值将受接收天线自身特性的影响，呈余弦变化。

图3－21为归一化后单片微带天线旋转时不同俯仰角下非全向天线旋转对接收信号幅度的影响。

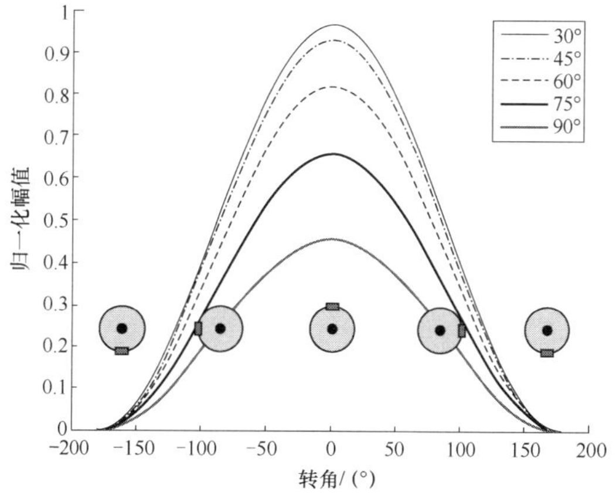

图3－21 非全向天线旋转对接收信号幅度的影响

通过对非全向天线旋转影响接收信号载波幅度的分析可知：在非全向天线旋转过程中，接收信号幅值呈现出与载体滚转姿态及天线辐射方向图相关联的调制特性。因此，可通过对旋转引起的载波幅度调制效应，实现对载体滚转姿态的测量。

3. 旋转对接收信号相位、频率的影响

当载体绕 OX 轴旋转时，根据图3－19可推得旋转引起的卫星信号载波相位变化为

$$\Delta\varphi_{\mathrm{rspin}} = \frac{2\pi f_{\mathrm{c}}}{c} r\cos\left(2\pi nt - \varphi_{\mathrm{i}}\right)\cos\theta_{\mathrm{i}} \tag{3-8}$$

式中：f_{c} 为载波频率；c 为光速；r 为天线相位中心偏移；n 为载体转度；$2\pi nt$ 为随时间变化的旋转角，可用 γ 表示。

由式（3－8）可知，载波相位随载体旋转呈正弦规律变化，量值不仅与天线相位中心偏移大小有关，还与卫星信号入射俯仰角 θ_{i} 有关。当卫星信号入射俯仰角为0°时，这种变化最为显著。

旋转引起的载波多普勒频移为

$$\Delta f_{\mathrm{rspin}} = \frac{2\pi f_{\mathrm{c}}}{c} nr\sin\left(2\pi nt - \varphi_{\mathrm{i}}\right)\cos\theta_{\mathrm{i}} \tag{3-9}$$

由式（3－9）可见，旋转引起的多普勒频率与载波相位变化规律类似，除与天线相位中心偏移有关外，还与转速成正比。

根据微带天线旋转环境下接收信号模型，以标准中、大口径榴弹引信尺寸为参考，分析单片微带天线旋转环境下接收信号特性。以标准中、大口径榴弹

引信为例，可供安装天线部分截面最大直径为 62mm，最小直径为 14mm，图 3－22为 155mm 中、大口径杀伤爆破弹飞行过程中转速随时间的变化。

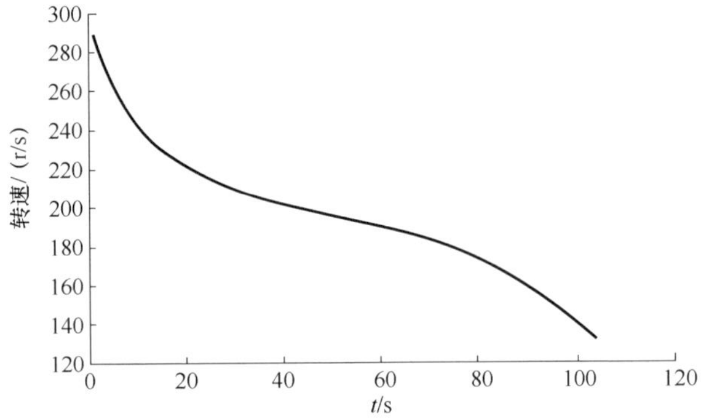

图 3－22　155mm 中、大口径杀伤爆破弹飞行过程中转速随时间的变化

仿真条件：天线相位中心与弹轴之间的距离为 30mm。图 3－23 为$\theta=0°$，$r=0.03$m 时，n 为 250r/s、150r/s、50r/s 情况下接收信号多普勒频移及多普勒相位随转角的变化曲线。

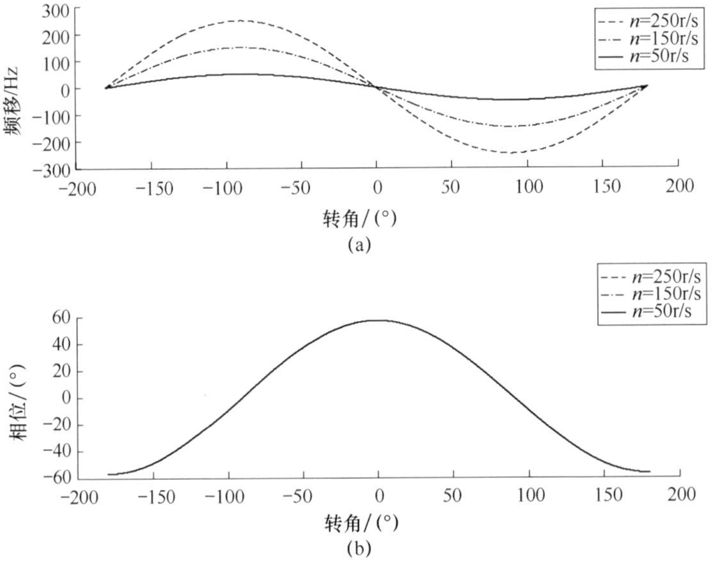

图 3－23　多普勒频移及相位随转角的变化曲线

(a) 多普勒频移随转角的变化曲线；(b) 多普勒相位随转角的变化曲线。

由图 3－25 可知，在已知天线相位中心距离弹轴距离下，多普勒频移随着转速的增大而增大，相位变化与转速大小无关，是与天线相对卫星信号入射角度有关的参量。

图3－24为 $n=250r/s$、$\theta=0°$，天线相位中心变化时天线接收信号多普勒频移及相位变化曲线。由图3－24可知，由于旋转引起的载波多普勒频移及相位变化随天线与弹轴距离的增大而增大。

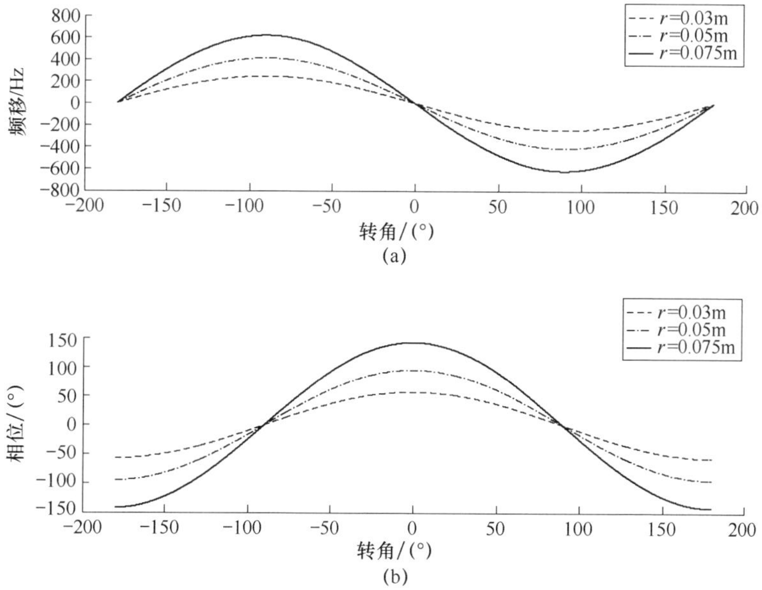

图3－24　不同相位中心偏移下天线接收信号多普勒频移及相位随转角的变化

（a）多普勒频移随转角变化曲线；（b）多普勒相位随转角变化曲线。

考虑天线旋转对接收信号的影响，在弹道修正引信卫星定位接收机设计时应重点考虑以下问题：

（1）微带天线旋转过程将接收信号幅值调制，致使接收信号强度呈正弦变化，影响接收信号载噪比，不利于接收机后续信号处理。

（2）微带天线属于定向天线，天线主辐射面正对卫星信号入射方向时信号最强，天线辐射面背对入射信号时信号被遮挡，旋转过程中接收信号的不连续将对后续基带信号处理带来干扰。

（3）微带天线旋转过程中，接收信号将附加旋转引起的载波相位及多普勒频率调制大小与载体转速和天线相位中心偏移量有关。转速越高，多普勒频移越大；天线相位中心偏移量越大，多普勒频移及载波相位变化量越大。过大的多普勒频移及相位变化量超出信号跟踪环路鉴别器牵入范围，使信号失锁。

（4）载体旋转引起的接收信号载波多普勒及相位调制具有无穷阶导数，属于高动态模型，常规跟踪环路难以稳定跟踪此类时变信号，此时改变接收机环路带宽对改善动态性能有限。

3.4 高动态卫星信号矢量跟踪技术

根据3.3节对非全向天线旋转条件下接收信号特性的分析可知，采用常规接收机基带处理方法对信号进行跟踪非常困难。20世纪80年代，J. Spilker等首次提出“矢量跟踪”。与此对应，将一般接收机跟踪环路称为“标量跟踪”。GNSS矢量跟踪算法综合了各卫星与接收机位置相互关系，通过建立以接收机位置、速度、加速度、钟差及钟漂等误差量为状态量的扩展卡尔曼滤波(EKF)模型，并通过矢量延迟/频率锁定环(VDFLL)完成伪距、伪距率测量及环路控制，在信号接收质量不佳、动态明显的情况下可显著改善接收机的信号跟踪和定位性能。本节将在分析常规卫星信号跟踪方法的基础上，深入研究一种可用于旋转弹弹道修正引信卫星定位接收机的矢量跟踪技术，并进行详细的理论分析、仿真计算和试验验证。

3.4.1 常规标量跟踪原理及特点

GNSS卫星定位接收机信号跟踪的目的是使接收机复制的本地载波和伪码相位与接收到的卫星载波和伪码相位保持一致，以剥离接收信号中的载波与伪码调制信号，实现对导航电文及信号发射时间等信息的解调。目前，最为成熟的接收机基带信号处理算法是基于锁相跟踪原理的标量跟踪算法。

如图3-25所示的常规接收机由三大主要功能模块组成：

(1) 射频前端处理模块：实现对输入信号的前置放大、下变频及模/数转换，从而降低接收机基带信号处理难度，提高接收机抗干扰性能。

(2) 基带信号处理单元：常规接收机基带信号处理过程中，对各信号通道分别设置独立的载波与伪码跟踪环，完成对输入信号中载波及伪码相位信息的剥离。接收机以捕获得到的载波/伪码相位信息作为本地载波/伪码数字控制振荡器(NCO)初始值，与输入信号进行相关运算，通过对相关累加值的鉴相获取本地信号与输入信号的载波/伪码相位误差，并将获取的载波/伪码相位误差信息经环路滤波器后转换为本地NCO调整量，反馈并重新调整本地NCO，实现对环路闭环控制。

(3) 导航解算单元：接收机利用基带信号处理过程中提取的观测值及导航电文等信息，通过解算伪距方程等方式完成对接收机位置状态信息的测量。

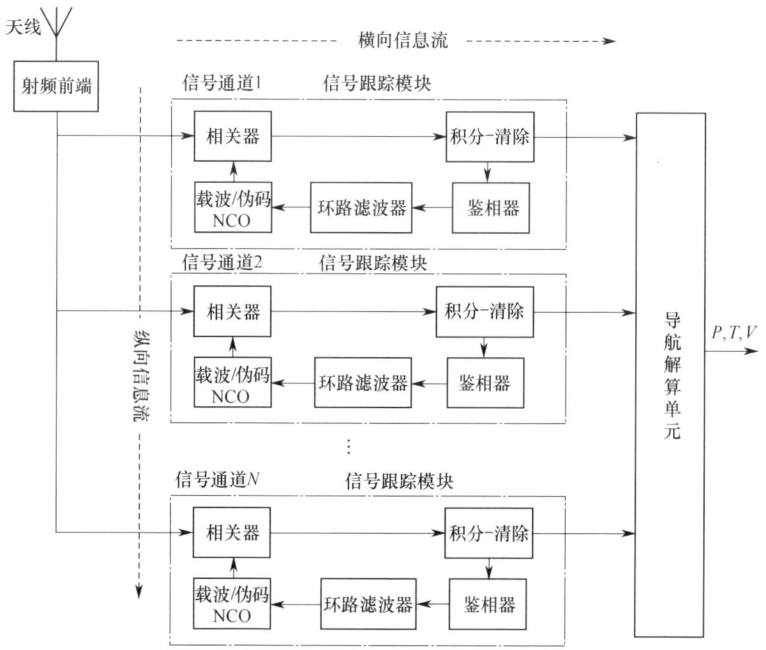

图3-25 常规标量跟踪方法结构

标量跟踪方法具有以下特点：

(1) 标量跟踪结构对于不同通道输入信号分别设置独立的载波与伪码跟踪环。通道间信息不相关，接收机无法利用其余通道信息实现对当前通道信号的辅助跟踪。

(2) “信号跟踪模块”与“导航解算单元”相互独立。“信号跟踪模块”将跟踪得到的伪距、伪距率等观测值传递至“导航解算单元”，并通过解算伪距方程等方式完成对接收机位置状态信息的估计。

常规标量跟踪算法在高载噪比及低动态环境下具有良好的跟踪性能。但是该方法存在以下不足：

(1) 对于不同强度输入信号，接收机采取相同且相对固定的噪声带宽，常规接收机信号跟踪过程难以实现对不同强度输入信号的权衡，从而降低接收机对微弱信号的测量跟踪性能。另外，若通道卫星被遮挡，对应通道载波及伪码参数将处于随机游走状态，随着信号的恢复，接收机无法利用其余通道信息实现对丢失信号的快速重新跟踪。

(2) 不同通道信号跟踪环路相互独立，常规接收机设计方案中忽略了卫星与接收机间的共性信息，因此存在接收机动态冗余性能有限等不足。

天线旋转不仅使接收信号幅值呈现出与天线辐射方向图相关联的周期性起伏变化规律，而且由于天线相位中心的偏移，接收信号也将含有旋转引起的载波多普勒频率及相位调制，致使常规接收机基带信号处理过程中信号易失锁，定位困难。

3.4.2 自适应矢量跟踪原理及特点

常见的矢量跟踪有基于位置状态信息和基于伪距状态信息两种不同的实现方式。位置状态信息中，卡尔曼滤波状态量为接收机位置、位置相关衍生量及接收机时钟等信息。伪距状态信息中，状态量为伪距及与伪距相关的衍生量。矢量跟踪算法在常规标量跟踪算法基础上，分别将标量跟踪过程中的载波锁频环、载波锁相环、伪码延迟锁定环以状态量最优估计方式进行替代。因此，存在矢量频率锁定环（VFLL）、矢量相位锁定环（VPLL）、矢量延迟锁定环（VDLL）、矢量延迟/频率锁定跟踪环以及联邦滤波跟踪等各类衍生算法。

图 3－26 给出了 VDFLL 跟踪方法结构模型。与标量跟踪不同，VDFLL 信号跟踪过程中，载波和伪码相位信息的跟踪，以及接收机位置、速度、加速度等状态信息的估计通过一个卡尔曼滤波器实现。由图 3－28 可知，VDFLL 具有与标量接收机类似的通道处理环节。天线接收到的卫星信号经下变频后，分别与不同通道本地生成的同向 I 支路、正交 Q 支路载波和伪码信号混频，得到不同支路下的即时（I_P、Q_P）、超前（I_E、Q_E）、滞后（I_L、Q_L）相关累加值：

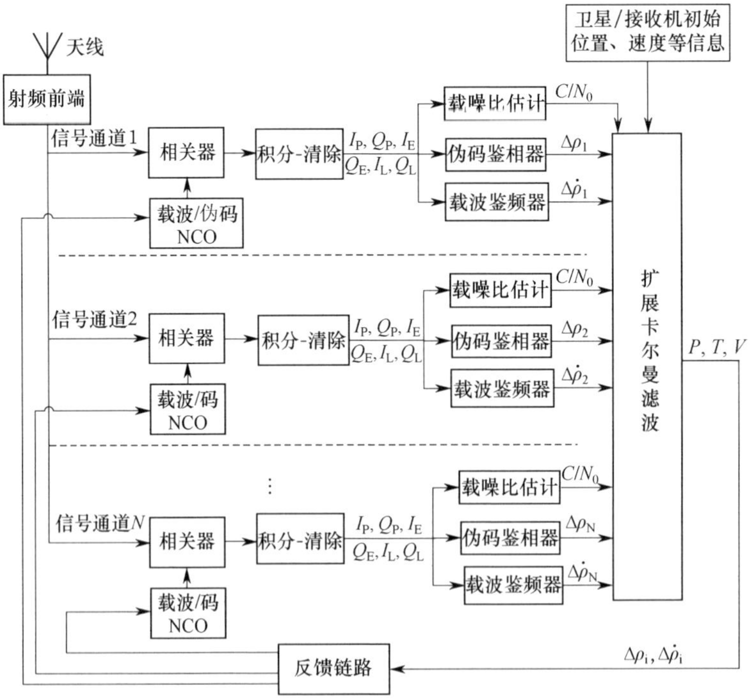

图 3－26　VDFLL 跟踪方法结构模型

$$I_P = \frac{aD(n)R(\tau_P)}{\frac{1}{2}\omega_e T_{coh}}\sin\left(\frac{1}{2}\omega_e T_{coh}\right)\cos\left[\omega_e\left(t_1+\frac{1}{2}T_{coh}\right)+\theta_0\right]$$

$$= aD(n)R(\tau_P)\sin(f_e T_{coh})\cos\varphi_e \tag{3-10}$$

$$Q_P = \frac{aD(n)R(\tau_P)}{\frac{1}{2}\omega_e T_{coh}}\sin\left(\frac{1}{2}\omega_e T_{coh}\right)\sin\left[\omega_e\left(t_1+\frac{1}{2}T_{coh}\right)+\theta_0\right]$$

$$= aD(n)R(\tau_P)\sin(f_e T_{coh})\sin\varphi_e \tag{3-11}$$

$$I_E = \frac{aD(n)R(\tau_E)}{\frac{1}{2}\omega_e T_{coh}}\sin\left(\frac{1}{2}\omega_e T_{coh}\right)\cos\left[\omega_e\left(t_1+\frac{1}{2}T_{coh}\right)+\theta_0\right]$$

$$= aD(n)R(\tau_E)\sin(f_e T_{coh})\cos\varphi_e \tag{3-12}$$

$$Q_E = \frac{aD(n)R(\tau_E)}{\frac{1}{2}\omega_e T_{coh}}\sin\left(\frac{1}{2}\omega_e T_{coh}\right)\sin\left[\omega_e\left(t_1+\frac{1}{2}T_{coh}\right)+\theta_0\right]$$

$$= aD(n)R(\tau_E)\sin(f_e T_{coh})\sin\varphi_e \tag{3-13}$$

$$I_L = \frac{aD(n)R(\tau_L)}{\frac{1}{2}\omega_e T_{coh}}\sin\left(\frac{1}{2}\omega_e T_{coh}\right)\cos\left[\omega_e\left(t_1+\frac{1}{2}T_{coh}\right)+\theta_0\right]$$

$$= aD(n)R(\tau_L)\sin(f_e T_{coh})\cos\varphi_e \tag{3-14}$$

$$Q_L = \frac{aD(n)R(\tau_L)}{\frac{1}{2}\omega_e T_{coh}}\sin\left(\frac{1}{2}\omega_e T_{coh}\right)\sin\left[\omega_e(t_1+\frac{1}{2}T_{coh})+\theta_0\right]$$

$$= aD(n)R(\tau_L)\sin(f_e T_{coh})\sin\varphi_e \tag{3-15}$$

式中：ω_e 为角频率误差；f_e 为频率误差；θ_0 为输入载波与本地生成载波初始相位误差；τ 为码相位误差；T_{coh} 为预测量积分时间；$D(n)$ 为数据位；a 为信号幅值；$R(\tau)$ 为码相关函数。

矢量跟踪方法潜在优势具体表现如下：

（1）扩展卡尔曼滤波能更好地权衡各通道伪码相位及载波频率误差值，通过实时测量不同通道噪声特性，EKF 能提供最优的接收机位置、速度等状态信息，具有更优良的动态冗余性能。

（2）由于矢量跟踪方式能更好地权衡卫星与接收机以及接收机信号通道间信息的关联性，因此矢量跟踪具有优良的微弱信号测量跟踪及快速重跟踪等性能。

（3）具有良好的抗干扰性及信号幅值快速起伏波动下信号跟踪的潜能。矢量跟踪算法同样存在通道间噪声易串扰、鲁棒性较标量跟踪结构差、算法开发难度大等不足。

为提高矢量跟踪算法在接收信号幅值起伏波动环境下的信号跟踪性能，通过实时测量信号强度，实时调整矢量跟踪过程中测量 $\boldsymbol{R}$ 的自适应矢量跟踪方法。由于 $\boldsymbol{R}$ 中包含接收机各通道的伪码及载波频率误差噪声项，当天线接收到的卫星信号受干扰或者遮挡时，对应卫星通道伪距、伪距率观测量噪声项将会发生较大的变化。因此，须通过对 $\boldsymbol{R}$ 的自适应调整，提高矢量跟踪算法在非全向天线旋转条件下的信号跟踪性能。

3.4.3 自适应矢量跟踪模型

1. 状态方程

VDFLL 跟踪过程中，扩展卡尔曼滤波估计的是状态量误差而非状态量本身，并且用估计的状态量误差信息校正导航输出。定义卡尔曼滤波状态量误差 $\boldsymbol{X}_e = [\delta x, \delta y, \delta z, \delta\dot{x}, \delta\dot{y}, \delta\dot{z}, \delta\ddot{x}, \delta\ddot{y}, \delta\ddot{z}, b, \dot{b}]$。其中：前面 9 项分别是估计的接收机位置、速度、加速度在 ECEF 坐标系下的误差值；后 2 项分别代表估计的接收机钟差及钟漂误差值。状态矢量的选取可根据实际动态需求选定，对于低动态场景，可忽略接收机自身加速度等信息的影响，从而降低状态量维数，降低滤波器设计难度。

由牛顿运动学规律，系统状态转移方程可表示为

$$\boldsymbol{X}_{e,k+1} = \begin{bmatrix} \delta x_{k+1} \\ \delta y_{k+1} \\ \delta z_{k+1} \\ \delta\dot{x}_{k+1} \\ \delta\dot{y}_{k+1} \\ \delta\dot{z}_{k+1} \\ \delta\ddot{x}_{k+1} \\ \delta\ddot{y}_{k+1} \\ \delta\ddot{z}_{k+1} \\ b_{k+1} \\ \dot{b}_{k+1} \end{bmatrix} = \begin{bmatrix} \boldsymbol{I}_{3\times3} & T\boldsymbol{I}_{3\times3} & \frac{T^2}{2}\boldsymbol{I}_{3\times3} & 0 & 0 \\ \boldsymbol{0}_{3\times3} & \boldsymbol{I}_{3\times3} & T\boldsymbol{I}_{3\times3} & 0 & 0 \\ \boldsymbol{0}_{3\times3} & \boldsymbol{0}_{3\times3} & \boldsymbol{I}_{3\times3} & 0 & 0 \\ \boldsymbol{0}_{3\times1} & \boldsymbol{0}_{3\times1} & \boldsymbol{0}_{3\times1} & 1 & T \\ \boldsymbol{0}_{3\times1} & \boldsymbol{0}_{3\times1} & \boldsymbol{0}_{3\times1} & 0 & 1 \end{bmatrix}_{11\times11} \begin{bmatrix} \delta x_k \\ \delta y_k \\ \delta z_k \\ \delta\dot{x}_k \\ \delta\dot{y}_k \\ \delta\dot{z}_k \\ \delta\ddot{x}_k \\ \delta\ddot{y}_k \\ \delta\ddot{z}_k \\ b_k \\ \dot{b}_k \end{bmatrix} + \boldsymbol{W}_k \tag{3-16}$$

即

$$\boldsymbol{X}_{e,k+1} = \boldsymbol{F}\boldsymbol{X}_{e,k} + \boldsymbol{W}_k$$

式中：T 为滤波器更新时间；$\boldsymbol{W}_k$ 为均值为 0、协方差为 $\boldsymbol{Q}$ 的过程噪声。

2. 观测方程

矢量跟踪以伪距残差 $\delta\rho$ 及伪距率残差 $\delta\dot{\rho}$ 为观测量，其与伪码及载波频率鉴别误差的关系为

$$\delta\rho = \tau\frac{c}{f_{C/A}} + v_k \quad (\mathrm{m}) \tag{3-17}$$

$$\delta\dot{\rho} = f_e\frac{c}{f_{L1}} + \xi \quad (\mathrm{m/s}) \tag{3-18}$$

式中：τ、f_e 分别为伪码鉴相误差及载波鉴频误差；c 为真空光速；$f_{C/A}$ 为伪码速率；f_{L1} 为载波频率；v_k 为均值为0的高斯白噪声；ξ 为均值为0、协方差为 $\boldsymbol{R}$ 的高斯白噪声。

3. 伪码鉴别策略及其测量噪声协方差估计

矢量跟踪过程中，为了提高伪码鉴相器运算效率，常采用非相干超前－滞后功率法或归一化的非相干超前－滞后功率法实现对伪码相位误差的测量。其中，非相干超前减滞后功率法可表示为

$$\delta\rho = \frac{c}{f_{C/A}}\cdot[(I_E^2+Q_E^2)-(I_L^2+Q_L^2)] + v_k \approx \frac{c}{f_{C/A}}\cdot 2a^2\cdot\tau + v_k \quad (\mathrm{m}) \tag{3-19}$$

式中：τ 为伪码鉴相误差；c 为真空光速；$f_{C/A}$ 为伪码速率；a 为信号幅值。

此时，相对应的噪声均值及噪声协方差可表示为载噪比 C/N_0 的函数：

$$\begin{cases} E\{v_k\} = 0 \\ E\{v_k^2\} = \dfrac{\beta^2}{2(\Delta t C/N_0)^2} + \dfrac{\beta^2}{\Delta t C/N_0}\left(\dfrac{\delta\rho^2}{\beta^2}+\dfrac{1}{4}\right) \quad (\mathrm{m}^2) \end{cases} \tag{3-20}$$

式中：Δt 为残差滤波器更新时间；$\beta = \dfrac{c}{f_{C/A}} \approx 299.3\mathrm{m}$。

由于超前－滞后功率法鉴相结果与信号幅值有关，为了消除信号幅值对鉴相误差的影响，通常对其进行归一化处理。归一化后的超前－滞后功率法可表示为

$$\begin{aligned} \delta\rho &= \frac{c}{f_{C/A}}\cdot\left[\frac{(I_E^2+Q_E^2)-(I_L^2+Q_L^2)}{2[(I_E^2+Q_E^2)+(I_L^2+Q_L^2)]}\right] + v_k \\ &= \frac{c}{f_{C/A}}\cdot\left[\frac{1}{2}\frac{R(\tau_E)-R(\tau_L)}{R(\tau_E)+R(\tau_L)}\right] + v_k \\ &= \frac{c}{f_{C/A}}\cdot\tau + v_k \quad (\mathrm{m}) \end{aligned} \tag{3-21}$$

对应的测量噪声协方差为

$$\begin{cases} E\{v_k\} = 0 \\ E\{v_k^2\} \approx \left(\dfrac{c}{f_{C/A}}\right)^2 \dfrac{2\Delta t\cdot 10^{(C/N_0)/10}(1-d/2)^2+1}{8[\Delta t\cdot 10^{(C/N_0)/10}(1-d/2)^2+1]^2} \quad (\mathrm{m}^2) \end{cases} \tag{3-22}$$

4. 载波频率鉴别策略及其测量噪声协方差估计

矢量延迟/频率锁定跟踪环中，矢量延迟锁定环与矢量频率锁定环相辅相成，共同完成对输入信号伪码及载波频率信息的锁定跟踪。因此，伪距率误差测量过程中，假设矢量码环已经实现了对伪码相位的稳定跟踪。载波鉴频过程中，利用扩展卡尔曼滤波器更新时间 Δt 内前后两段相关累加值实现对频率偏差的估计。常见的载波频率鉴别策略有叉积鉴频、四象限反正切等。

叉积鉴频策略存在计算量小、运算效率高等优点，但鉴频结果与信号幅值有关：

$$\delta\dot{p} = \frac{2\cdot(I_{P2}Q_{P1} - I_{P1}Q_{P2})}{\Delta t} = -a^2R^2(\rho_e)\left(\frac{\pi f_e c}{2f_{L1}}\right) + \xi \quad (\mathrm{m/s}) \tag{3-23}$$

式中：a 为信号幅值；c 为真空光速；f_{L1} 为载波频率；$f_e(k)$ 为载波频率误差；$R^2(\rho_e)$ 为伪码相关函数。

叉积鉴频对应的测量噪声协方差可表示为

$$\begin{cases} E\{\xi\} = 0 \\ E\{\xi^2\} = \left[\dfrac{2}{(\Delta tC/N_0)^2} + \dfrac{2R^2(\rho_e(k))}{\Delta tC/N_0}\right]\left(\dfrac{c}{\pi\Delta t f_{L1}}\right)^2 \quad (\mathrm{m/s})^2 \end{cases} \tag{3-24}$$

四象限反正切鉴频策略具有鉴频精度高、鉴频结果与信号幅值无关等优点；但同时存在计算量大、运算效率低等不足。四象限反正切鉴频策略可表示为

$$\delta\dot{\rho} = \frac{c}{f_{L1}}\frac{\arctan2(P_{cross}, P_{dot})}{\Delta t/2} + \xi \quad (\mathrm{m/s}) \tag{3-25}$$

式中：arctan2（P_{cross}，P_{dot}）为四象限反正切函数；c 为真空光速；f_{L1} 为载波频率；ξ 为噪声项；P_{cross}、P_{dot} 可表示为

$$\begin{aligned} P_{cross} &= I_{P1}Q_{P2} - Q_{P1}I_{P2} \\ P_{dot} &= I_{P1}I_{P2} + Q_{P1}Q_{P2} \end{aligned} \tag{3-26}$$

其中：I_{P1}、I_{P2}、Q_{P1}、Q_{P2} 由矢量跟踪状态量更新时间 Δt 内前后两段累加值计算得到。

相对应的频率测量噪声协方差可表示为

$$\begin{cases} E(\xi) = 0 \\ E(\xi^2) = \left(\dfrac{c}{f_{L1}}\right)^2 \dfrac{8}{\Delta t^3 C/N_0 \cos(\pi f_e \Delta t)} \quad (\mathrm{m/s})^2 \end{cases} \tag{3-27}$$

式中：f_e 为频率偏差（Hz）。

图 3－27 给出了不同鉴别器测量噪声协方差与载噪比的关系。由图 3－27 可知，测量噪声协方差 $\boldsymbol{R}$ 的大小与载噪比呈近似指数关系变化。由于测量噪声 $\boldsymbol{R}$ 中包含接收机各通道的伪码及载波频率误差噪声项，假设各通道码相位误差以及

载波频率误差不相关，则 $\boldsymbol{R}$ 为对角阵，其对角线元素大小与实际接收到的信号强度有关，当卫星信号受到干扰或者遮挡时，实际的噪声项会发生较大的变化。因此，自适应矢量跟踪处理中，为提高接收机在接收信号幅值起伏波动环境下的信号跟踪性能，须实时测量出不同时刻接收信号噪声特性并调整 $\boldsymbol{R}$ 的变化。

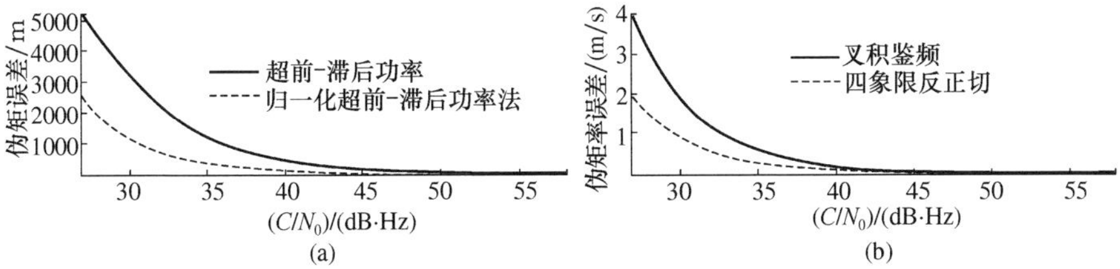

图 3-27 不同鉴别器测量噪声协方差与载噪比的关系

5. 自适应矢量跟踪观测模型及其线性化

伪码相位及载波频率误差信息反映不同时刻接收机位置、速度、加速度及时钟等信息的变化，且呈非线性关系。分析观测量的线性化过程对理解 VD-FLL 滤波控制机理具有重要指导意义。

导航滤波器把 $k-1$ 时刻的状态矢量 $\boldsymbol{X}_{k-1}$ 和该时刻的卫星位置信息反馈至本地信号生成模块，本地信号生成模块根据 $k-1$ 时刻反馈信息分别生成 k 时刻的超前、即时与滞后伪码序列及正交两路载波频率信号，再分别与 k 时刻输入的卫星信号进行混频及相关运算，得到不同支路相关累加值。因此，假设 k 时刻接收机位置、速度可表示为当前时刻估计值加误差值，即

$$\begin{cases} x_k = \hat{x}_k + \delta x_k \\ y_k = \hat{y}_k + \delta y_k \\ z_k = \hat{z}_k + \delta z_k \\ \dot{x}_k = \hat{\dot{x}}_k + \delta \dot{x}_k \\ \dot{y}_k = \hat{\dot{y}}_k + \delta \dot{y}_k \\ \dot{z}_k = \hat{\dot{z}}_k + \delta \dot{z}_k \end{cases} \tag{3-28}$$

对于 VDLL，由伪距方程可知

$$\sqrt{(x_i - x_k)^2 + (y_i - y_k)^2 + (z_i - z_k)^2} + c\delta t_u = \rho_c^{(i)} + \eta_i \tag{3-29}$$

式中：x_i、y_i、z_i 为第 i 号卫星在 ECEF 坐标系下三维位置；$\rho_c^{(i)}$ 为修正后第 i 号卫星伪距；η_i 为均值为 0 的高斯噪声。

对式（3-29）在初始估计位置（$\hat{x}_k, \hat{y}_k, \hat{z}_k$）处泰勒展开，可得

$$\rho_c^{(i)} \approx \hat{\rho}_c^{(i)} + \frac{x_i - \hat{x}_u}{\hat{r}_i}\delta x_u + \frac{y_i - \hat{y}_u}{\hat{r}_i}\delta y_u + \frac{z_i - \hat{z}_u}{\hat{r}_i}\delta z_u - c\delta t_u + \eta_i \tag{3-30}$$

于是，伪距残差与状态量关系为

$$\begin{aligned}\delta\rho_i &= \rho_c^{(i)} - \hat{\rho}_c^{(i)} \\ &\approx \frac{x_i - \hat{x}_u}{\hat{r}_i}\delta x_u \frac{y_i - \hat{y}_u}{\hat{r}_i}\delta y_u \frac{z_i - \hat{z}_u}{\hat{r}_i}\delta z_u - c\delta t_u + \eta_i \\ &= \boldsymbol{a}_{x,i}\delta x_u + \boldsymbol{a}_{y,i}\delta y_u + \boldsymbol{a}_{z,i}\delta z_u - b + \eta_i\end{aligned} \tag{3-31}$$

式中：$\boldsymbol{a}_{x,i}$、$\boldsymbol{a}_{y,i}$、$\boldsymbol{a}_{z,i}$ 为接收机相对卫星视线方向（LOS）单位矢量。

k 时刻接收机相对第 i 号卫星单位矢量可表示为

$$\boldsymbol{a}_{x,i,k} = \frac{x_{i,k} - \hat{x}_{u,k}}{\hat{r}_{i,k}} \tag{3-32}$$

$$\boldsymbol{a}_{y,i,k} = \frac{y_{i,k} - \hat{y}_{u,k}}{\hat{r}_{i,k}} \tag{3-33}$$

$$\boldsymbol{a}_{z,i,k} = \frac{z_{i,k} - \hat{z}_{u,k}}{\hat{r}_{i,k}} \tag{3-34}$$

式中：$\hat{r}_i$ 为接收机与卫星间位移，可表示为

$$\hat{r}_i = \sqrt{(x_i - \hat{x}_k)^2 + (y_i - \hat{y}_k)^2 + (z_i - \hat{z}_k)^2}$$

与 VDLL 类似，VFLL 使用导航滤波器对用户速度信息进行滤波处理。对于 VFLL，导航滤波器输出的 k 时刻用户状态估计值与对应时刻的卫星速度一起预测下一时刻的载波频率。对于第 i 号卫星，接收到的信号载波频率可表示为

$$f_{i,k} = \frac{f_T}{1 + \dot{t}_u}\left[1 - \frac{1}{c}(v_i - \dot{u}_k)a_i\right] + \zeta_i \quad \text{(IIz)} \tag{3-35}$$

式中：f_T 为信号发射频率；v_i 为卫星速度；$\dot{u}_k$ 为 k 时刻接收机速度；$\dot{t}_u$ 为本地时钟偏移。

因此，本地接收信号与输入载波频率误差可表示为

$$\frac{c(f_{i,k} - f_T)}{f_T} = (\dot{x}_k - v_x)a_{x,i} + (\dot{y}_k - v_y)a_{y,i} + (\dot{z}_k - v_z)a_{z,i} - \dot{b} + \xi_i \tag{3-36}$$

接收到的信号载波频率 $f_{i,k}$ 又可表示为 k 时刻估计载波频率加频率误差，即

$$f_{i,k} = \hat{f}_k + \delta f_k \tag{3-37}$$

最终得伪距率残差与状态量关系为

$$\delta\dot{\rho}_i = \frac{c}{f_T}\delta f_k \approx a_{x,i}\delta\dot{x}_u + a_{y,i}\delta\dot{y}_u + a_{z,i}\delta\dot{z}_u - \dot{b} + \xi_i \tag{3-38}$$

将线性化后的第 i 号卫星观测方程式写成矩阵形式，即

$$Z_{e,k}^i = \begin{bmatrix}\delta\rho_i \\ \delta\dot{\rho}_i\end{bmatrix} = \begin{bmatrix}a_{x,i} & a_{y,i} & a_{z,i} & 0 & 0 & 0 & 0 & 0 & 0 & -1 & 0 \\ 0 & 0 & 0 & a_{x,i} & a_{y,i} & a_{z,i} & 0 & 0 & 0 & 0 & -1\end{bmatrix}\boldsymbol{X}_{e,k} + \begin{bmatrix}\eta_i \\ \xi_i\end{bmatrix} \tag{3-39}$$

矢量跟踪过程中，最少需同时跟踪 4 颗或者 4 颗以上通道卫星，扩展卡尔曼滤波才能准确估算出不同时刻的状态误差值。因此，对于多通道输入时，线性化后的观测方程可表示为

$$
\begin{aligned}
\boldsymbol{Z}_{\mathrm{e},k} &= \begin{bmatrix} \delta\rho_1 \\ \vdots \\ \delta\rho_i \\ \delta\dot{\rho}_1 \\ \vdots \\ \delta\dot{\rho}_i \end{bmatrix} \approx \begin{bmatrix} a_{x,1} & a_{y,1} & a_{z,1} & 0 & 0 & 0 & 0 & 0 & 0 & -1 & 0 \\ & & \vdots & & & & & & & & \\ a_{x,i} & a_{y,i} & a_{z,i} & 0 & 0 & 0 & 0 & 0 & 0 & -1 & 0 \\ 0 & 0 & 0 & a_{x,1} & a_{y,1} & a_{z,1} & 0 & 0 & 0 & 0 & -1 \\ & & \vdots & & & & & & & & \\ 0 & 0 & 0 & a_{x,i} & a_{y,i} & a_{z,i} & 0 & 0 & 0 & 0 & -1 \end{bmatrix} \boldsymbol{X}_{\mathrm{e},k} + \begin{bmatrix} \eta_1 \\ \vdots \\ \eta_i \\ \xi_1 \\ \vdots \\ \xi_i \end{bmatrix} \\
&= \boldsymbol{H}\boldsymbol{X}_{\mathrm{e},k} + \boldsymbol{V}_k
\end{aligned} \tag{3-40}
$$

式中：$\boldsymbol{V}_k$ 为均值为 0、协方差为 $\boldsymbol{R}$ 的测量高斯白噪声。

6. 自适应矢量跟踪滤波模型

结合前面对 VDFLL 观测量测量及其线性化过程分析，给出了如图 3－28 所示的 VDFLL 跟踪控制模型。矢量跟踪过程中，伪码及载波鉴相器测量获取 $k+1$时刻输入信号与 k 时刻本地复制信号残差，并作为扩展卡尔曼滤波观测量。扩展卡尔曼滤波将估算得到的接收机位置误差状态信息更新接收机位置状态信息，利用修正后的接收机位置状态信息与 k 时刻卫星轨道信息来获取对应时刻伪距及伪距率变化量，并以此调整本地 NCO，实现对环路的闭环控制。

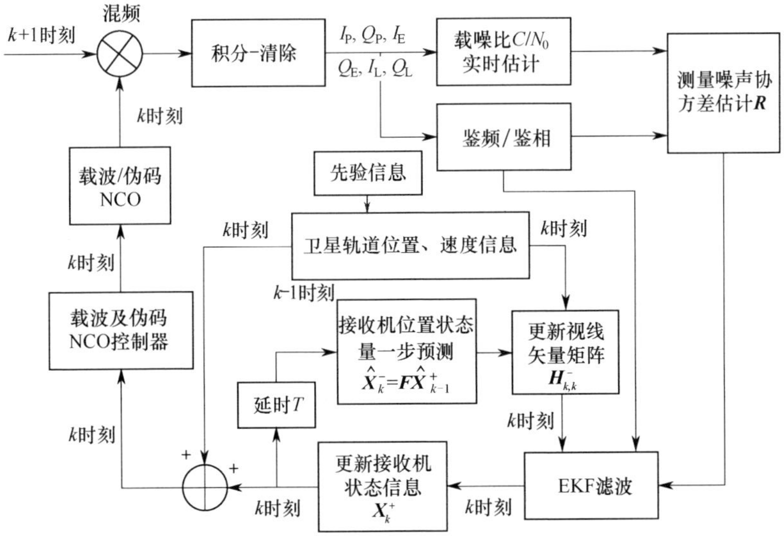

图 3－28　VDFLL 跟踪模型

矢量跟踪过程中，载波及伪码鉴别器获取到的伪距、伪距率残差信息不仅包含由于接收机运动引起的伪距及伪距率变化，而且包含 EKF 更新周期内由于卫星运动引起的伪距及伪距率变化量。图 3－29 给出了矢量跟踪过程中载波及伪码 NCO 调整控制。

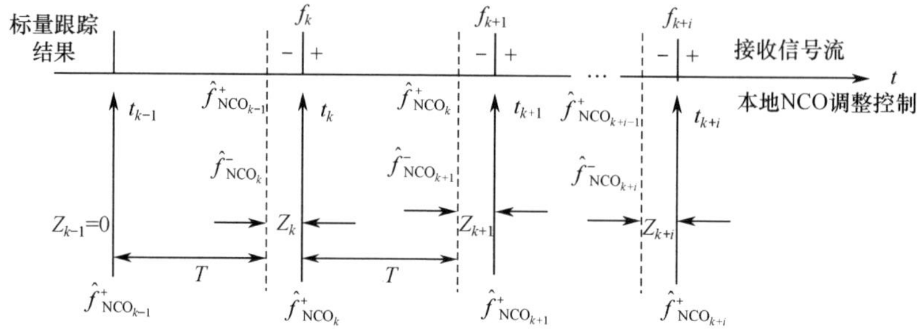

图 3－29　矢量跟踪过程中载波及伪码 NCO 调整控制

伪码 NCO 调整控制主要包括两部分：一部分是主滤波器更新时间内由于接收机伪距变化引起的伪码相位或频率的变化；另一部分是载波多普勒频移引起的伪码相位变化。因此，对于 VDLL 跟踪过程中，伪码 NCO 调整控制模型可表示为

$$\Delta f_{\text{code}_i,k+1} = \hat{f}^+_{\tau_i,\text{code}_{k+1}} + \frac{f_{\text{code}}}{f_{\text{carr}}} \times \hat{f}^+_{d_i,\text{carr}_{k+1}} = \hat{f}^+_{\tau_i,\text{code}_{k+1}} + \frac{f_{\text{code}}}{f_{\text{carr}}} \times \Delta f_{\text{carr}_i,k+1} \tag{3-41}$$

式中：f_{code} 为伪码基准频率；$\hat{f}^+_{\tau_i,\text{code}_{k+1}}$ 为 t_{k+1} 时刻主滤波器估计得到的 i 号卫星伪码频率变化值，又可表示预测伪距与估计伪距的函数，即

$$\hat{f}^+_{\tau_i,\text{code}_{k+1}} = \frac{\delta_{\text{cp}_{i,k+1}}}{T} = \frac{1}{T}\frac{f_{\text{code}}}{c}(\rho_{\text{predic}_{i,k+1}} - \hat{\rho}^+_{i,k+1}) \tag{3-42}$$

式中：$\delta_{\text{cp}_{i,k+1}}$ 为 t_{k+1} 时刻主滤波器测量得到的与 i 号卫星间伪码相位差；$\rho_{\text{predic}_{i,k+1}}$ 为预测得到的 t_{k+1} 时刻接收机相对 i 号卫星伪距估计值；$\hat{\rho}^+_{i,k+1}$ 为 t_{k+1} 时刻滤波后校正估计得到的接收机相对 i 号卫星伪距估计值。

由图 3－29 可知，矢量跟踪过程中，主滤波器每隔 T 更新一次伪距、伪距率等状态信息，因此，式（3－42）中 $\rho_{\text{predic}_{i,k+1}}$ 又可表示为 t_{k+1} 时刻伪距估计预测值 $\hat{\rho}^-_{i,k+1}$。此时，式（3－42）可重新表示为

$$\hat{f}^+_{\tau_i,\text{code}_{k+1}} = \frac{\delta_{\text{cp}_{i,k+1}}}{T} = \frac{1}{T}\frac{f_{\text{code}}}{c}(\hat{\rho}^-_{i,k+1} - \hat{\rho}^+_{i,k+1}) = \frac{1}{T}\hat{\boldsymbol{G}}_{\tau,k+1}\boldsymbol{K}_{p_i,k+1}e_{\text{code},k+1} \tag{3-43}$$

式中：$\hat{\boldsymbol{G}}_{\tau,k+1} = \frac{f_{\text{code}}}{c} \times \boldsymbol{H}_{k+1}$；$\boldsymbol{K}_{p_i,k+1}$ 为 t_{k+1} 时刻位置方向卡尔曼滤波增益；$e_{\text{code},k+1}$

为 t_{k+1} 时刻伪距测量误差。

将式（3－43）代入式（3－41）中，得到 VDLL 伪码 NCO 调整控制解析函数为

$$\Delta f_{\mathrm{code}_i,k+1} = \frac{1}{T}\hat{G}_{\tau,k+1}\boldsymbol{K}_{p_i,k+1}e_{\mathrm{code},k+1} + \frac{f_{\mathrm{code}}}{f_{\mathrm{carr}}} \times \Delta f_{\mathrm{carr}_i,k+1} \tag{3-44}$$

载波频率的调整控制中，不同更新时刻载波频率变化量 $\Delta f_{\mathrm{carr}_i,k+1}$ 或者载波多普勒频移可表示为对应时刻下伪距率及其变化率的函数，即

$$\begin{aligned}\Delta f_{\mathrm{carr}_i,k+1} &= \frac{f_{\mathrm{carr}}}{c}(-\hat{\dot{R}}^{+}_{i,k+1} - \hat{\dot{b}}^{+}_{k+1} + \hat{\dot{b}}_{s_i,k+1}) + T \times \hat{\dot{f}}^{+}_{d_i,\mathrm{carr}_{k+1}} \\ &= \hat{f}^{+}_{d_i,\mathrm{carr}_{k+1}} + T \times \hat{\dot{f}}^{+}_{d_i,\mathrm{carr}_{k+1}}\end{aligned} \tag{3-45}$$

式中：f_{carr} 为载波频率；$\hat{\dot{R}}^{+}_{i,k+1}$ 为 t_{k+1} 时刻估计得到的接收机与 i 号卫星的伪距率；$\hat{\dot{b}}^{+}_{k+1}$ 为 t_{k+1} 时刻估计得到的接收机时钟飘移；$\hat{\dot{b}}_{s_i,k+1}$ 为 t_{k+1} 时刻估计得到的 i 号卫星时钟飘移；$\hat{f}^{+}_{d_i,\mathrm{carr}_{k+1}}$ 为 t_{k+1} 时刻主滤波器估计得到的 i 号卫星载波多普勒；$\hat{\dot{f}}^{+}_{d_i,\mathrm{carr}_{k+1}}$ 为 t_{k+1} 时刻估计得到的 i 号卫星载波多普勒变化率；c 为真空光速；T 为更新时间；上标“+”表示滤波后验值；上标“－”表示滤波先验值。式（3－45）中 $\hat{f}^{+}_{d_i,\mathrm{carr}_{k+1}}$ 又可表示为频率滤波先验值与频率误差估计值的函数，即

$$\hat{f}^{+}_{d_i,\mathrm{carr}_{k+1}} = \hat{f}^{-}_{d_i,\mathrm{carr}_{k+1}} + \hat{\boldsymbol{G}}_{\mathrm{d},k+1}\boldsymbol{K}_{v,k+1}e_{k+1} \tag{3-46}$$

$$\hat{f}^{-}_{d_i,\mathrm{carr}_{k+1}} = \hat{f}^{+}_{d_i,\mathrm{carr}_k} + T\hat{\dot{f}}^{-}_{d_i,\mathrm{carr}_{k+1}} \tag{3-47}$$

$$\hat{\dot{f}}^{-}_{d_i,\mathrm{carr}_{k+1}} \approx \hat{\dot{\boldsymbol{G}}}_{\mathrm{d},k}\boldsymbol{K}_{v,k}e_k \tag{3-48}$$

因此，对于 VFLL 载波 NCO 调制控制模型解析函数可表示为

$$\Delta f_{\mathrm{carr}_i,k+1} \approx \hat{f}^{+}_{d_i,\mathrm{carr}_k} + T\hat{\dot{\boldsymbol{G}}}_{\mathrm{d},k}\boldsymbol{K}_{v,k}e_k + \hat{\boldsymbol{G}}_{\mathrm{d},k+1}\boldsymbol{K}_{v,k+1}e_{k+1} + T \times \hat{\dot{f}}^{+}_{d_i,\mathrm{carr}_{k+1}} \tag{3-49}$$

式中：$\hat{\boldsymbol{G}}_{d,k+1} = \frac{f_{\mathrm{carr}}}{c} \times Hk+1$ 时刻 LOS 视线矢量矩阵；$\hat{\dot{\boldsymbol{G}}}_{\mathrm{d},k+1} = (\hat{G}_{\mathrm{d},k+1} - \hat{G}_{\mathrm{d},k})/T$，为视线矢量 LOS 变化速率；$\boldsymbol{K}_{v,k+1}$ 为 t_{k+1} 时刻速度方向卡尔曼滤波增益；e_{k+1} 为 t_{k+1} 时刻伪距率测量误差；T 为 EKF 更新速率。

3.4.4 自适应矢量跟踪方法试验验证及性能分析

由 GNSS 7700 Sprint 模拟器生成一组初速为 930m/s、最大加速度为 $50\mathrm{m/s^2}$、旋转速度在 150～280r/s 的弹道飞行场景，用以验证自适应矢量跟踪算法在动态条件下的信号测量跟踪性能。各通道卫星信息见表 3－8。

表 3-8　各通道卫星信息分布

PRN	方位角/（°）	俯仰角/（°）	（C/N_0）/（dB·Hz）
1	47.2	28.9	45
8	-170.3	11.8	44
9	-146.3	22.6	45
11	50.6	9.3	44
17	-34.6	63.8	46
24	-44.4	13.1	45
28	141.8	70.9	46
32	62.2	24.5	45

任意选取 1、8、9、17、24、28 六通道卫星进行自适应矢量跟踪，EKF 更新率为 20ms。图 3-30 给出了矢量跟踪过程中测量得到的不同通道卫星与接收机间的伪距率、伪距及载噪比与模拟器实际输出比对。由图 3-30 可知，本书提出的自适应矢量跟踪算法不仅能持续保持对各通道信号的锁定跟踪，而且能正确估计出各通道伪距、伪距率等状态量的变化。

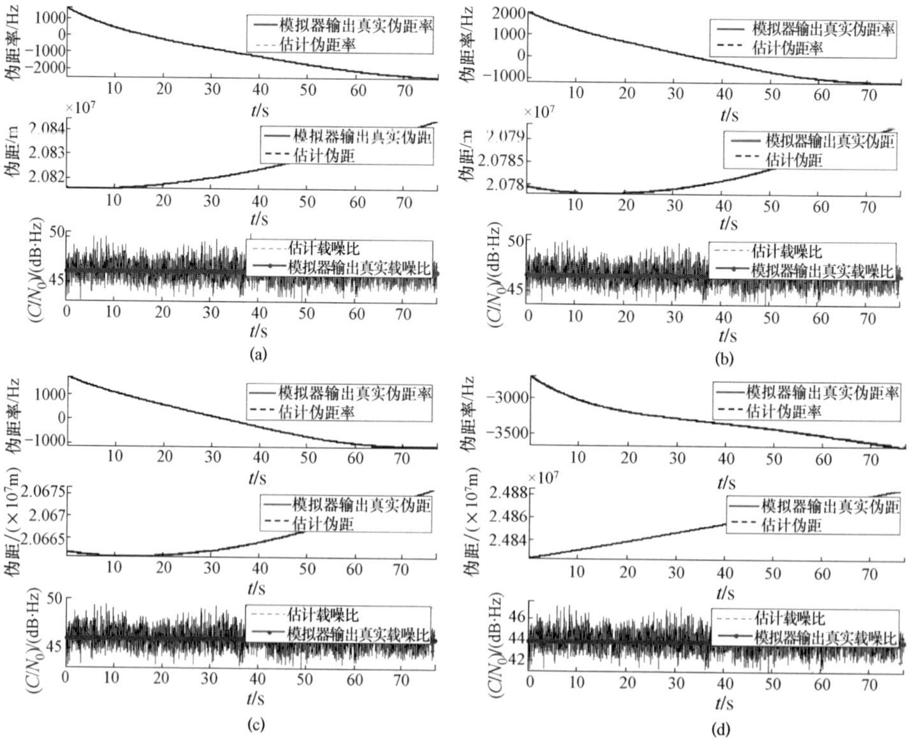

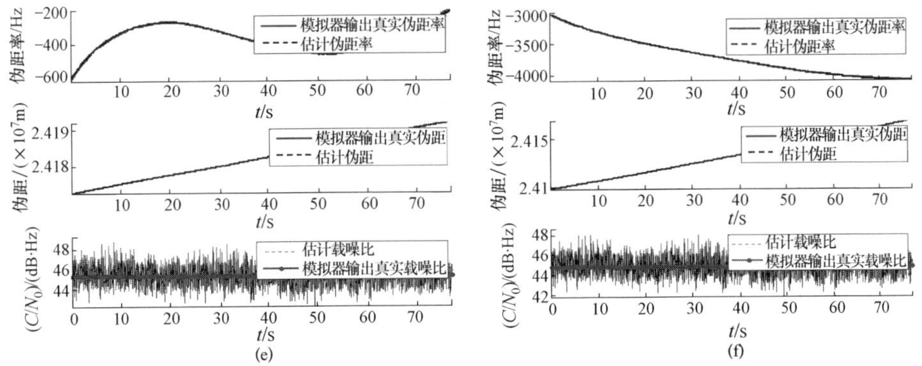

图 3-30 各通道伪距、伪距率及载噪比变化情况

（a）通道 1（PRN28）；（b）通道 2（PRN17）；（c）通道 3（PRN1）；

（d）通道 4（PRN8）；（e）通道 5（PRN24）；（f）通道 6（PRN9）。

图 3-31 给出了利用矢量跟踪方法测量的弹道与真实弹道在发射坐标系下分布及定位误差分布曲线。图 3-32 给出了利用矢量跟踪方法测量的速度与真实速度随时间变化及其误差分布曲线。其中，位置测量均方误差为 8.5m，速度测量均方误差为 0.3m/s，验证了自适应矢量跟踪算法具有良好的动态跟踪性能。

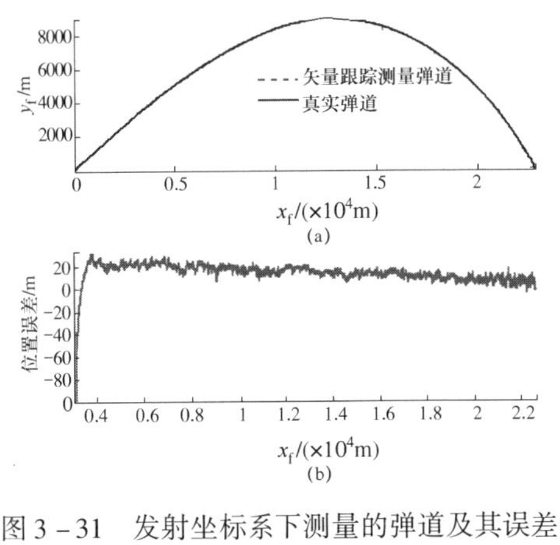

图 3-31 发射坐标系下测量的弹道及其误差

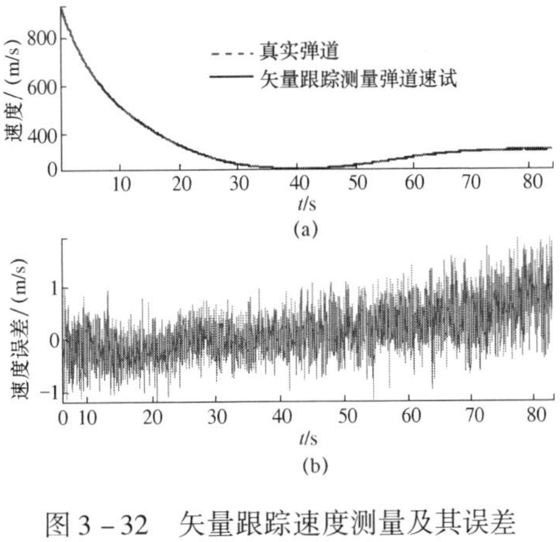

图 3-32 矢量跟踪速度测量及其误差

第4章
惯性传感器弹道测量技术

采用加速度计、陀螺或惯性测量组合对弹道参数进行测量的最大优点是自主测量，不依赖外界信息，可有效避免复杂电子环境下的干扰。但也存在诸如抗过载、发射后初始对准等难题，到目前可行的工程实现方案几乎没有。然而在有关算法方面的研究内容比较多，本章将介绍采用加速度传感器对炮弹外弹道测量方法以及采用惯性测量组合对火箭弹外弹道测量的方法。

4.1 旋转弹外弹道加速度测量

4.1.1 基于加速度传感器旋转弹加速度测量原理

1. 传感器的安装方式及受力分析

装在榴弹引信体内的传感器如图4-1所示，其X轴向指向弹轴方向，Y轴向指向弹径方向。弹轴中心线与水平面的夹角为弹道倾角θ和弹丸攻角δ之和，忽略攻角δ，从图4-1可以看出，离心加速度$r\omega^2$的一个分量$r\omega^2\sin\gamma$作用在传感器的Y轴向上，另一个分量为$r\omega^2\cos\gamma$。

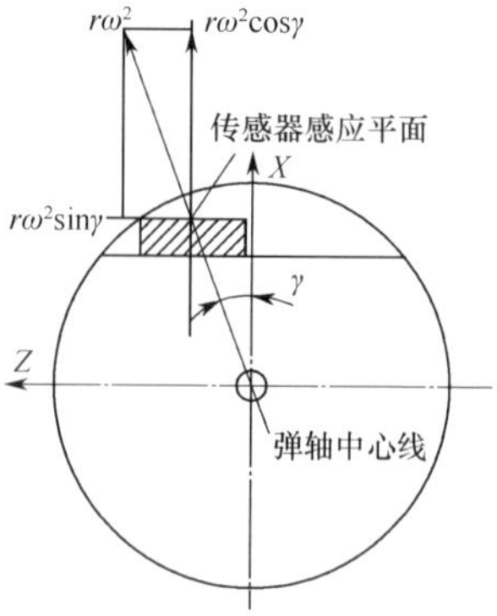

图4-1 传感器安装位置顶视图

2. 传感器 X 轴、Y 轴向感应的加速度

图 4-2 说明了由于弹道倾角 θ 的不断变化，叠加在弹轴方向上的重力加速度分量 $g\sin\theta$ 在不断变化，但由加速度传感器测量原理所决定，加速度传感器敏感的是非万有引力加速度，因此重力加速度分量在加速度传感器上无法体现。因此，传感器在 X 轴输出是弹丸离心加速度分量 $r\omega^2\cos\gamma$ 和所受空气阻力加速度 A_{fX} 之和（图 4-3）。同理，Y 轴所敏感的加速度由离心加速度和空气升力决定。

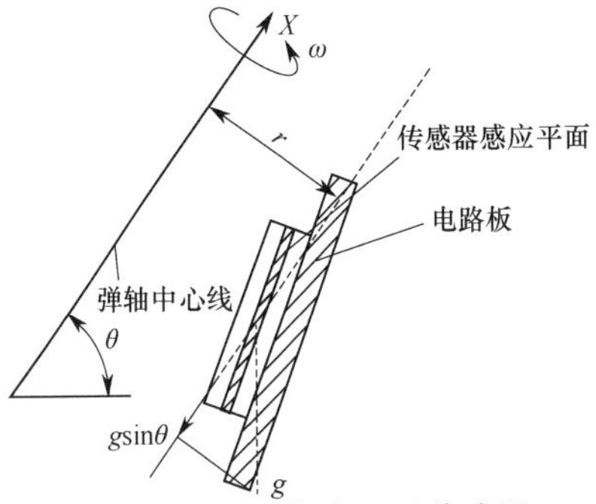

图 4-2 弹道倾角 θ 对传感器 X 轴向加速度影响

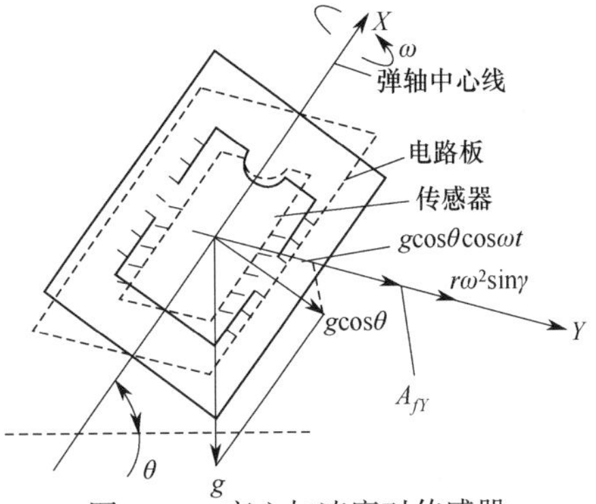

图 4-3 离心加速度对传感器 X 轴向加速度影响

由图 4-3 可知，旋转弹在飞行状态下加速度传感器 X 轴的输出量为

$$A_X = r\omega^2\cos\gamma\sin\alpha + A_{fX} \tag{4-1}$$

在地面转台进行试验时，由于弹丸没有飞行速度，故空气阻力为 0。同时，重力加速度分离会体现在传感器的测量值中，具体为

$$A_X = g\sin\theta + r\omega^2\cos\gamma\sin\alpha \tag{4-2}$$

4.1.2 基于加速度传感器旋转弹加速度测试系统设计

1. 测量传感器选型

ADXL210 是量程为 ±10g 的双轴加速度传感器，既可测量动态加速度，也可测量静态加速度，如重力加速度，只需调节外接电容就可方便地调整信号带宽。图 4-4 是 ADXL210 内部结构框图。X/Y 轴向传感器输出信号经解调电路得到标准电压模拟信号，并通过内部额定的 32 kΩ 电阻上拉驱动循环调制电路，由 $X_{\mathrm{OUT}}/Y_{\mathrm{OUT}}$ 输出与加速度成比例的循环数字信号，其周期 T_2 可由 R_{SET} 设置为 0.5 ~ 10ms（$T_2 = R_{\mathrm{SET}}/125\mathrm{V\cdot\Omega}$），在 0$g$ 加速度时使输出占空比为 50%。

模拟输出信号可通过两种方法获得：一种是从 X_{FILT} 和 Y_{FILT} 引脚得到；另一种是通过 RC 滤波器对脉冲信号滤波后得到的直流分量值推算。

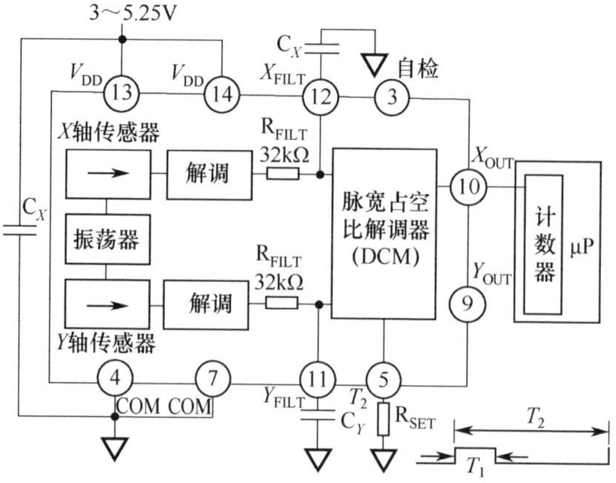

图 4－4　ADXL210 内部结构框图

2. 加速度传感器的标定

传感器在使用前应进行标定。在斜度测量时，重力系统是最稳定、最精确、应用最广泛的参照系，使装置的方向与水平面平行便可得到 $0g$ 时的校准值。更为精确的标定方法是将测量范围定为 $1g$ 和 $-1g$，失调值和灵敏度均由这两点决定，即

$$K_s = (A_{+1g} - A_{-1g})/2g \tag{4-3}$$

$$A_{0g} = (A_{-1g} + A_{+1g})/2g \tag{4-4}$$

式中：A_{-1g} 为轴线方向指向 $+1g$ 的加速度输出量；A_{+1g} 为轴线方向指向 $-1g$ 的加速度输出量；A_{0g} 为轴线方向水平时的加速度输出量。

这两种方法的优点是对加速度计的位置不很敏感，因为每根轴所获取的信号与角度的余弦值成正比。例如，在 $\pm 1g$ 附近时，5°所引起的误差仅为测量误差的 0.4%。图 4－5 为 ADXL210 在不同位置时对重力响应的额定值。

在参考电压为 3.0V 的系统中，实测的某双轴加速度传感器 X 轴向在 $+1g$ 的加速度输出量为 1.767V，在 $-1g$ 的加速度输出量为 1.359V，根据式（4－3）、式（4－4）可得

$$K_s = (A_{+1g} - A_{-1g})/2g = (1.767 - 1.359)/2g = 0.204\ (\text{V}/g)$$

$$A_{0g} = (A_{-1g} + A_{+1g})/2g = (1.767 + 1.359)/2g = 1.563\ (\text{V})$$

即在 3.0V 的参考基准下，加速度传感器 X 轴向 $0g$ 时的输出电压为 1.563V，而灵敏度为 $0.204\text{V}/g$。需要注意的是，选择 60Hz 带宽时的分辨力为 $5\text{m}g$，需要外围的 ADC 转换精度要至少高于或等于这个分辨力，才能充分发挥出传感器 $5\text{m}g$ 的分辨力优势。如果分别采用 12 位、11 位和 10 位 ADC，那么最低 1 位能够分辨的最小加速度值分别为

$$A_{12} = \frac{10000\text{m}g \times 1}{4096} = 2.44 \times 10^{-3} g \tag{4-5}$$

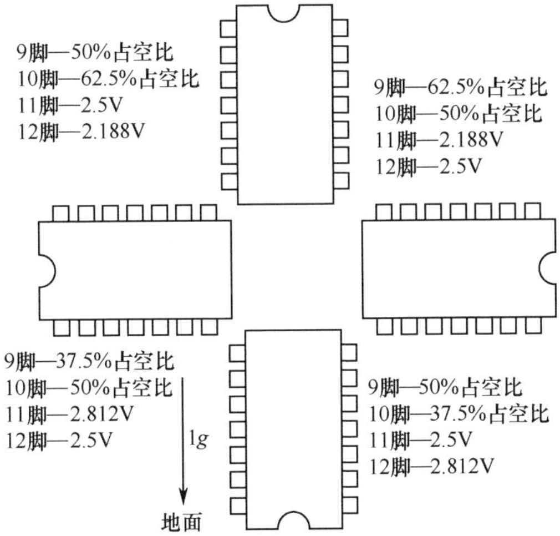

图 4－5 ADXL210 在不同位置时重力响应的额定值

$$A_{11} = \frac{10000\text{m}g \times 1}{2048} = 4.88 \times 10^{-3} g \quad (4-6)$$

$$A_{10} = \frac{10000\text{m}g \times 1}{1024} = 9.77 \times 10^{-3} g \quad (4-7)$$

从式（4－5）～式（4－7）可以看出，采用 12 位和 11 位的 ADC 均能满足传感器的分辨力大于 5mg 的要求，而 10 位 ADC 的转换精度显然不能满足要求。另外，参考电压的选择非常关键，参考电压较微小的波动，都会导致加速度测量值受到很大的影响。为了消除这种影响，系统中使用了电压基准芯片，使参考电压固定在 3.0V（0.5% 的精度，能够满足要求）。

下面分析 5mg 的分辨力所需要传感器的标定精度：

$$V_{\min} = \frac{1.767 \times 5 \times 10^{-3} g}{1000 \times 10^{-3} g} = 8.8\ (\text{mV}) \quad (4-8)$$

从以上的分析中得出，传感器的标定精度至少为小数点后 3 位，才能保证传感器有 5mg 的分辨力要求。

3. 加速度及存储测试系统设计

1）系统框图及工作原理

榴弹外弹道加速度及存储测试系统不仅要求体积尽可能小，能承受不低于 18000g 的冲击过载，而且要求系统能以 2kHz 采样率实时记录两个通道的模拟信号、记录时间不少于 90s，还要求系统能实时进行 A/D 采样、抗干扰能力强、低功耗设计、数据能够长时间保存，以便于计算机的后续处理。

加速度及存储测试系统主要由双轴加速度传感器、信号调理电路、微控制器、存储器以及串口组成，原理框图如图4－6所示。为了最大限度地减小测试系统体积，测试系统仅留下串行接口，RS－232电平转换芯片作为连接件独立出来。

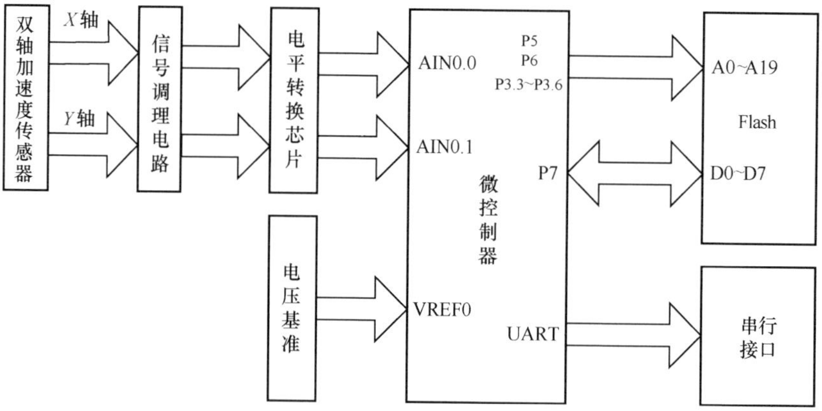

图4－6　存储测试系统组成原理框图

传感器输出的模拟信号经过内部集成的信号调理电路调理，转换为0～5V的电压信号，由C8051F020内部自带高精度12位ADC完成模拟量到数字量的转换，精度可达±1LSB－INL。采用REF193为内部12位ADC提供外部电压基准，只需通过VREF0口接入即可。C8051F020内部多通道模拟量输入具有100kHz的采样转换频率，能满足高采样率下两路加速度信号的同步采集。关键技术是利用新型单片机内部交叉开关的高速切换完成两路模拟信号的数据转换。

SST29VF080是一款单3.3V供电、访问速度为70ns的非易失性Flash存储器，存储容量高达8Mbit（*X*轴和*Y*轴加速度值分别占用4Mbit存储空间，如果加速度传感器的采样率为2kHz，则能够存放的数据量约达到200s，足以满足全弹道的采样任务）。测试后的数据最终存储到片外的Flash中永久保持。

2）硬件设计

根据旋转榴弹外弹道加速度及存储测试系统要求开发了原理样机，经过靶场试验验证了各项指标均能满足上弹要求。

3）软件设计

软件设计的核心是加速度数据采集和数据存储。软件的功能包括传感器采样率的设定、数据采集时间零点的判断、数据在Flash中的存储格式、存储地址分配以及与PC的通信等。存储测试系统软件流程图如图4－7所示。

系统上弹前首先对Flash进行整片擦除，然后写入弹上存储测试程序。传感器采样率设定和全弹道加速度信号的最大带宽要匹配。弹丸发射后，引信在膛内受到很大的发射过载（地面静态摇离心试验的结果大于或等于 700g 时，过载开关闭合），触发过载开关闭合，经软件延时后作为时间零点，系统进入工作状态。首先关闭串口中断，在采样时间到来前系统进入低功耗状态，当采样时间到来时激活正常态并把采样数据按一定的格式存入 Flash 中，以此类推。在 Flash 地址达到最大值时，停止采样并重新打开串口中断，等待 PC 发送命令，一旦收到特定的命令，Flash 中的数据就会上传到 PC，为了确保数据回收的成功率，硬件部分预留了二次上电接口。

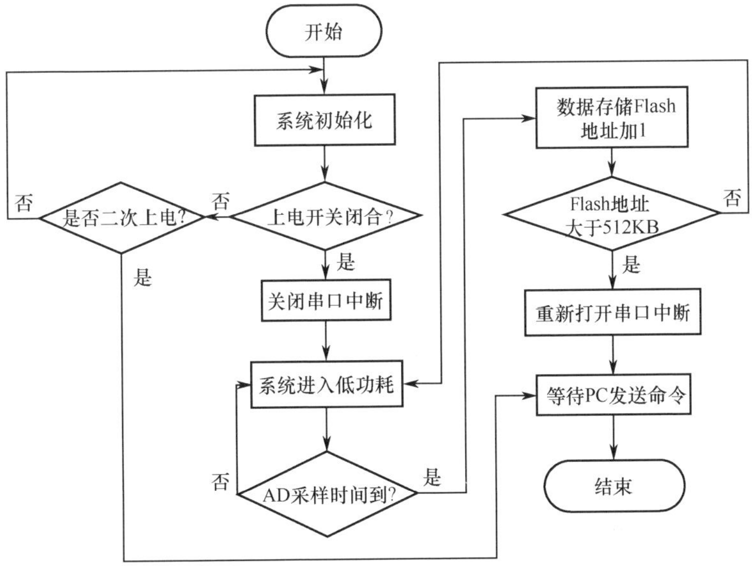

图 4－7　存储测试系统软件流程图

4. 试验结果分析

1）试验结果

加速度存储测试试验是在 130 mm 加农炮杀爆弹上进行的，图 4－8 为传感器 X 轴向实测的加速度曲线。弹丸出炮口时初速最大，受到的空气阻力加速度最大，在弹道升弧段，弹道倾角 $\theta > 0°$，弹丸速度一直在减小，所受阻力加速度也在逐渐减小。过最小速度点以后弹丸运动速度开始增大，阻力加速度也逐渐增大。

2）传感器安装误差分析

为了准确测量弹丸轴向加速度 A_{fX}，由式（4－1）、式（4－2）可知，离心力 $r\omega^2\cos\gamma\sin\alpha$ 对传感器 X 轴向加速度测量值 A_X 的影响较大，通过计算得到的结果见表 4－1。

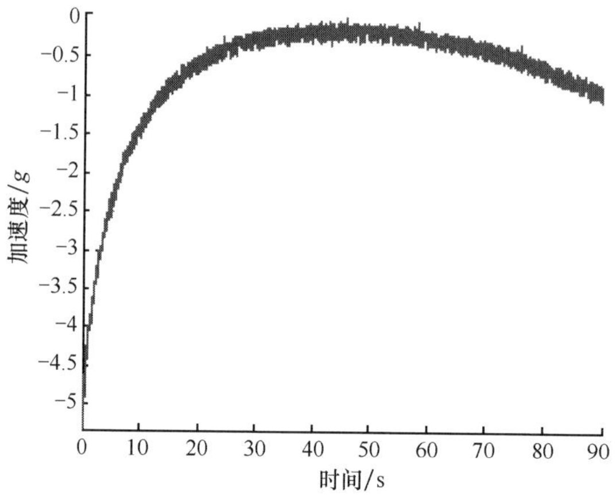

图 4-8 X 轴向实测加速度曲线

表 4-1 不同的 α、r、γ 和 ω 下，传感器 X 轴向所受的离心加速度 $r\omega^2\cos\gamma\sin\alpha$

$r\omega^2\cos\gamma\sin\alpha$ /g	ω/(r/min)	r/mm	α/(°)	γ/(°)	$r\omega^2\cos\gamma\sin\alpha$ /g	ω/(r/min)	r/mm	α/(°)	γ/(°)
0.586	10000	0.1	3.0	1.0	0.977	10000	1.0	0.5	0.5
0.976	10000	0.5	1.0	1.0	0.709	11000	0.1	3.0	3.0
1.562	10000	0.8	1.0	1.0	0.591	11000	0.5	0.5	0.5
0.945	11000	0.8	0.5	0.5	1.182	11000	0.5	1.0	1.0
1.182	11000	1.0	0.5	0.5	1.650	13000	0.5	1.0	1.0
0.562	12000	0.1	2.0	2.0	1.320	13000	0.8	0.5	0.5
0.843	12000	0.1	3.0	3.0	0.765	14000	0.1	2.0	2.0
0.703	12000	0.5	0.5	0.5	1.148	14000	0.1	3.0	3.0
1.406	12000	0.5	1.0	1.0	0.957	14000	0.5	0.5	0.5
1.125	12000	0.8	0.5	0.5	1.531	14000	0.8	0.5	0.5
1.406	12000	1.0	0.5	0.5	0.879	15000	0.1	2.0	2.0
0.660	13000	0.1	2.0	2.0	1.318	15000	0.1	3.0	3.0
0.990	13000	0.1	3.0	3.0	1.099	15000	0.5	0.5	0.5
0.825	13000	0.5	0.5	0.5	1.758	15000	0.8	0.5	0.5
0.622	7000	1.3	0.5	0.5	0.551	5600	0.3	3.0	3.0
0.562	8000	0.9	0.5	0.5	0.527	6000	0.3	2.5	2.5
0.949	9000	0.3	2.0	2.0	0.638	6600	0.5	1.5	1.5
0.900	9600	0.5	1.0	1.0	0.790	7600	0.7	1.0	1.0

上弹前，把表4-1中数据通过装定器输入弹道修正引信中，弹丸发射后，根据传感器实测弹丸转速 ω ，并与表中装定的数据进行比较，利用线性插值运算，计算出 $r\omega^2\cos\gamma\sin\alpha$ 值。

对 $r\cos\gamma\sin\alpha$ 具体的测试方法：弹道修正引信分别在 $\omega_1=8000\mathrm{r/min}$ 和 $\omega_2=15000\mathrm{r/min}$ 的不同转速下，于离心机转台上做旋转试验，各得到一组数据 $A_{X\omega_1}$ 和 $A_{X\omega_2}$ ，再分别代入式（4-2），可得

$$A_{X\omega_1}=g\sin\theta+r\omega_1^2\cos\gamma\sin\alpha \tag{4-9}$$

$$A_{X\omega_2}=g\sin\theta+r\omega_2^2\cos\gamma\sin\alpha \tag{4-10}$$

式（4-9）减式（4-10）并化简，可得

$$r\cos\gamma\sin\alpha=\frac{A_{X\omega_1}-A_{X\omega_2}}{\omega_1^2-\omega_2^2} \tag{4-11}$$

确定了每一发电路的 $r\cos\gamma\sin\alpha$ 后，通过装定器装入弹道修正引信系统中，用于精确辨识榴弹轴向加速度值 A_{fX} 。

图4-9为加速度及存储测试电路分别在15000 r/min、8000 r/min不同转速下传感器 X 轴向和 Y 轴向输出的加速度曲线。

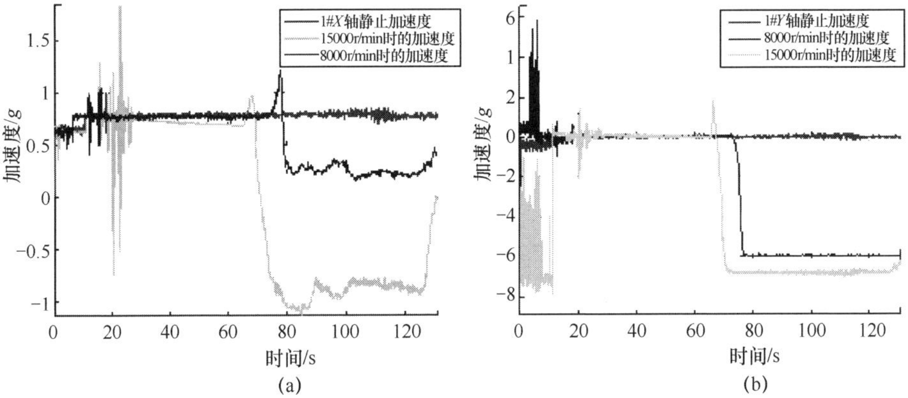

图4-9 不同转速下传感器 X 轴向和 Y 轴向输出的加速度对比曲线

(a) 传感器 X 轴向加速度曲线；(b) 传感器 Y 轴向加速度曲线。

从图4-9可看出，传感器 X 轴向和 Y 轴向加速度输出值均能求出每发弹丸的 $r\cos\gamma\sin\alpha$ ，而且两者的值完全相同。试验结果与理论分析相吻合。从图4-9可以看到，15000r/min 时 X 轴向和 Y 轴向输出的加速度值大于 8000 r/min时 X 轴向和 Y 轴向输出的加速度值。试验结果与理论分析相吻合。与静态时加速度的输出相比，转速越高，偏离静止时的加速度值越大。图4-9 (a)中80s以后出现了数据波动，离心机做高速旋转时，通过螺纹固定的测量辅具在 X 轴向上没有约束而产生微小振动，且转速越高，振动越大。

根据式（4-11）可得

$$r\cos\gamma\sin\alpha=\frac{A_{X\omega_1}-A_{X\omega_2}}{\omega_1^2-\omega_2^2}=\frac{1.0}{250^2-133^2}=0.0223\ (\mathrm{mm})$$

其余电路的测试方法类似，这里不再赘述。

4.2 火箭弹基于惯性测量组合的外弹道测量

4.2.1 捷联惯性测量系统概述

目前广泛应用的惯性测量系统分为平台式和捷联式。平台式惯性测量系统由稳定平台和一些机电控制元件组成，陀螺和加速度计安装在稳定平台上。它不仅体积和质量小，而且系统性能受到机械机构的复杂性和极限精度的制约，再加上产品可靠性和维护方面的问题，系统成本十分昂贵，不太适合在弹道修正引信中应用。捷联式惯性测量系统的陀螺和加速度计等惯性器件直接固连在载体上，用计算机来完成导航平台的功能。捷联式惯性测量系统省去了结构复杂的实体平台，减少了系统中精密的机械零件、电子线路和电气元件，因而可靠性高、体积小、质量小、功耗小、维修方便和成本低。相对于平台式惯性测量系统，更适用于在体积较小的弹道修正引信中使用。

本章主要研究捷联式惯性测量系统的工作原理和捷联式惯性测量系统的经典理论，建立应用于二维弹道修正引信的捷联式惯性测量系统数学模型，给出利用捷联式惯性测量系统获取弹道参数的具体算法。

4.2.2 捷联式惯性测量系统工作原理

1. 捷联式惯性测量系统组成

捷联式惯性测量系统组成框图如图 4－10 所示，由陀螺、加速度计组成的惯性测量单元（IMU）直接安装在载体上，按弹体坐标系测出载体相对于惯性坐标系的角速度和比力，而我们需要的是载体相对地面的弹道参数。首先 IMU 的测量值需要从弹体坐标系转换到参考坐标系，这个坐标转换矩阵也就是通常说的捷联姿态矩阵，可利用某种方法构造。通过捷联姿态矩阵，加速度计测量值经过导航计算后，就可得到载体的位置、速度、姿态等实际弹道参数，弹道控制器根据这些实际弹道参数进行修正。

2. 惯性测量基本方程

在给出惯性测量基本方程之前，首先必须明确的是，任何陀螺测量值都为载体相对惯性坐标系的角速率或角位置，任何加速度计的测量值都为载体相对惯性坐标系，非万有引力加速度。

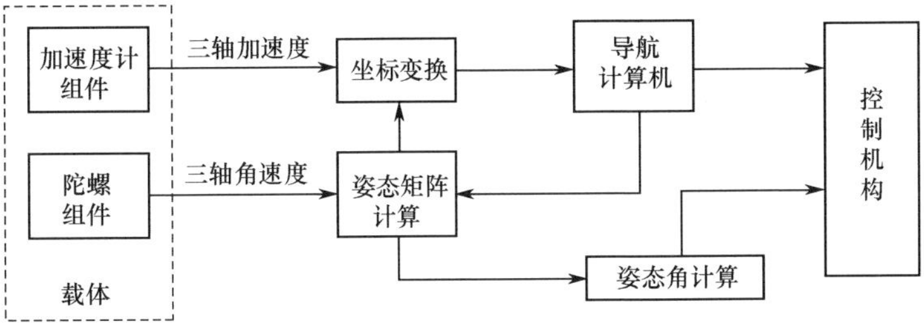

图 4-10 捷联式惯性测量系统组成框图

基本坐标系与第 2 章定义相同，本章用到的有地心惯性坐标系（i 系）、地心地固坐标系（e 系）、发射坐标系（f 系）、基准坐标系（N 系）、发射点地理坐标系（t 系）、弹上地理坐标系或北天东坐标系（t_1 系）、弹体坐标系（b 系）等。设 $\boldsymbol{R}$ 为弹丸质心在惯性坐标系内的矢径。设坐标系相对地心惯性坐标系的角速率为 $\boldsymbol{\omega}_{ie}$，根据欧拉定理可得

$$\left.\frac{\mathrm{d}\boldsymbol{R}}{\mathrm{d}t}\right|_{i} = \left.\frac{\mathrm{d}\boldsymbol{R}}{\mathrm{d}t}\right|_{e} + \boldsymbol{\omega}_{ie} \times \boldsymbol{R} \tag{4-12}$$

令 $\boldsymbol{v}_{et} = \left.\frac{\mathrm{d}\boldsymbol{R}}{\mathrm{d}t}\right|_{e}$ 为基准坐标系原点相对地心地固坐标系的速度矢量，也就是地速矢量。

对式（4-12）两边二次求导，可得

$$\left.\frac{\mathrm{d}^2\boldsymbol{R}}{\mathrm{d}t^2}\right|_{i} = \left.\frac{\mathrm{d}\boldsymbol{v}_{et}}{\mathrm{d}t}\right|_{i} + \left.\frac{\mathrm{d}}{\mathrm{d}t}(\boldsymbol{\omega}_{ie} \times \boldsymbol{R})\right|_{i}$$

再次运用欧拉定理可得

$$\left.\frac{\mathrm{d}\boldsymbol{v}_{en}}{\mathrm{d}t}\right|_{i} = \left.\frac{\mathrm{d}\boldsymbol{v}_{et}}{\mathrm{d}t}\right|_{n} + \boldsymbol{\omega}_{in} \times \boldsymbol{v}_{et}$$

则有

$$\left.\frac{\mathrm{d}^2\boldsymbol{R}}{\mathrm{d}t^2}\right|_{i} = \left.\frac{\mathrm{d}\boldsymbol{v}_{et}}{\mathrm{d}t}\right|_{n} + \boldsymbol{\omega}_{it} \times \boldsymbol{v}_{et} + \boldsymbol{\omega}_{ie} \times (\boldsymbol{v}_{et} + \boldsymbol{\omega}_{ie} \times \boldsymbol{R})$$

因为

$$\boldsymbol{\omega}_{it} = \boldsymbol{\omega}_{ie} + \boldsymbol{\omega}_{et}$$

整理合并，可得

$$\left.\frac{\mathrm{d}^2\boldsymbol{R}}{\mathrm{d}t^2}\right|_{i} = \left.\frac{\mathrm{d}\boldsymbol{v}_{et}}{\mathrm{d}t}\right|_{t} + (2\boldsymbol{\omega}_{ie} + \omega_{et}) \times \boldsymbol{v}_{et} + \boldsymbol{\omega}_{ie} \times (\omega_{ie} \times \boldsymbol{R}) \tag{4-13}$$

根据加速度计的测量原理，即加速度传感器的读数是载体相对惯性空间的加速度与万有引力加速度矢量差，可知

$$\boldsymbol{f} = \left.\frac{\mathrm{d}^2\boldsymbol{R}}{\mathrm{d}t^2}\right|_{i} - \boldsymbol{g}_{m}$$

式中：$\boldsymbol{f}$ 为加速度传感器所测比力；$\boldsymbol{g}_{\mathrm{m}}$ 为万有引力加速度。

令

$$\boldsymbol{g} = \boldsymbol{g}_{\mathrm{m}} - \boldsymbol{\omega}_{\mathrm{ie}} \times (\boldsymbol{\omega}_{\mathrm{ie}} \times \boldsymbol{R})$$

将上式代入式（4－13），可得

$$\dot{\boldsymbol{v}}_{\mathrm{et}} = \boldsymbol{f} - (2\boldsymbol{\omega}_{\mathrm{ie}} + \boldsymbol{\omega}_{\mathrm{et}}) \times \boldsymbol{v}_{\mathrm{et}} + \boldsymbol{g} \tag{4-14}$$

式（4－14）为惯性测量基本方程。从式（4－14）可以看出，要得到基准坐标系原点相对地心地固的加速度，必须从加速度计输出的比力信号中去掉后两项的影响，后两项称为有害加速度，包括由于地心地固自转和飞行速度引起的哥氏加速度与重力加速度。

3. 捷联姿态矩阵计算

捷联姿态矩阵的主要作用是将加速度计输出的比力测量值从弹体坐标系变换到基准坐标系，然后进行导航计算。由于载体的姿态角速率有时较大，所以姿态矩阵的实时计算对计算机提出了更高的要求。姿态矩阵的实时更新是捷联惯性测量系统关键技术之一。

由第2章内容可知，弹体坐标系向基准坐标系转换由弹轴高低角、弹轴偏角、滚转角和射向四个角度决定。由弹体坐标向基准坐标系进行转换的姿态矩阵为

$$C_{\mathrm{b}}^{\mathrm{N}} = C_{\mathrm{f}}^{\mathrm{N}}(\alpha_{\mathrm{N}})C_{\mathrm{A}}^{\mathrm{N}}(\varphi_{\mathrm{a}},\varphi_2)C_{\mathrm{b}}^{\mathrm{A}}(\gamma) \tag{4-15}$$

4. 姿态速率计算

姿态速率 $\boldsymbol{\omega}_{\mathrm{tb}}^{\mathrm{b}}$ 可通过下式计算：

$$\boldsymbol{\omega}_{\mathrm{tb}}^{\mathrm{b}} = \boldsymbol{\omega}_{\mathrm{ib}}^{\mathrm{b}} - \boldsymbol{\omega}_{\mathrm{it}}^{\mathrm{b}} = \boldsymbol{\omega}_{\mathrm{ib}}^{\mathrm{b}} - (\boldsymbol{C}_{\mathrm{b}}^{\mathrm{t}})^{-1}(\boldsymbol{\omega}_{\mathrm{et}}^{\mathrm{t}} + \boldsymbol{\omega}_{\mathrm{ie}}^{\mathrm{t}}) \tag{4-16}$$

姿态矩阵微分方程为

$$\dot{\boldsymbol{C}}_{\mathrm{b}}^{\mathrm{t}} = \boldsymbol{C}_{\mathrm{b}}^{\mathrm{t}}\boldsymbol{\Omega}_{\mathrm{tb}}^{\mathrm{b}} \tag{4-17}$$

式中

$$\boldsymbol{\Omega}_{\mathrm{tb}}^{\mathrm{b}} = \begin{bmatrix} 0 & -\omega_{\mathrm{tb}z}^{\mathrm{b}} & \omega_{\mathrm{tb}y}^{\mathrm{b}} \\ \omega_{\mathrm{tb}z}^{\mathrm{b}} & 0 & -\omega_{\mathrm{tb}x}^{\mathrm{b}} \\ -\omega_{\mathrm{tb}y}^{\mathrm{b}} & \omega_{\mathrm{tb}x}^{\mathrm{b}} & 0 \end{bmatrix}$$

5. 位置矩阵

位置矩阵 $\boldsymbol{C}_{\mathrm{e}}^{\mathrm{t}}$ 描述基准坐标系 $OX_{\mathrm{t}}Y_{\mathrm{t}}Z_{\mathrm{t}}$ 与地心地固坐标系 $O_{\mathrm{e}}X_{\mathrm{e}}Y_{\mathrm{e}}Z_{\mathrm{e}}$ 之间的转动关系：

$$\begin{bmatrix} x_{\mathrm{t}} \\ y_{\mathrm{t}} \\ z_{\mathrm{t}} \end{bmatrix} = \boldsymbol{C}_{\mathrm{e}}^{\mathrm{t}} \begin{bmatrix} x_{\mathrm{e}} \\ y_{\mathrm{e}} \\ z_{\mathrm{e}} \end{bmatrix} \tag{4-18}$$

$\boldsymbol{C}_{\mathrm{e}}^{\mathrm{t}}$ 为地心地固坐标系转换到弹上地理坐标系的方向余弦矩阵，是纬度 φ 、

经度 λ 的函数，可表示为

$$\boldsymbol{C}_{\mathrm{e}}^{\mathrm{N}} = \begin{bmatrix} -\sin\varphi\cos\lambda & -\sin\varphi\sin\lambda & \cos\varphi \\ -\sin\lambda & \cos\lambda & 0 \\ \cos\varphi\cos\lambda & \cos\varphi\sin\lambda & \sin\varphi \end{bmatrix} = \begin{bmatrix} C_{11} & C_{12} & C_{13} \\ C_{21} & C_{22} & C_{23} \\ C_{31} & C_{32} & C_{33} \end{bmatrix} \tag{4-19}$$

$\boldsymbol{C}_{\mathrm{e}}^{\mathrm{t}}$ 反映了地心地固坐标系和弹上地理坐标系之间的关系，随着载体位置（纬度 φ 、经度 λ ）的变化而变化，需要对 $\boldsymbol{C}_{\mathrm{e}}^{\mathrm{t}}$ 进行即时修正。

则位置矩阵微分方程形式为

$$\dot{\boldsymbol{C}}_{\mathrm{t}}^{\mathrm{e}} = \boldsymbol{C}_{\mathrm{t}}^{\mathrm{e}}\boldsymbol{\Omega}_{\mathrm{et}}^{\mathrm{n}} \tag{4-20}$$

6. 位置计算

由式（4-20）可得

$$\sin\varphi = \boldsymbol{C}_{\mathrm{e}}^{\mathrm{t}}(3,3)$$

$$\tan\lambda = \frac{\boldsymbol{C}_{\mathrm{e}}^{\mathrm{t}}(3,2)}{\boldsymbol{C}_{\mathrm{e}}^{\mathrm{t}}(3,1)}$$

$$\tan\alpha = \frac{\boldsymbol{C}_{\mathrm{e}}^{\mathrm{t}}(1,3)}{\boldsymbol{C}_{\mathrm{e}}^{\mathrm{t}}(2,3)}$$

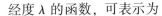

4.2.3 用于二维弹道修正引信的捷联惯性测量系统数学模型

当弹丸在地心地固表面附近运动时，实际上是沿球面运动，只要不超过允许误差，沿球面运动就可用沿平面运动代替，用于二维弹道修正引信的捷联式惯性测量系统数学模型就是基于这样的考虑。弹丸的射程较短（小于 50km），工作时间也很短，因此在研究火箭弹的问题时，做以下简化：

（1）用在火箭弹发射点与地心地固相切的平面来代替球面。

（2）不考虑地心地固经、纬度的变化和地心地固自转角速度的影响。

在以上简化基础上，定义导航坐标系和弹体坐标系分别为发射坐标系和弹体坐标系。采用这种假设和定义的优点如下：

（1）不考虑地心地固自转，平台相对惯性空间是不动的，对 IMU 的线性范围和线性度要求不是很高。

（2）没有考虑地心地固曲率，导航计算可以简化。

（3）初始对准后可以把导航坐标系准确确定下来。

但是由于不考虑地心地固自转，陀螺输出有一定误差，用直线代替弧线，引入的姿态角有测量误差，需控制在允许范围内。

根据以上假设，以发射坐标系作为参考坐标系，系统基本方程可简化为

$$\begin{bmatrix} \dot{v}_x^{\mathrm{f}} \\ \dot{v}_y^{\mathrm{f}} \\ \dot{v}_z^{\mathrm{f}} \end{bmatrix} = \begin{bmatrix} f_x^{\mathrm{f}} \\ f_y^{\mathrm{f}} \\ f_z^{\mathrm{f}} \end{bmatrix} - \begin{bmatrix} 0 \\ g \\ 0 \end{bmatrix} \tag{4-21}$$

捷联姿态矩阵为弹体坐标系向发射坐标系的转换矩阵，即

$$\boldsymbol{C}_{\mathrm{b}}^{\mathrm{f}} = \begin{bmatrix} \cos\varphi_{\mathrm{a}}\cos\varphi_2 & -\sin\varphi_{\mathrm{a}}\cos\gamma - \sin\gamma\sin\varphi_2\cos\varphi_{\mathrm{a}} & \sin\gamma\sin\varphi_{\mathrm{a}} - \cos\gamma\sin\varphi_2\cos\varphi_{\mathrm{a}} \\ \cos\varphi_2\sin\varphi_{\mathrm{a}} & \cos\varphi_{\mathrm{a}}\cos\gamma - \sin\gamma\sin\varphi_2\sin\varphi_{\mathrm{a}} & -\cos\varphi_{\mathrm{a}}\sin\gamma - \cos\gamma\sin\varphi_2\sin\varphi_{\mathrm{a}} \\ \sin\varphi_2 & \sin\gamma\cos\varphi_2 & \cos\gamma\cos\varphi_2 \end{bmatrix} \tag{4-22}$$

1. 用于二维弹道修正引信的捷联式惯性测量系统数学模型框图

惯性测量数学模型原理框图如图 4－11 所示。由图 4－11 可以看出，加速度计和陀螺的输出首先需要进行预处理，把加速度计和陀螺的输出由引信转换到质心位置上。利用陀螺数据计算等效旋转矢量，实时更新四元数，在对更新的四元数归一化后，计算更新后的姿态矩阵。姿态矩阵有两方面：一是直接计算载体的姿态角；二是把加速度计的输出从弹体坐标系转换到参考坐标系上，利用式（4－22）进行位置坐标计算，得到载体的速度矢量和位置，最后利用陀螺确定的坐标系，加速度计的输出和位置参数联合计算所需的弹道参数。

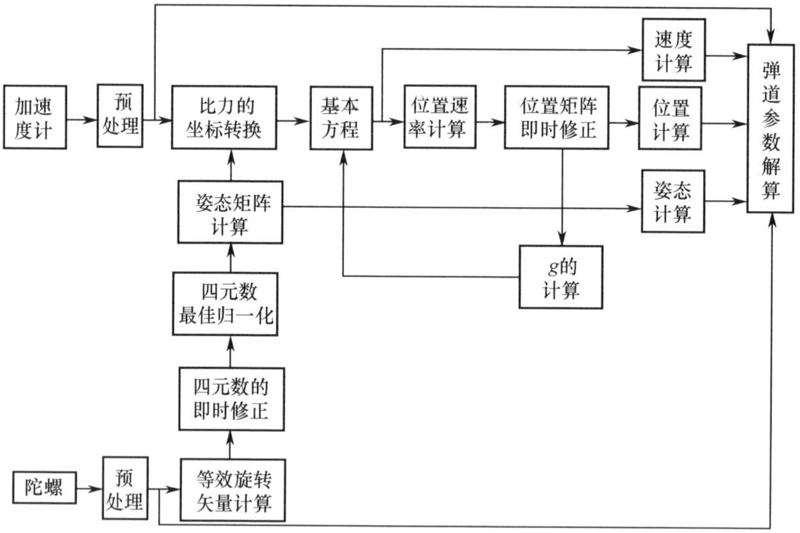

图 4－11　惯性测量数学模型原理框图

2. 数据预处理

在弹道修正引信系统中，陀螺和加速度计安装在弹丸引信中，首先需要把陀螺和加速度计的输出转换到质心上。

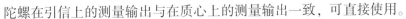

陀螺在引信上的测量输出与在质心上的测量输出一致，可直接使用。

在不考虑弹性振荡的情况下，加速度计测量的是质心法向加速度和绕质心转动的切向加速度之和，即

$$n_x = f_x$$

$$n_z = f_z - l \cdot \ddot{\theta}_y + \omega^2 r$$

$$n_y = f_y + l \cdot \ddot{\theta}_z + \omega^2 r$$

式中：n_x、n_y、n_z 为质心法向加速度；f_x、f_y、f_z 为陀螺在引信位置上的测量输出；$\ddot{\theta}_y$、$\ddot{\theta}_z$ 为绕质心转动的切向加速度；l 为质心到加速度计安装位置的距离。

3. 捷联姿态矩阵实时更新

捷联姿态矩阵的实时更新是根据陀螺的实时测量数据，实时地计算出捷联姿态矩阵，捷联姿态矩阵的即时修正算法很多，如欧拉角法（三参数法）、四元数法（四参数法）、方向余弦阵法（九参数法）等。其中：欧拉角法不能全姿态工作；方向余弦法能全姿态工作，但需联立求解 9 个微分方程，计算量较大，本章采用四元数法。

1）四元数与捷联姿态矩阵

设弹体坐标系相对参考坐标系的转动四元数为

$$\boldsymbol{Q} = q_0 + q_1\mathbf{i} + q_2\mathbf{j} + q_3\mathbf{k}$$

式中：四元数的基与弹体坐标系的基一致。

则用四元数表达的捷联姿态矩阵为

$$\boldsymbol{C}_{\mathrm{b}}^{\mathrm{f}} = \begin{bmatrix} q_0^2 + q_1^2 - q_2^2 - q_3^2 & 2(q_1q_2 - q_0q_3) & 2(q_1q_3 + q_0q_2) \\ 2(q_1q_2 + q_0q_3) & q_0^2 - q_1^2 + q_2^2 - q_3^2 & 2(q_2q_3 - q_0q_1) \\ 2(q_1q_3 - q_0q_2) & 2(q_2q_3 + q_0q_1) & q_0^2 - q_1^2 - q_2^2 + q_3^2 \end{bmatrix} \tag{4-23}$$

由于姿态角随时间不断变化，由弹体坐标系向参考坐标系的转换矩阵——捷联姿态矩阵也在不断变化。利用陀螺输出数据更新四元数，捷联姿态矩阵也得到更新。

2）四元数的实时更新

四元数的实时更新精度直接关系到捷联姿态矩阵是否准确，下面介绍两种四元数的实时更新算法。

（1）四元数微分方程。由表达载体转动四元数与载体转动角速度 $\boldsymbol{\omega}_{\mathrm{b}}$ 之间的关系可得四元数微分方程为

$$\dot{Q} = \frac{1}{2}Q \cdot \boldsymbol{\omega}_{\mathrm{b}}$$

写成矩阵形式：

$$\begin{bmatrix}\dot{q}_0\\ \dot{q}_1\\ \dot{q}_2\\ \dot{q}_3\end{bmatrix}=\frac{1}{2}\cdot\begin{bmatrix}0 & -\omega_{\mathrm{fb}x}^{\mathrm{b}} & -\omega_{\mathrm{fb}y}^{\mathrm{b}} & -\omega_{\mathrm{fb}z}^{\mathrm{b}}\\ \omega_{\mathrm{fb}x}^{\mathrm{b}} & 0 & \omega_{\mathrm{fb}z}^{\mathrm{b}} & -\omega_{\mathrm{fb}y}^{\mathrm{b}}\\ \omega_{\mathrm{fb}y}^{\mathrm{b}} & -\omega_{\mathrm{fb}z}^{\mathrm{b}} & 0 & \omega_{\mathrm{fb}x}^{\mathrm{b}}\\ \omega_{\mathrm{fb}z}^{\mathrm{b}} & \omega_{\mathrm{fb}y}^{\mathrm{b}} & -\omega_{\mathrm{fb}x}^{\mathrm{b}} & 0\end{bmatrix}\cdot\begin{bmatrix}q_0\\ q_1\\ q_2\\ q_3\end{bmatrix} \tag{4-24}$$

采用龙格—库塔法实时求解微分方程（4－24）可实时更新四元数 Q。

（2）等效旋转矢量法。在四元素法中，使用角速度矢量的积分：

$$\Delta\boldsymbol{\theta}=\int\boldsymbol{\omega}\mathrm{d}t \tag{4-25}$$

但是，弹丸在空间运动时不是定轴转动，即 $\boldsymbol{\omega}$ 的方向在空间变化时，式（4－25)是不成立的。因此，采用角速度矢量积分时计算会产生误差，称为转动不可交换性误差。

使式（4－25）成立的方法是给它加上修正量 $\boldsymbol{\sigma}$，使下式成立：

$$\boldsymbol{\varphi}=\int(\boldsymbol{\omega}+\boldsymbol{\sigma})\mathrm{d}t$$

式中：$\boldsymbol{\varphi}$ 为等效旋转矢量，其方向对应于 Δt 内弹丸等效转动的“固定轴”，其长度对应于转角的大小。

等效转动矢量的微分方程为

$$\boldsymbol{\varphi}(t)=\omega(t)+\frac{1}{2}\boldsymbol{\varphi}(t)\times\boldsymbol{\omega}(t)+\frac{1}{12}\boldsymbol{\varphi}(t)\times(\boldsymbol{\varphi}(t)\times\boldsymbol{\omega}(t))$$

当 Δt 较小时，三重矢量积很小，可以忽略。于是有

$$\boldsymbol{\varphi}(t)=\boldsymbol{\omega}(t)+\frac{1}{2}\boldsymbol{\varphi}(t)\times\boldsymbol{\omega}(t)$$

下面，通过陀螺的输出求等效转动矢量的估计值。

在 $t=T$ 到 $t=T+h$ 期间，对陀螺等间隔采样三次，得 $\boldsymbol{\theta}_1$、$\boldsymbol{\theta}_2$、$\boldsymbol{\theta}_3$。因此

$$\boldsymbol{\varphi}(h)=\boldsymbol{\theta}_1+\boldsymbol{\theta}_2+\boldsymbol{\theta}_3+0.4125\,\boldsymbol{\theta}_1\times\boldsymbol{\theta}_3+\frac{57}{80}\boldsymbol{\theta}_2\times(\boldsymbol{\theta}_3-\boldsymbol{\theta}_1)$$

上式称为计算等效转动矢量的“三子样公式”。

与等效转动矢量 $\boldsymbol{\varphi}(h)$ 相对应的转动四元数为

$$q(h)=\cos\frac{\varphi_0}{2}+\frac{\sin(\varphi_0/2)}{\varphi_0}\cdot[\boldsymbol{\varphi}(h)x]$$

式中

$$\varphi_0=\|\boldsymbol{\varphi}(h)\|^{\frac{1}{2}}$$

$$[\boldsymbol{\varphi}(h)x]=\begin{bmatrix}0 & -\varphi_x(h) & -\varphi_y(h) & -\varphi_z(h)\\ \varphi_x(h) & 0 & \varphi_z(h) & -\varphi_y(h)\\ \varphi_y(h) & -\varphi_z(h) & 0 & \varphi_x(h)\\ \varphi_z(h) & \varphi_y(h) & -\varphi_x(h) & 0\end{bmatrix}$$

弹体坐标系与参考坐标系之间的转动四元数为

$$Q(T+h)=q(h)\cdot Q(T)$$

3）四元数的最佳归一化

以欧几里得范数最小为指标获得的归一化四元数由下式得到：

更新后的四元数为

$$\hat{Q}=\hat{q}_0+\hat{q}_1\mathbf{i}_\mathrm{b}+\hat{q}_2\mathbf{j}_\mathrm{b}+\hat{q}_3\mathbf{k}_\mathrm{b}$$

归一化后，可得

$$Q=q_0+q_1\mathbf{i}_\mathrm{b}+q_2\mathbf{j}_\mathrm{b}+q_3\mathbf{k}_\mathrm{b}=\frac{\hat{Q}}{\sqrt{\hat{q}_0^2+\hat{q}_1^2+\hat{q}_2^2+\hat{q}_3^2}}$$

将更新后的四元数代入式（4－24）可得更新后的捷联姿态矩阵。

4）速度和位置计算

得到捷联姿态矩阵后，可将加速度计输出的比力转换到参考坐标系上，即

$$f^\mathrm{f}=\boldsymbol{C}_\mathrm{b}^\mathrm{f}\cdot f^\mathrm{b}$$

式（4－21）可表示为

$$\begin{bmatrix}\dot{v}_x\\ \dot{v}_y\\ \dot{v}_z\end{bmatrix}=\boldsymbol{C}_\mathrm{b}^\mathrm{f}\cdot\begin{bmatrix}f_x^\mathrm{b}\\ f_y^\mathrm{b}\\ f_z^\mathrm{b}\end{bmatrix}-\begin{bmatrix}0\\ g\\ 0\end{bmatrix} \tag{4-26}$$

式（4－26）积分后可得速度 v_x、v_y、v_z。

地速为

$$v=\sqrt{v_x^2+v_y^2+v_z^2}$$

对式（4－26）两次积分可得位置 x、y、z。

4. 姿态角计算

得到更新后的捷联姿态矩阵后，可根据接连姿态矩阵定义和各姿态角定义计算弹丸实际姿态角。

由式（4－22）可得

$$\tan\varphi_\mathrm{a}=\frac{\boldsymbol{C}_\mathrm{b}^\mathrm{f}(2,1)}{\boldsymbol{C}_\mathrm{b}^\mathrm{f}(1,1)}$$

$$\sin\varphi_2=\boldsymbol{C}_\mathrm{b}^\mathrm{f}(3,1)$$

$$\tan\gamma=-\frac{\boldsymbol{C}_\mathrm{b}^\mathrm{f}(3,2)}{\boldsymbol{C}_\mathrm{b}^\mathrm{f}(3,3)}$$

由弹道学可以得到弹丸姿态角的定义域：φ_a 为 $[-90°, 90°]$，γ 为 $[0°, 360°]$，φ_2 为 $[-90°, 90°]$，故得

$$\varphi'_\mathrm{a}=\arctan\left(\frac{\boldsymbol{C}_\mathrm{b}^\mathrm{f}(2,1)}{\boldsymbol{C}_\mathrm{b}^\mathrm{f}(1,1)}\right)$$

可得

$$\varphi_a = \varphi'_a$$

$$\varphi'_2 = \arcsin(\boldsymbol{C}_b^f(3,1))$$

可得

$$\varphi_2 = \varphi'_2$$

$$\gamma' = \arctan\left(-\frac{\boldsymbol{C}_b^f(3,2)}{\boldsymbol{C}_b^f(3,3)}\right)$$

可得：当 $\boldsymbol{C}_b^f$（3，3）>0 时，如果 $\gamma' > 0$，则 $\gamma = \gamma'$；如果 $\gamma' < 0$，则 $\gamma = \gamma' + 360°$；当 $\boldsymbol{C}_b^f$（3，3）<0 时，$\gamma = \gamma' + 180°$。

5. **初始值的给定**

系统数学模型的各种计算，需要事先知道初始条件。

（1）初始位置 x_0、y_0、z_0：为弹丸发射地点的坐标，可取 $x_0 = y_0 = z_0 = 0$。

（2）初始速度：弹丸是从静止开始运动，可取 $v_{x0} = v_{y0} = v_{z0} = 0$。

（3）捷联姿态矩阵初值的确定：通过测量火炮发射位置的初始角度，代入式（4-22）来确定捷联姿态矩阵的初始值。

（4）初始四元数的确定：确定捷联姿态矩阵后，可按照下式确定初始四元数。

$$\boldsymbol{Q}_0 = \begin{bmatrix} q_0 \\ q_1 \\ q_2 \\ q_3 \end{bmatrix} = \begin{bmatrix} \cos\frac{\psi_0}{2}\cos\frac{\gamma_0}{2}\cos\frac{\theta_0}{2} + \sin\frac{\psi_0}{2}\sin\frac{\gamma_0}{2}\sin\frac{\theta_0}{2} \\ \cos\frac{\psi_0}{2}\sin\frac{\gamma_0}{2}\cos\frac{\theta_0}{2} - \sin\frac{\psi_0}{2}\cos\frac{\gamma_0}{2}\sin\frac{\theta_0}{2} \\ \sin\frac{\psi_0}{2}\cos\frac{\gamma_0}{2}\cos\frac{\theta_0}{2} + \cos\frac{\psi_0}{2}\sin\frac{\gamma_0}{2}\sin\frac{\theta_0}{2} \\ \cos\frac{\psi_0}{2}\cos\frac{\gamma_0}{2}\sin\frac{\theta_0}{2} - \sin\frac{\psi_0}{2}\sin\frac{\gamma_0}{2}\cos\frac{\theta_0}{2} \end{bmatrix} \tag{4-27}$$

6. **弹道参数的获取**

（1）弹轴高低角 φ_a、侧向摆动角 φ_2 和滚转角 γ。

（2）射程 x、高程 y、横向偏差 z：根据加速度计的输出，代入式（4-21），积分可得速度分量 v_X、v_Y、v_Z，二次积分得射程 x、高程 y、横向偏差 z。

（3）速度 v：

$$v = \sqrt{v_X^2 + v_Y^2 + v_Z^2}$$

（4）角速度分量 ω_ξ、ω_η、ω_ζ：陀螺输出的为在弹体坐标系下的角速度，将其转换到弹轴坐标系下即可得角速度分量 ω_ξ、ω_η、ω_ζ。

（5）高低倾角 θ 、侧向偏角 ψ_2 ：获得速度分量 v_X 、v_Y 、v_Z 后，按下式计算，即

$$\tan\theta = \frac{v_Y}{v_X}$$

$$\tan\psi_2 = \frac{v_Z}{\sqrt{v_X^2 + v_Y^2}}$$

4.2.4 仿真及结果

1. 仿真算法

本章中四元数微分方程的解算采用四阶龙格－库塔法，其公式为

$$Q(t+\Delta t) = Q(t) + \frac{\Delta t}{6}(K_1 + 2K_2 + 2K_3 + K_4)$$

式中

$$K_1 = \frac{1}{2}Q(t)\cdot\omega_{\mathrm{pb}}^{\mathrm{b}}(t)$$

$$K_2 = \frac{1}{2}\left[Q(t) + \frac{\Delta t}{2}K_1\right]\cdot\omega_{\mathrm{pb}}^{\mathrm{b}}\left(t + \frac{\Delta t}{2}\right)$$

$$K_3 = \frac{1}{2}\left[Q(t) + \frac{\Delta t}{2}K_2\right]\cdot\omega_{\mathrm{pb}}^{\mathrm{b}}\left(t + \frac{\Delta t}{2}\right)$$

$$K_4 = \frac{1}{2}[Q(t) + \Delta t\cdot K_3]\cdot\omega_{\mathrm{pb}}^{\mathrm{b}}(t+\Delta t)$$

式中：Δt 为采样周期。

如果加快计算速度，还可使用数值迭代，它是测得的各采样时刻弹丸的转角增量来求解四元数微分方程，当 Δt 很小时，可认为弹丸的角速度 $\omega^{\mathrm{b}}(k)$ 为常数，各转角增量为

$$\Delta\theta_x(k) = \omega_X^{\mathrm{b}}(k)\Delta t$$
$$\Delta\theta_y(k) = \omega_Y^{\mathrm{b}}(k)\Delta t$$
$$\Delta\theta_z(k) = \omega_Z^{\mathrm{b}}(k)\Delta t$$

则四元数数值迭代公式为

$$\begin{bmatrix} q_0 \\ q_1 \\ q_2 \\ q_3 \end{bmatrix}_k = \begin{bmatrix} q_0 & -q_1 & -q_2 & -q_3 \\ q_1 & q_0 & -q_3 & q_2 \\ q_2 & q_3 & q_0 & -q_1 \\ q_3 & -q_2 & q_1 & q_0 \end{bmatrix}_{k-1} \begin{bmatrix} \cos\frac{\Delta\theta}{2} \\ (\Delta\theta_X/\Delta\theta)\sin\frac{\Delta\theta}{2} \\ (\Delta\theta_Y/\Delta\theta)\sin\frac{\Delta\theta}{2} \\ (\Delta\theta_Z/\Delta\theta)\sin\frac{\Delta\theta}{2} \end{bmatrix}_k$$

当采样周期 Δt 和转角增量 $\Delta\theta$ 很小时，将上式中的正、余弦函数泰勒展开，取四阶小量时，可得

$$\begin{bmatrix} q_0 \\ q_1 \\ q_2 \\ q_3 \end{bmatrix}_k = \begin{bmatrix} q_0 & -q_1 & -q_2 & -q_3 \\ q_1 & q_0 & -q_3 & q_2 \\ q_2 & q_3 & q_0 & -q_1 \\ q_3 & -q_2 & q_1 & q_0 \end{bmatrix}_{k-1} \begin{bmatrix} 1-\dfrac{1}{8}\Delta\theta^2+\dfrac{1}{24}\Delta\theta^4 \\ \Delta\theta_X\left(\dfrac{1}{2}-\dfrac{\Delta\theta^2}{48}+\dfrac{\Delta\theta^4}{3840}\right) \\ \Delta\theta_Y\left(\dfrac{1}{2}-\dfrac{\Delta\theta^2}{48}+\dfrac{\Delta\theta^4}{3840}\right) \\ \Delta\theta_Z\left(\dfrac{1}{2}-\dfrac{\Delta\theta^2}{48}+\dfrac{\Delta\theta^4}{3840}\right) \end{bmatrix}_k$$

式中

$$\Delta\theta = \sqrt{\Delta\theta_X^2+\Delta\theta_Y^2+\Delta\theta_Z^2}$$

2. 数字仿真

前面建立捷联惯性测量系统数学模型时有两个假设，为验证假设对模型的影响，对不带假设和无假设的数学模型进行了仿真计算，仿真原始数据（IMU 输入数据）用扰动弹道模型数据模拟。

1）算法流程

捷联系统算法流程图如图 4－12 所示。

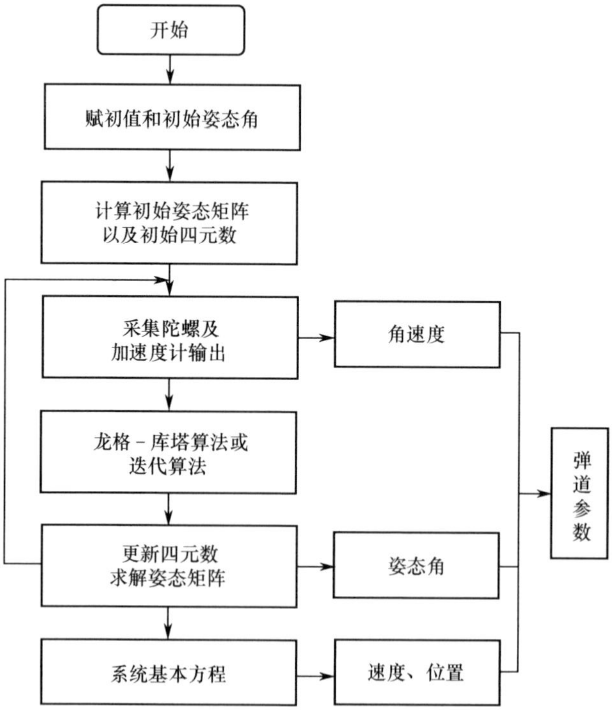

图 4－12　捷联系统算法流程图

2）仿真初值

射程、高度、横向偏差、俯仰角、横向偏角、滚转角、速度初始值取扰动弹道出炮口时初始值。

初始捷联姿态矩阵由三个初始姿态角确定，由式（4－22）确定初始捷联姿态矩阵 $\boldsymbol{C}_{b0}^{f}$，按照式（4－23）确定初始四元数。

3）仿真结果

从表4－2、表4－3和图4－13可以看出，本章提出的两个假设是成立的，建立的用于二维弹道修正引信捷联惯性系统数学模型的计算仿真结果与弹道数据曲线十分吻合，在弹道落点处，速度偏差为0.03m/s，射程偏差为0.3m，方向偏差相差为0.2m，误差值很小，可以忽略不计，因此认为此捷联模型的精度满足系统要求，在误差分析时忽略其模型计算误差。

表4－2　带假设仿真结果与无假设仿真结果比较

仿真模型	速度/（m/s）	射程/m	方向偏差/m
无假设捷联计算结果	357.64	33089.04	－436.58
带假设捷联计算结果	357.65	33088.94	－436.52
偏差	0.01	0.1	0.06

表4－3　弹道数据与捷联计算结果在落点处数据比较

仿真模型	速度/（m/s）	射程/m	方向偏差/m
弹道数据	357.62	33089.2	－436.3
捷联计算结果	357.65	33088.9	－436.5
偏差	0.03	0.3	0.2

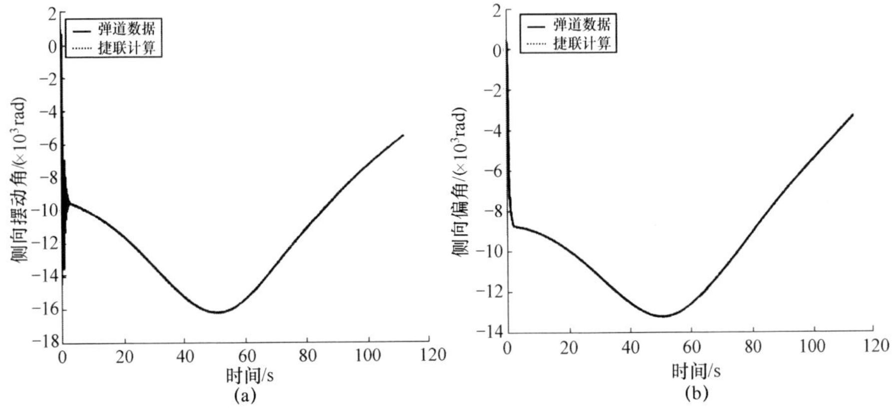

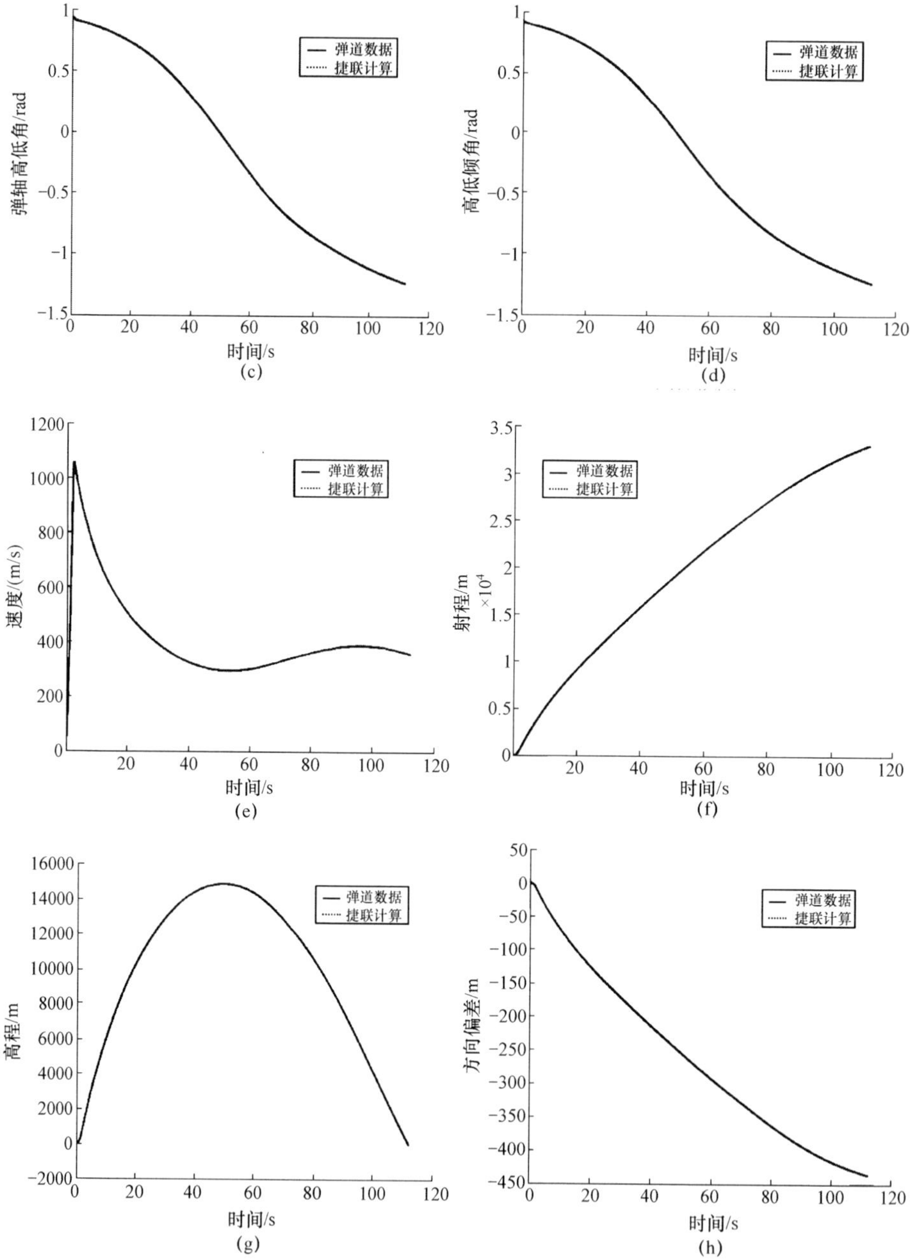

图 4-13　弹道数据与捷联计算仿真结果比较

(a) 侧向摆动角；(b) 侧向偏角；(c) 弹轴高低角；(d) 高低倾角；
(e) 速度；(f) 射程；(g) 高程；(h) 方向偏差。

5

第 5 章 弹道辨识及落点预测技术

无论是一维弹道修正引信还是二维弹道修正引信，弹道辨识和解算的目的是根据弹道测量装置提供的原始测量数据，结合特定弹丸的外弹道特性，对弹丸“当前”实际飞行弹道进行最优估计，同时对“未来”弹道进行准确预测。本章介绍三种基于不同测量方式的弹道辨识和解算方法。

5.1 利用弹体轴向加速度测量值的弹道辨识方法

对于低成本自主式弹道修正引信，需要准确预测弹道落点以确定修正量，一般根据实际射击诸元、气象条件解算弹道微分方程组对弹道进行预测，弹丸在飞行过程中所受外力是通过计算得到的，与实际有偏差。本方法适用于火箭增程弹一维弹道修正引信，即当弹丸初速散布不大，而在火箭增程段由于火箭推力变化引起轴向加速度的较大变化，从而造成弹丸落点射程散布较大时，可采用该方法进行弹道解算。

5.1.1 数学模型

根据 2D 质点弹道模型，忽略风在弹道坐标系 y 轴分量列出火箭增程弹基本运动方程：

$$\begin{cases}\dfrac{\mathrm{d}v}{\mathrm{d}t} = a_{\mathrm{p}} - a_{Rx} - g\sin\theta_{\alpha} \\ \dfrac{\mathrm{d}\theta_{\mathrm{a}}}{\mathrm{d}t} = -g\cos\theta_{\alpha}/v \\ \dfrac{\mathrm{d}x}{\mathrm{d}t} = v\cos\theta_{\alpha} \\ \dfrac{\mathrm{d}y}{\mathrm{d}t} = v\sin\theta_{\alpha}\end{cases} \tag{5-1}$$

式中：a_p 为火箭推力加速度，火箭发动机工作段以外，此项为0；v 为弹丸相对于地面坐标系的速度值；x 为射击平面内横坐标（水平方向）；y 为射击平面内纵坐标（垂直方向）；θ 为弹道倾角，速度方向与 X 轴的夹角；a_{Rx} 为空气阻力加速，可表示成

$$a_{Rx} = R_x/m = \frac{1}{2}\rho v_r(v - w_x\cos\theta)Sc_{x0}(v_r/c_s)/m$$

其中：ρ 为空气密度；S 为空气阻力特征面积；w_x 为弹道纵风风速；$c_{x0}(Ma)$ 为攻角为0°时的阻力系数值，是 Ma 的函数；v_r 为弹丸与空气的相对速度；c_s 为声速；m 为弹体质量。

在采用2D质点弹道模型分析问题时，默认攻角为0°。根据惯性测量相关知识，可得攻角为0°情况下弹轴方向弹体加速度测量值 a_ξ 与弹丸飞行速度之间的关系为

$$ma_\xi = m\frac{\mathrm{d}v}{\mathrm{d}t} + mg\sin\theta \tag{5-2}$$

变换并整理，可得

$$a_\xi = \frac{\mathrm{d}v}{\mathrm{d}t} + g\sin\theta \tag{5-3}$$

实际上，在攻角为0°时，假设加速度测量无误差，敏感轴在弹轴方向的加速度传感器测得量即为 a_ξ。

由式（5-1）可得

$$\frac{\mathrm{d}v}{\mathrm{d}t} = a_p - a_{Rx} - g\sin\theta$$

将上式代入式（5-3）可得

$$a_\xi = a_p - a_{Rx} \tag{5-4}$$

由式（5-4）可见，加速度传感器测量值只包括弹丸的推力和阻力，这符合惯性测量学有关加速度传感器只能感受非万有引力加速度即比力的概念。因此，式（5-1）中的 $a_p - a_{Rx}$ 可用 a_ξ 代替，从而式（5-1）变为

$$\begin{cases}\dfrac{\mathrm{d}v}{\mathrm{d}t} = a_\xi - g\sin\theta \\ \dfrac{\mathrm{d}\theta}{\mathrm{d}t} = -g\cos\theta/v \\ \dfrac{\mathrm{d}x}{\mathrm{d}t} = v\cos\theta \\ \dfrac{\mathrm{d}y}{\mathrm{d}t} = v\sin\theta\end{cases} \tag{5-5}$$

因此，在四个参数 v 、x 、y 和 θ_a 在 t_0 时刻的初始值 v_0 、x_0 、y_0 及 θ_{a0} 已知的情况下，在 t_0 时刻以后以一定时间间隔 Δt 测得 a_ξ，利用数值积分可得 $t_0+i\Delta t$（$i=1, 2, 3, \cdots$）各个时刻的 v 、x 、y 和 θ 。由式（5－4），弹丸所受火箭沿弹轴方向的推力、弹丸阻力分析，准确测量弹体轴向加速度即能够提高弹道实时解算精度。系数和弹道气象条件对弹丸飞行速度 v 的影响全部包含在 a_ξ 中。

5.1.2 靶场飞行试验验证

选用 AD 公司的 ADXL105 单轴加速度传感器设计了抗弹丸发射高过载的存储测试电路模块，对某火箭增程迫击炮弹飞行弹道 0～32s 的弹体轴向加速度进行存储测试，用雷达对弹丸进行全弹道跟踪获取飞行速度数据。由于雷达测速精度相对较高，因此对雷达测量速度值进行微分并利用式（5－3）计算得到一个可作为弹体轴向加速度测量的参考对比值记为 $a_{\xi r}$ 。与实际测量值 $a_{\xi t}$ 进行对比如图 5－1 所示。由图 5－1 可见在 1～32s 内弹体轴向加速度测量值与参考对比值吻合较好，而在 0～1s 内二者相差较大。这由于雷达测量弹丸飞行速度时，对于炮口附近的速度是通过外推计算得到并非为弹丸飞行实际速度。因此在利用弹体轴向加速度测量值对式（5－4）进行数值积分求解时，可考虑选择初始积分时刻位于 1s 以后。

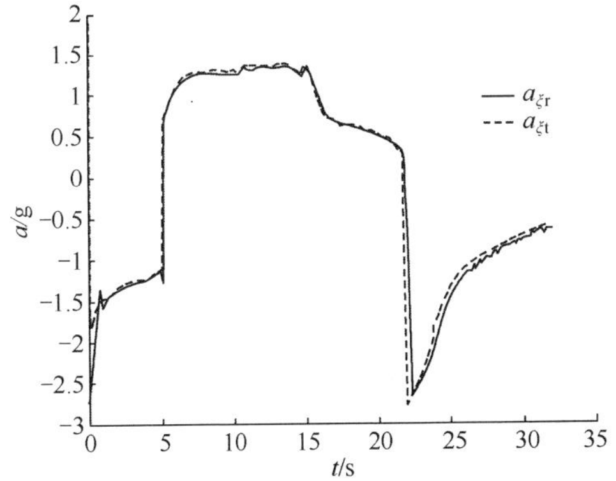

图 5－1 $a_{\xi r}-a_{\xi t}$ 对比

选择初始积分时刻为 1s，该时刻的弹道诸元利用雷达测量值。利用弹体轴向加速度测量值对式（5－4）进行龙格－库塔数值积分求解。图 5－2～图 5－5分别给出了弹道诸元 $v-t$ 、$x-t$ 、$y-t$ 、$\theta-t$ 曲线（图中为虚线），作为比对给出通过雷达测量计算得到的弹道诸元 v_r-t 、

x_r-t、y_r-t、θ_r-t 曲线（图中为实线）。

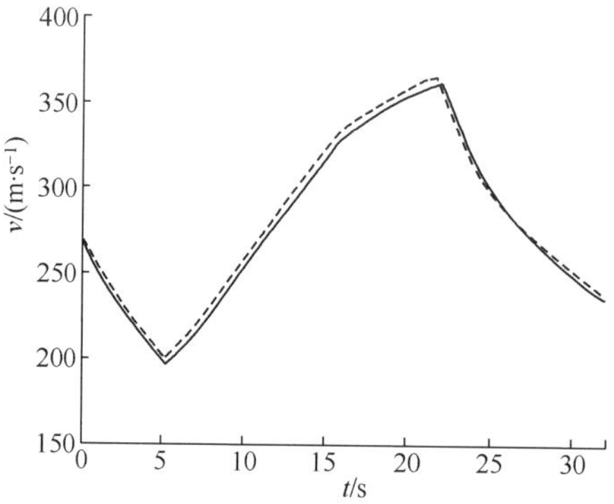

图 5-2　$v-t$ 和 v_r-t 曲线

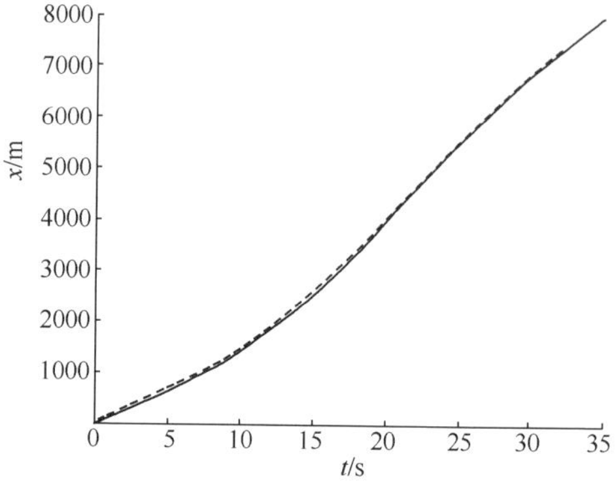

图 5-3　$x-t$ 和 x_r-t 曲线

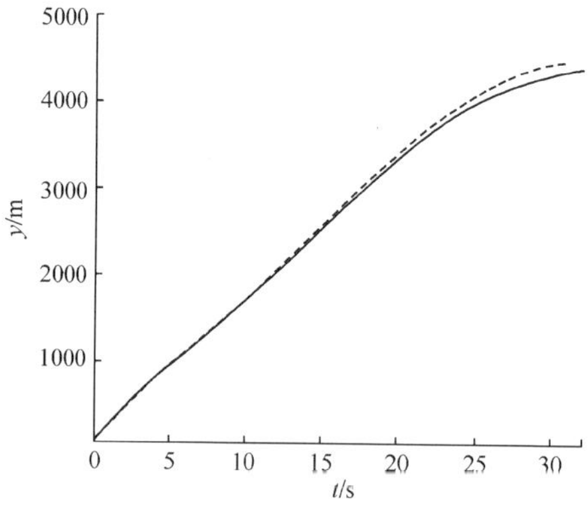

图 5-4　$y-t$ 和 y_r-t 曲线

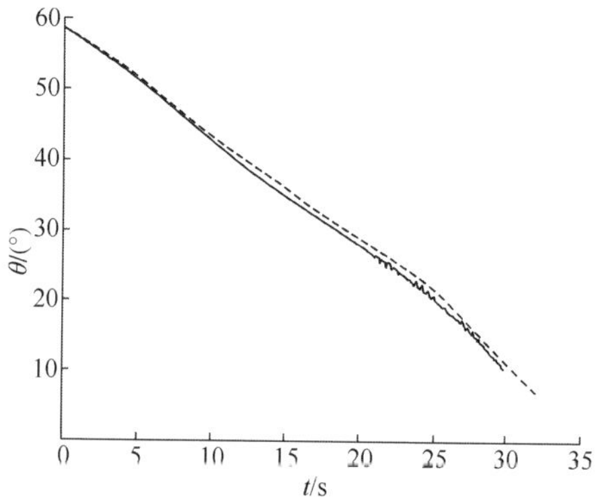

图 5-5　$\theta-t$ 和 θ_r-t 曲线

由图 5-2～图 5-5 可以看出，利用弹体轴向加速度测量值解算各时刻弹道诸元与雷达测量值比较吻合，但存在一定误差。表 5-1 列出了弹道诸元解算值与雷达测量值之间的偏差。由表 5-14 数据可以看出，弹道诸元解算与雷达实测偏差随时间有不断增大的趋势。在各种误差因素中，加速度传感器的非线性度误差、灵敏度误差和零点漂移误差是造成解算误差的主要原因。

表 5-1　弹道诸元解算值与雷达实测值之间的偏差

弹道诸元 / 时间/s	v/（m·s^{-1}）	x/m	y/m	θ/(°)
5	1.71	2.50	2.78	-0.05
10	6.05	17.39	24.87	0.48
15	6.72	33.46	57.08	0.92

（续）

弹道诸元 / 时间/s	v/（m·s^{-1}）	x/m	y/m	θ/(°)
20	4.91	43.51	91.40	0.96
25	-2.06	26.67	114.15	1.14
30	1.38	21.89	133.79	1.08

5.1.3 传感器误差对解算精度影响

加速度传感器误差主要有非线性度误差、分辨力误差、零点漂移误差和灵敏度误差。其中，非线性度误差可以通过正确的标定方法减少其影响，在这里不做分析。针对某火箭增程弹，结合选用加速度传感器本身的精度指标，经过仿真计算分别给出分辨力误差、零点漂移误差和灵敏度误差在一定量值时引起的射程解算相对误差，结果见表5-2。仿真计算方法：利用一组加速度实测数据通过式（5-1）进行数值积分至某一时刻（仿真计算时分别取23s、30s），得到该时刻的弹道诸元。以该时刻为起始点利用弹道仿真程序计算落点射程。分别给原始测量数据加入相应的分辨力误差、灵敏度误差、零点偏置误差，按前述方法重新计算落点射程，与未引入误差时解算的射程比较，即可得到二者相对误差。分辨力误差实际是一个在分辨力范围内变化的随机误差，在这里假定为一个常值误差，比实际情况要严格。

表5-2 加速度传感误差引起的射程解算相对误差

误差类型	误差大小/%	积分至23s计算射程相对误差/%	积分至30s计算射程相对误差/%
灵敏度误差	0.2	0.09	0.12
分辨力误差	0.2	0.09	0.18
零位误差	0.2	0.87	1.75

由表5-2中数据可见：对射程解算精度影响最大的为零位误差，且由于该误差导致的射程解算误差随时间有明显增大的趋势。

5.2 基于卫星定位测量的卡尔曼滤波弹道辨识方法

在引信弹道修正技术应用中，需要根据实际弹道与预定弹道之间的偏差实施弹道修正，以保证弹丸落点预测误差在允许的范围内。卫星定位接收机具有绝对定位精度高、误差不随时间累积的优点，但也存在诸如易受干扰、随机误差大等缺点。采用卡尔曼滤波对卫星定位测量值进行处理，可获得弹道参数的最小方差估计值。本节通过建立弹丸弹道微分方程，采用龙格－库塔法数值积分对状态量做一步预测，可达到非线性运动方程线性化的目的。同时，在滤波过程中考虑了卫星定位接收机定位粗大误差以及短时失效等情况，加入判别准则，使滤波算法的鲁棒性和可靠性更好。利用卫星信号模拟器和高动态 C/A 码接收机，模拟实际弹丸飞行时卫星定位测量结果，并利用提出的算法对弹道参数进行估计。

5.2.1 扩展卡尔曼滤波算法原理

卡尔曼滤波算法是卡尔曼于 1960 年提出的从与被提取信号有关的观测量中通过算法估计出所需信号的一种滤波算法。卡尔曼把状态空间的概念引入到随机估计理论中，把信号过程视为白噪声作用下的一个线性系统的输出，用状态方程来描述这种输入与输出的关系，估计过程中利用系统状态方程、观测方程和白噪声激励（包括系统噪声和观测噪声）的统计特性形成滤波算法。由于所用的信息都是时域内的量，所以不但可以对平稳的一维随机过程进行估计，还可以对非平稳的、多维随机过程进行估计。

扩展卡尔曼滤波算法以标准离散卡尔曼滤波算法为基础，利用泰勒公式将非线性系统在状态矢量滤波值的附近展开，省略二阶以上的高阶项将系统线性化，再利用标准卡尔曼滤波算法的思想对系统线性化模型进行滤波处理。

下面详细介绍卡尔曼滤波原理，假设非线性离散系统的数学模型为

$$\begin{cases} \boldsymbol{X}_k = f[X_{k-1}, k-1] + \boldsymbol{\Gamma}[X_{k-1}, k-1]W_{k-1} \\ Z_k = h[X_{k-1}, k-1] + V_k \end{cases} \tag{5-6}$$

式中：$\boldsymbol{X}_k$ 为系统的 n 维状态矢量，$\boldsymbol{\Gamma}[X_{k-1}, k-1]$ 为 $n \times p$ 维噪声输入矩阵；$\boldsymbol{Z}_k$ 为系统的 m 维观测序列；$\boldsymbol{W}_{k-1}$ 为 p 维系统过程噪声序列；$\boldsymbol{V}_k$ 为 m 维观测噪声序列；$\boldsymbol{W}_{k-1}$、$\boldsymbol{V}_k$ 为均值为 0 的白噪声序列。

由式（5－6）可知，$\boldsymbol{Q}_k$ 为系统过程噪声 $\boldsymbol{W}_k$ 的 $p \times p$ 维对称非负方差矩阵，$\boldsymbol{R}_k$ 为系统观测噪声 $\boldsymbol{V}_k$ 的 $m \times m$ 维正定方差矩阵。由于噪声的存在，系统状态矢量和观测矢量都无法通过式（5－6）准确获得，为了获取准确的状态变量 $\boldsymbol{X}$ 和观测矢量 $\boldsymbol{Z}$，需要对系统模型进行线性化处理。

由式（5－6）所示非线性系统可得

$$\frac{\partial \boldsymbol{f}}{\partial \boldsymbol{X}_{k-1}} = \frac{\partial f[\boldsymbol{X}_{k-1}, k-1]}{\partial \boldsymbol{X}_{k-1}} \Big| \boldsymbol{X}_{k-1} = \hat{\boldsymbol{X}}_{k-1} = \boldsymbol{\Phi}_{k,k-1} \tag{5-7}$$

$$\frac{\partial \boldsymbol{h}}{\partial \boldsymbol{X}_k} = \frac{\partial \boldsymbol{h}[\boldsymbol{X}_k, k]}{\partial \boldsymbol{X}_k} \Big| \hat{\boldsymbol{X}}_{k,k-1} = \boldsymbol{H}_k \tag{5-8}$$

非线性系统的 EKF 算法滤波过程如下：

（1）状态一步预测：

$$\hat{\boldsymbol{X}}_{k,k-1} = \boldsymbol{f}[\hat{\boldsymbol{X}}_{k-1}, k-1] \tag{5-9a}$$

（2）状态估计值：

$$\hat{\boldsymbol{X}}_{k} = \hat{\boldsymbol{X}}_{k,k-1} + \boldsymbol{K}_k[\boldsymbol{Z}_k - \boldsymbol{h}[\hat{\boldsymbol{X}}_{k,k-1}, k]] \tag{5-9b}$$

（3）滤波增益矩阵：

$$\boldsymbol{K}_k = \boldsymbol{P}_{k,k-1}\boldsymbol{H}_k^{\mathrm{T}}[\boldsymbol{H}_k\boldsymbol{P}_{k,k-1}\boldsymbol{H}_k^{\mathrm{T}} + \boldsymbol{R}_k]^{-1} \tag{5-9c}$$

（4）一步预测误差方差矩阵：

$$\boldsymbol{P}_{k,k-1} = \boldsymbol{F}_{k,k-1}\boldsymbol{P}_{k-1}\boldsymbol{F}_{k,k-1}^{\mathrm{T}} + \boldsymbol{\Gamma}_{k,k-1}\boldsymbol{Q}_{k-1}\boldsymbol{\Gamma}_{k,k-1}^{\mathrm{T}} \tag{5-9d}$$

式中：$\boldsymbol{F}(t)$ 为 $n \times n$ 维雅可比矩阵，即

$$\boldsymbol{F}(t) = \frac{\partial f(\boldsymbol{X})}{\partial \boldsymbol{X}}\bigg|_{\boldsymbol{X}=\hat{\boldsymbol{X}}(t)} = [f_{i,j}] \quad (i,j = 1,\cdots,n)$$

（5）估计误差方差阵：

$$\boldsymbol{P}_k = [\boldsymbol{I} - \boldsymbol{K}_k\boldsymbol{H}_k]\boldsymbol{P}_{k,k-1} \tag{5-9e}$$

由式（5-7）～式（5-9）可以看出，EKF 实质上是利用上一次的状态估计值预测本次的状态：首先将上次的状态估计值代入非线性系统状态方程，得到状态一步预测 $\hat{\boldsymbol{X}}_{k,k-1}$；其次将 $\hat{\boldsymbol{X}}_{k,k-1}$ 代入观测方程得到观测量的预测值 $\boldsymbol{h}[\hat{\boldsymbol{X}}_{k,k-1}, k]$；然后利用观测量的测量值和预测值之间的偏差修正状态一步预测 $\hat{\boldsymbol{X}}_{k,k-1}$，从而得到状态估计量 $\hat{\boldsymbol{X}}_k$。正是这种利用不同方式获取的观测值的偏差修正状态估计值，才对各种噪声干扰进行了有效抑制。

综上所述，卡尔曼滤波算法流程如图 5-6 所示。

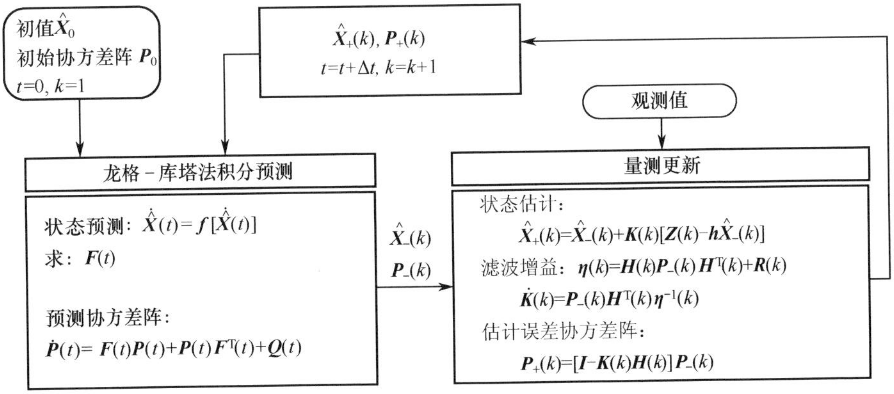

图 5-6　卡尔曼滤波算法流程

采用扩展卡尔曼滤波器提高弹道辨识技术精度时，通常利用弹道测量模块的观测值，如地面雷达、弹载 GPS 接收机、弹丸姿态测量模块等的输出数据，获取弹道参数的最优估计值。根据弹丸飞行的弹道学规律，采用连续与离散相结合的非线性推广卡尔曼滤波方法对弹道参数进行估计，即状态量及其协方差矩阵预测采用连续模型，统一采用四阶龙格－库塔数值积分法进行解算。以卫星定位测量值作为观测量求解卡尔曼增益，对状态量及其误差协方差矩阵的量测更新采用离散方式。

另外，扩展卡尔曼滤波器在外弹道辨识的应用，不仅限于对弹道测量模块输出进行降噪处理，还可提取特定参数，如阻力系数、升力系数甚至气象信息等，这在后续章节进行详细介绍。

5.2.2 基于 2D 质点弹道模型的卡尔曼滤波弹道辨识方法

首先介绍状态量较少的 2D 质点弹道模型的扩展卡尔曼滤波算法。简化后的 2D 质点弹道模型为

$$\begin{cases}\dfrac{\mathrm{d}v_X}{\mathrm{d}t}=0.603\times10^{-3}\times\dfrac{2\times10^4-y}{2\times10^4+y}\dfrac{\pi d^2}{4}\sqrt{{v_X}^2+{v_Y}^2}\,v_X c(Ma)\\ \dfrac{\mathrm{d}v_Y}{\mathrm{d}t}=0.603\times10^{-3}\times\dfrac{2\times10^4-y}{2\times10^4+y}\dfrac{\pi d^2}{4}\sqrt{{v_X}^2+{v_Y}^2}\,v_Y c(Ma)-g\\ \dfrac{\mathrm{d}x}{\mathrm{d}t}=v_X\\ \dfrac{\mathrm{d}y}{\mathrm{d}t}=v_Y\end{cases} \tag{5-10}$$

式中：v_X、v_Y、x、y 分别为弹丸在射击平面内的水平速度分量、垂直速度分量、水平距离、弹道高度；$0.603\times10^{-3}\times\dfrac{2\times10^4-y}{2\times10^4+y}$ 为空气密度函数，与弹道高 y 有关；d 为弹丸直径；$c(Ma)$ 为弹丸阻力系数，是飞行马赫数的函数。

取状态量 $\boldsymbol{X}=[v_X,v_Y,x,y]^{\mathrm{T}}$，可得

$$\dot{\boldsymbol{X}}(t)=\boldsymbol{f}[\boldsymbol{X}(t)]=\begin{bmatrix}0.603\times10^{-3}\times\dfrac{\pi d^2}{4}\dfrac{20000-y}{20000+y}\sqrt{{v_X}^2+{v_Y}^2}\,v_X c(Ma)\\ 0.603\times10^{-3}\dfrac{\pi d^2}{4}\dfrac{20000-y}{20000+y}\sqrt{{v_X}^2+{v_Y}^2}\,v_Y c(Ma)-g\\ v_X\\ v_Y\end{bmatrix}+\boldsymbol{\xi}(t) \tag{5-11}$$

式中：$\boldsymbol{\xi}(t)$ 为模型的高斯随机误差，4 × 1 列矢量。

由于卫星测量值的参考坐标系为 ECEF 坐标系，因此需要通过坐标变换转换成在发射坐标系下的坐标值。假设已对观测量实施坐标变换，对于 2D 弹道模型，观测量即为对状态量 x 、y 的测量值，因此量测模型可写为

$$\boldsymbol{Z}(k) = \boldsymbol{h} \cdot \boldsymbol{X}(k) = \begin{bmatrix} 0 & 0 & 1 & 0 \\ 0 & 0 & 0 & 1 \end{bmatrix} \boldsymbol{X}(k) + \boldsymbol{\zeta}(k) \tag{5-12}$$

式中：$\boldsymbol{Z}(k)$ 为第 k 个迭代点的观测矢量；$\boldsymbol{h}$ 为状态量与观测量之间的关系矩阵；$\boldsymbol{\zeta}(k)$ 为该点观测误差，2 × 1 列矢量。

为验证上述算法对弹道参数估计的正确性和精度，以某榴弹弹道数据为基础，进行半实物仿真试验。半实物仿真流程图如图 5 - 7 所示。接收机水平定位精度为 10m（1σ）、垂直定位精度为 15m（1σ）。

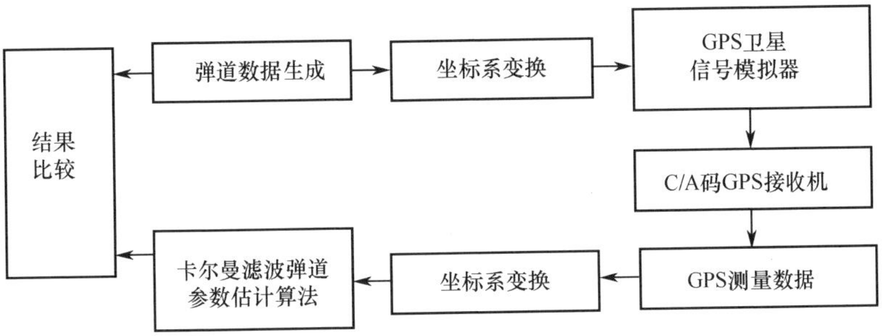

图 5 - 7 半实物仿真流程图

在 GPS 接收机全弹道正常工作时的半实物仿真试验结果如图 5 - 8 和图 5 - 9所示，限于篇幅，仅给出弹道高 y 、速度 $v = \sqrt{v_X^2 + v_Y^2}$ 的估计值与时间的关系，弹道水平距离和弹道倾角估计值与此类似。

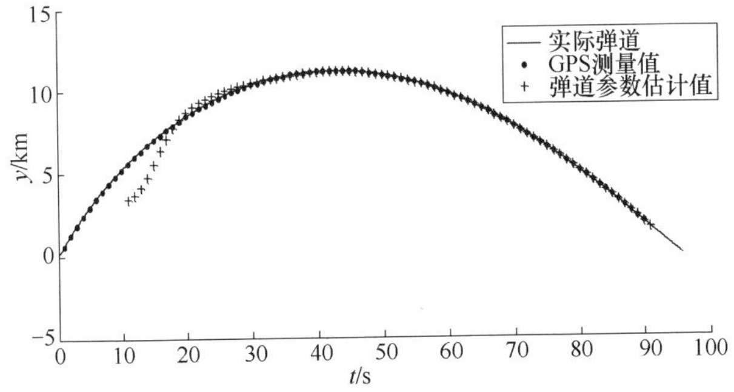

图 5 - 8 GPS 接收机正常时 x 估计

由图 5 - 8 和图 5 - 9 可见，即使在假设的初始状态量与实际值存在较大误差的情况下，经过一段时间后，弹道参数估计值也会收敛到实际值附近，这说明卡尔曼滤波算法收敛并能完成对弹道参数的正确估计。在半实物仿真时模拟

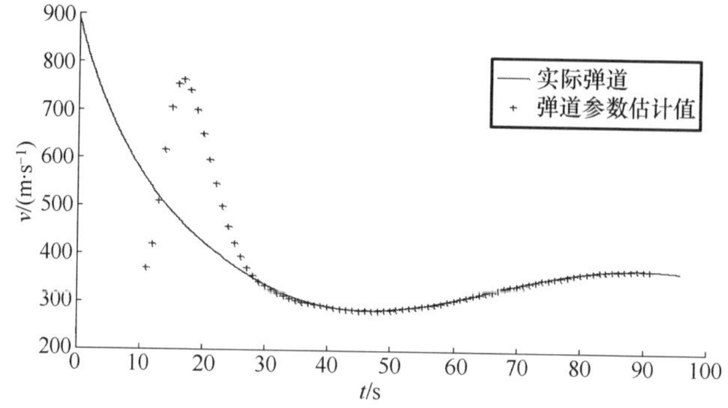

图 5－9　GPS 接收机正常时 y 估计

GPS 接收机在 30～40s 失效，即输出的 GPS 定位水平距离和弹道高均为 0。而在 50～60sGPS 出现粗大误差。对加入误差判别准则后的算法进行验证。这里仅给出对弹道高 y 的估计，加入误差判别准则前后的效果分别如图 5－10 和图 5－11 所示。其他参数的估计情况与此类似。

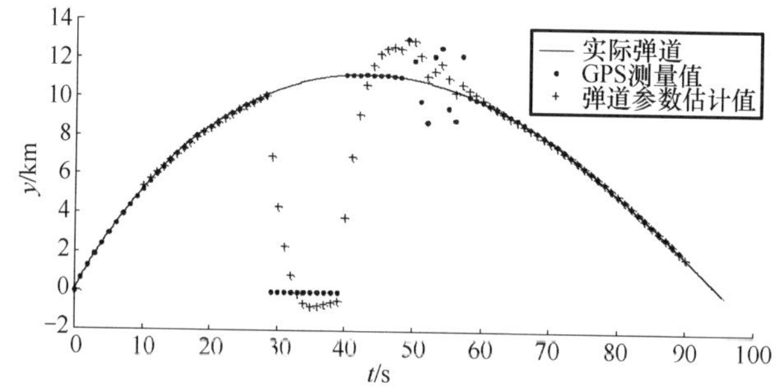

图 5－10　加入判别准则前对 y 的估计

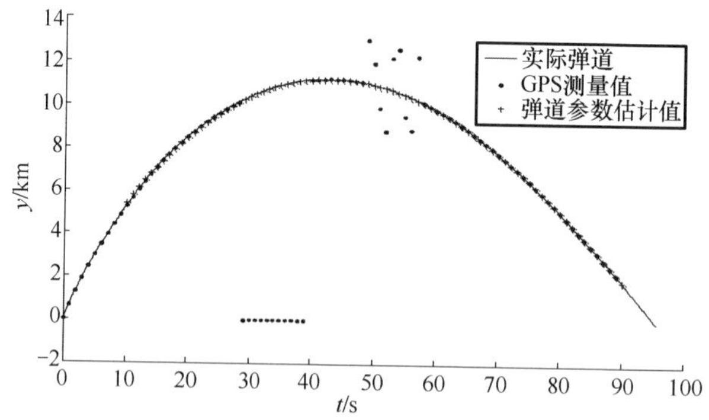

图 5－11　加入判别准则后对 y 的估计

由图 5－10 可见，在 GPS 接收机失效和出现重大误差时，估计值（滤波值）受观测量影响严重偏离了实际值，即使在 GPS 测量值恢复正常后，还要经过一段时间才能获得较为准确的估计值。由图5-11可见，在GPS失效和出现粗大误差期间，对弹道参数的估计几乎不受影响，仍能获得接近实际的估计值，从而证明了加入误差判别准则后卡尔曼滤波算法的有效性。

为获得卡尔曼滤波弹道参数方法对精度的改善效果，设计了多组弹道数据，表5-3给出了不同GPS接收机定位精度水平下弹道参数估计精度。

由表5-3可见，经过卡尔曼滤波弹道参数估计后，各参数估计误差明显减小，弹道位置估计误差为原始定位误差的30%~40%。

表5-3 不同GPS接收机精度水平下弹道参数估计精度

σ_x/m	σ_y/m	σ'_x/m	σ'_y/m	σ'_v/(m·s^{-1})	σ'_θ/(°)
10	15	3.0250	4.6080	0.5583	0.0949
20	30	5.8514	9.5964	1.6955	0.2711
30	45	10.3641	14.2552	2.5770	0.3691
50	75	20.3514	25.0059	3.9687	0.6764
注：σ_x、σ_y为GPS测量误差标准差；σ'_x、σ'_y、σ'_v、σ'_θ为卡尔曼滤波后截止时间的弹道参数估计误差标准差					

总之，以2D质点弹道模型为基础建立的卡尔曼滤波弹道参数估计方法，能有效对弹道参数进行估计，估计误差较观测误差大为减小。同时给出了GPS接收机失效和出现测量粗大误差时的解决方法，通过半实物仿真实验证明了增加判别准则后，卡尔曼滤波方法能够在GPS接收机异常时给出接近实际值的估计，误差为GPS测量误差的30%~40%，能够满足使用要求。

5.3 基于修正质点模型误差补偿的轨迹预估方法

外弹道模型中，非线性6D刚体弹道模型能够提供弹丸飞行动态过程的完整描述。通过数值算法求其数值解，运算量较大且耗时较长。J. Kelley将非线性6D模型线性化，并推导了模型闭合解的表达式，大幅提升了模型解算速度，却存在大射角轨迹解算误差过大甚至无法收敛的问题。C. Leonard对线性6D模型进行改进，使其能够适用于大射角轨迹解算。改进线性模型所需的状态量有速度、位置和姿态信息。理论与实验表明，弹载卫星定位接收机能够为信息模块提供弹丸飞行的速度、位置信息。姿态信息通常由惯性传感器提供，但炮射弹丸的极高发射过载和初始转速使得精密的惯性器件很难适用，且惯性器件成本较高，不适于简易修正方案。

无需姿态信息的弹道模型中，三自由度质点模型将弹丸看作质点，忽略了弹丸姿态变化，利用速度、位置信息快速解算弹道。由于质点模型无法解算轨迹的侧向偏移，而旋转稳定弹受到陀螺力矩和马格努斯力双重作用，弹道轨迹会发生明显的侧向偏移，因此，具有一定侧偏解算能力的修正质点模型得到考虑。修正质点模型引入了等效攻角——动力平衡角的概念，间接获取由弹丸姿态变化引起的攻角改变，模型所需的状态量有速度、位置和转速信息。目前，弹丸转速信息的获取方案大多较为成熟。可见，修正质点模型具有预测旋转稳定弹飞行轨迹的可行性。然而，修正质点模型在解算大射角飞行轨迹时的过大误差限制了模型的应用。利用摄动法对修正质点模型改进，实现了高空尾翼稳定弹降弧段的较高精度预测，却未做旋转稳定弹的适用性探讨。

5.3.1 轨迹预估方法

1. 修正质点模型

修正质点弹道模型的微分方程为

$$\begin{cases} \mathrm{d}v_X/\mathrm{d}t = -b_x v_X v - b_y v^2(\sin\delta_{1\mathrm{p}}\cos\delta_{2\mathrm{p}}\sin\theta_\mathrm{a} \\ \qquad + \sin\delta_{2\mathrm{p}}\cos\theta_\mathrm{a}\sin\psi_2) \\ \mathrm{d}v_Y/\mathrm{d}t = -b_x v_Y v + b_y v^2(\sin\delta_{1\mathrm{p}}\cos\delta_{2\mathrm{p}}\cos\theta_\mathrm{a} \\ \qquad + \sin\delta_{2\mathrm{p}}\sin\theta_\mathrm{a}\sin\psi_2) - g \\ \mathrm{d}v_Z/\mathrm{d}t = -b_x v_Z v - b_y v^2\sin\delta_{2\mathrm{p}}\cos\psi_2 \\ \mathrm{d}\dot{\gamma}/\mathrm{d}t = M_\xi/C \\ \mathrm{d}x/\mathrm{d}t = v_X \\ \mathrm{d}y/\mathrm{d}t = v_Y \\ \mathrm{d}z/\mathrm{d}t = v_Z \end{cases} \tag{5-13}$$

式中：v 为总速度；v_X、v_Y、v_Z 分别为发射坐标系下速度分量；θ_a、ψ_2 分别为弹道倾角和偏角；X、Y、Z 为位置；$\dot{\gamma}$ 为转速；M_ξ 为滚转力矩；b_x、b_y 分别为阻力项和升力项系数；g 为重力加速度；$\delta_{1\mathrm{p}}$、$\delta_{2\mathrm{p}}$分别为重力引起动力平衡角的俯仰分量和偏航分量。

动力平衡角是攻角方程的一种简化解，完整的复攻角方程为

$$\begin{cases} \boldsymbol{\Delta}'' + (H - \mathrm{i}P)\boldsymbol{\Delta}' - (M + \mathrm{i}PT)\boldsymbol{\Delta} = -\ddot{\theta}/v^2 - \dot{\theta}(k_{zz} - \mathrm{i}P)/v \\ \dot{\theta} = -g\cos\theta/v \\ \ddot{\theta} = v\dot{\theta}(b_x + 2g\sin\theta/v^2) \end{cases} \tag{5-14}$$

式中：$\boldsymbol{\Delta}$ 为复攻角；T 为阻尼相关项；P 为转速相关项；M 为静力矩相关项；H 为马格努斯力相关项。

式（5－14）中包含了非线性耦合项和高阶微分项，需降低解算步长，导致解算速度下降。在对其进行简化时忽略小量 T 和 H，可得

$$\begin{cases}\boldsymbol{\Delta}''_{\mathrm{p}} - \mathrm{i}P\boldsymbol{\Delta}'_{\mathrm{p}} - M\boldsymbol{\Delta}_{\mathrm{p}} = -\dot{\theta}(-\mathrm{i}P)/v \\ \boldsymbol{\Delta}_{\mathrm{p}} = \delta_{1\mathrm{p}} + \mathrm{i}\delta_{2\mathrm{p}}\end{cases} \tag{5-15}$$

求解此线性微分方程即得重力引起动力平衡角表达式为

$$\begin{cases}\delta_{1\mathrm{p}} = \ddot{\theta}/Mv - \ddot{\theta}(P/Mv)^2 \\ \delta_{2\mathrm{p}} = -P\dot{\theta}/Mv\end{cases} \tag{5-16}$$

与非线性六自由度刚体弹道模型相比，修正质点模型保留了滚转姿态相关项，忽略了马格努斯力对质心运动的影响，将动力平衡角视为等效攻角计算攻角诱导的阻力、升力。由于马格努斯力本身数值很小，对质心运动影响微弱，修正质点方程的解算误差应主要由动力平衡角与攻角间的偏差引起。当求解小射角弹道轨迹时，二者均为小量，其间偏差对计算结果影响很小。当求解大射角弹道轨迹时，高抛弹道使攻角值增加，二者间的偏差量必然引起弹道解算的误差。

为验证推断，进行了155mm旋转稳定弹射角最大值53°条件下，修正质点模型和非线性六自由度弹道模型的仿真计算，将修正质点模型解算动力平衡角值与非线性六自由度刚体弹道模型解算攻角值进行对比，如图5-12所示。

可以看出，合动力平衡角和合攻角间存在明显的偏差，弹道顶点处偏差值最大。另外，图5-12表示的复攻角、复动力平衡角的大小由侧向分量决定，俯仰分量不足偏航分量的十分之一。

2. 误差分析

为方便分析动力平衡角和攻角间的偏差规律，将全弹道中二者变化的关系曲线绘于图5-13。

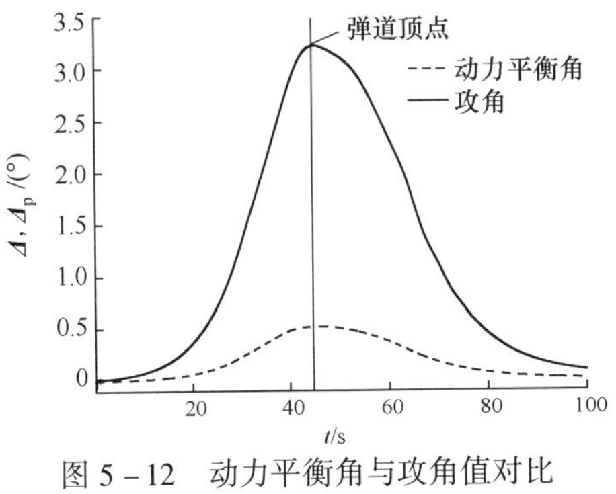

图5-12 动力平衡角与攻角值对比

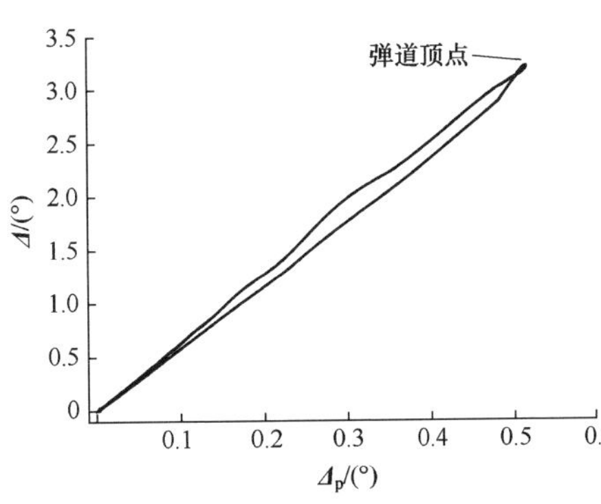

图5-13 全弹道中动力平衡角随攻角变化关系曲线

经过观测和对比发现，在弹丸飞行过程中，动力平衡角与攻角之间存在近似的线性关系。引入相关系数的概念，将二者的线性关系数值化。相关系数为

$$r = \frac{\sum_{i=1}^{n}(\boldsymbol{\Delta}_{pi} - \bar{\boldsymbol{\Delta}}_p)\cdot(\boldsymbol{\Delta}_i - \bar{\boldsymbol{\Delta}})}{\sqrt{\sum_{i=1}^{n}(\boldsymbol{\Delta}_{pi} - \bar{\boldsymbol{\Delta}}_p)^2 \cdot \sum_{i=1}^{n}(\boldsymbol{\Delta}_i - \bar{\boldsymbol{\Delta}})^2}} \tag{5-17}$$

式中：$\boldsymbol{\Delta}_{pi}$、$\boldsymbol{\Delta}_p$ 分别为离散动力平衡角值与均值；$\boldsymbol{\Delta}_i$、$\bar{\boldsymbol{\Delta}}$分别为离散攻角值与均值。表5－4列出了全弹道每10s时间段 $\boldsymbol{\Delta}_p$ 和 $\boldsymbol{\Delta}$ 的相关系数。

表5－4　全弹道每10s时间段 $\boldsymbol{\Delta}_p$ 和 $\boldsymbol{\Delta}$ 的相关系数 r

T/s	r	T/s	r
0～10	0.994900	50～60	0.990675
10～20	1.000000	60～70	0.999280
20～30	0.999998	70～80	0.997009
30～40	0.999816	80～90	0.999628

根据相关系数的含义，$r \in [-1, 1]$，$r = 0$ 时，$\boldsymbol{\Delta}_p$ 和 $\boldsymbol{\Delta}$ 不相关；$r = 1$ 时，$\boldsymbol{\Delta}_p$ 和 $\boldsymbol{\Delta}$ 线性相关。当 $0 < r < 1$ 时，二者之间存在相关性，且 $r > 0.8$ 时称为高度相关。表5－4中的相关系数 r 均大于0.8，可见全弹道中 $\boldsymbol{\Delta}_p$ 和 $\boldsymbol{\Delta}$ 间存在较好的线性关系。

由此，定义 $\boldsymbol{\Delta}_p \neq 0$ 时，攻角 $\boldsymbol{\Delta}$ 与动力平衡角 $\boldsymbol{\Delta}_p$ 之比为误差系数 K_p。通过误差系数的估计，获得攻角估计值，将误差补偿后的攻角估计值引入修正质点模型抑制解算误差，则有

$$\boldsymbol{\Delta} \approx \hat{\boldsymbol{\Delta}} = \hat{K}_p \times \boldsymbol{\Delta}_p \tag{5-18}$$

式中：$\boldsymbol{\Delta}$ 为攻角；$\hat{\boldsymbol{\Delta}}$ 为补偿攻角；$\hat{K}_p$ 为攻角误差补偿系数估计值。

实际情况下，修正质点模型解算误差不仅是误差系数 K_p 决定的系统误差，还包含弹道风干扰、弹丸偏心、初速随机性等因素引起的随机误差。这些误差使动力平衡角计算精度下降，表现为 K_p 值产生波动，与攻角的线性相关性下降。为了抑制这些随机误差，获取实际攻角的最优估值，设计了基于修正质点模型误差补偿系数估计的扩展卡尔曼滤波器。

5.3.2　扩展卡尔曼滤波器设计

扩展卡尔曼滤波器能根据弹道测量模块的观测值，如雷达信息、弹载GPS信息等，获取弹道参数的最优估计值，以及特定参数。根据相关文献，一般采用扩展卡尔曼滤波提取阻力系数、升力系数等相关弹道系数。利用误差系数补偿的方法，在原修正质点模型中引入一项修正系数，模型运算速度几乎不变。引入补偿系数后，式（5－13）前三项变为

$$\begin{cases} \mathrm{d}v_X/\mathrm{d}t = -b_x v_X v - b_y v^2(\sin K_\mathrm{p}\delta_{1\mathrm{p}}\cos K_\mathrm{p}\delta_{2\mathrm{p}}\sin\theta_\mathrm{a} \\ \qquad + \sin K_\mathrm{p}\delta_{2\mathrm{p}}\cos\theta_\mathrm{a}\sin\psi_2) \\ \mathrm{d}v_Y/\mathrm{d}t = -b_x v_Y v + b_y v^2(\sin K_\mathrm{p}\delta_{1\mathrm{p}}\cos K_\mathrm{p}\delta_{2\mathrm{p}}\cos\theta_\mathrm{a} \\ \qquad + \sin K_\mathrm{p}\delta_{2\mathrm{p}}\sin\theta_\mathrm{a}\sin\psi_2) - g \\ \mathrm{d}v_Z/\mathrm{d}t = -b_x v_Z v - b_y v^2\sin K_\mathrm{p}\delta_{2\mathrm{p}}\cos\psi_2 \end{cases} \tag{5-19}$$

弹丸在 t 时刻的状态矢量及微分形式为

$$\begin{cases} X(t) = [v_X(t), v_Y(t), v_Z(t), \dot{\gamma}(t), x(t), y(t), z(t), K_\mathrm{p}(t)] \\ \dot{X}(t) = [a_X(t), a_Y(t), a_Z(t), m_\xi(t), v_X(t), v_Y(t), v_Z(t), 0] \end{cases} \tag{5-20}$$

式中：m_ξ 为滚转加速率。

根据式（5－19）和式（5－20）预测得到弹丸经离散时间 Δt 后状态矢量的表达式为

$$\boldsymbol{X}(t+\Delta t) = \boldsymbol{X}(t) + \Delta t \times \dot{\boldsymbol{X}}(t) + \boldsymbol{\xi}(t) \tag{5-21}$$

式中：$\boldsymbol{\xi}(t)_{1\times 8}$ 为 t 时刻系统噪声，噪声协方差矩阵为 $\boldsymbol{Q}(t)_{8\times 8}$。式（5－21）称为预测方程。

观测方程表达式为

$$Z(t) = \boldsymbol{h}(t) + \boldsymbol{\zeta}(t) \tag{5-22}$$

式中：$\boldsymbol{\zeta}(t)_{1\times 7}$ 为 t 时刻观测噪声，噪声协方差矩阵为 $\boldsymbol{R}(t)_{7\times 7}$。

由于观测矢量由 GPS 速度、位置信息和滚转信息 7 个观测值组成，状态矢量还包括误差系数，具有 8 个状态量，因此状态矢量到观测矢量的转移函数为

$$\boldsymbol{h}(t) = \boldsymbol{h}(\boldsymbol{X}) = \left(\boldsymbol{X}(t) \times \begin{bmatrix} 1 & 0 & 0 & 0 & 0 & 0 & 0 \\ 0 & 1 & 0 & 0 & 0 & 0 & 0 \\ 0 & 0 & 1 & 0 & 0 & 0 & 0 \\ 0 & 0 & 0 & 1 & 0 & 0 & 0 \\ 0 & 0 & 0 & 0 & 1 & 0 & 0 \\ 0 & 0 & 0 & 0 & 0 & 1 & 0 \\ 0 & 0 & 0 & 0 & 0 & 0 & 1 \\ 0 & 0 & 0 & 0 & 0 & 0 & 0 \end{bmatrix}\right)^{-1} \tag{5-23}$$

根据式（5－21）和式（5－22）预测 $t+\Delta t$ 时刻的协方差矩阵 $\boldsymbol{P}(t)_{8\times 8}$：

$$\begin{cases} \boldsymbol{P}(t+\Delta t) = \boldsymbol{P}(t) + \dot{\boldsymbol{P}}(t)\Delta t \\ \dot{\boldsymbol{P}}(t) = \boldsymbol{F}(t)\boldsymbol{P}(t) + \boldsymbol{P}(t)\boldsymbol{F}^\mathrm{T}(t) + \boldsymbol{Q}(t) \\ \boldsymbol{F}(x) = \partial \boldsymbol{f}(x)/\partial x = [f_{i,j}]\,(i,j = 1,\cdots,8) \end{cases} \tag{5-24}$$

式中：$\boldsymbol{f}(x) = \dot{\boldsymbol{X}}$；$\boldsymbol{F}(x)$ 为其雅可比矩阵。

利用协方差矩阵求得 $t+\Delta t$ 时刻的卡尔曼增益为

$$\begin{cases} \boldsymbol{K}(t+\Delta t)=\boldsymbol{P}(t)\boldsymbol{H}(t)^{\mathrm{T}}[\boldsymbol{H}(t)\boldsymbol{P}(t)\boldsymbol{H}(t)^{\mathrm{T}}+\boldsymbol{R}(t)]^{-1} \\ \boldsymbol{H}(x)=\partial\boldsymbol{h}(x)/\partial x=[\boldsymbol{h}_{i,j}]\ (i=1,\cdots,7;j=1,\cdots,8) \end{cases} \tag{5-25}$$

这样，利用卡尔曼增益、状态矢量的预测值和观测值，通过下面的表达式可得到 $t+\Delta t$ 时刻状态矢量估计值：

$$\hat{\boldsymbol{X}}(t+\Delta t)=\hat{\boldsymbol{X}}(t)+\boldsymbol{K}(t+\Delta t)[Z(t+\Delta t)-\boldsymbol{H}(t)\hat{X}(t)] \tag{5-26}$$

更新协方差矩阵 $\boldsymbol{P}$ 和卡尔曼增益 $\boldsymbol{K}$，并等待弹道参数更新，估计下一个时刻状态矢量。值得注意的是，K_{p} 非恒值，解算误差将随着时间累积。下面利用半实物仿真试验验证上述方案。

5.3.3 半实物仿真与验证

1. 仿真条件

弹丸的物理参数参考实际数据，初值条件列于表 5－5，通过建立标准条件下非线性六自由度刚体弹道模型求得弹丸无控飞行仿真结果。

表 5－5 理想弹道初值诸元

发射诸元		气象条件	
初速/（m/s）	930	地面气压/hPa	1000
射角/（°）	53	虚温/k	288.9
射向/（°）	0	纵风	0
初始转速/（rad/s）	1800	横风	0

将非线性六自由度刚体弹道模型解算轨迹称为理想弹道，落点称为理想落点、攻角称为理想攻角。

半实物仿真试验方案步骤如下。

（1）提取理想弹道中弹丸的速度、位置信息，坐标系转化后输入 GPS 卫星信号模拟器，生成飞行中弹丸接收的模拟卫星信号。

（2）GPS 硬件接收机解算该信号产生卫星定位数据，将这些数据与模拟转速一并构成状态矢量观测值。

（3）利用扩展卡尔曼滤波器进行状态滤波，得到多组状态矢量估计值和最优误差补偿系数。

（4）将状态估计结果作为初值代入修正质点模型解算后续弹道，分析落点误差。

图 5－14 为仿真时 GPS 卫星模拟器 GPS 卫星分布。图 5－15 为模拟生成的弹丸飞行轨迹。

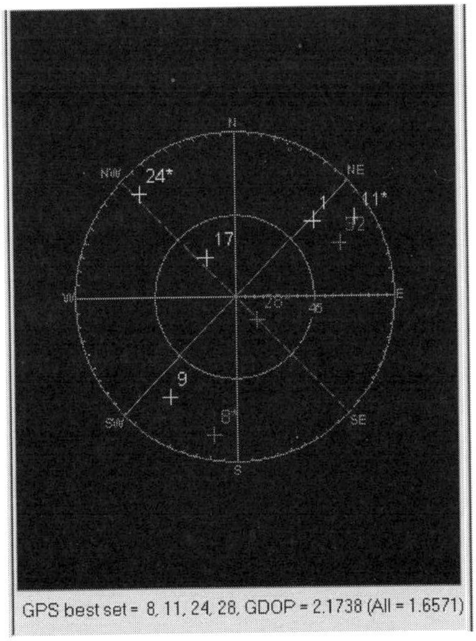

图 5－14　GPS 卫星分布图

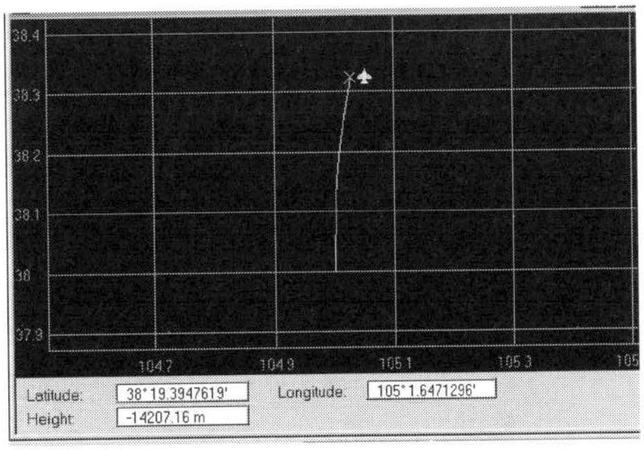

图 5－15　弹丸飞行轨迹

2. 误差补偿系数估计

GPS 信号模拟器生成的模拟卫星信号包含 GPS 定位噪声，经过硬件接收机解算，获取的弹道参数观测值叠加了卫星定位误差及接收机解算误差，符合弹丸飞行的实际情况。获取的误差系数 K_p 估计值如图 5－16 所示。

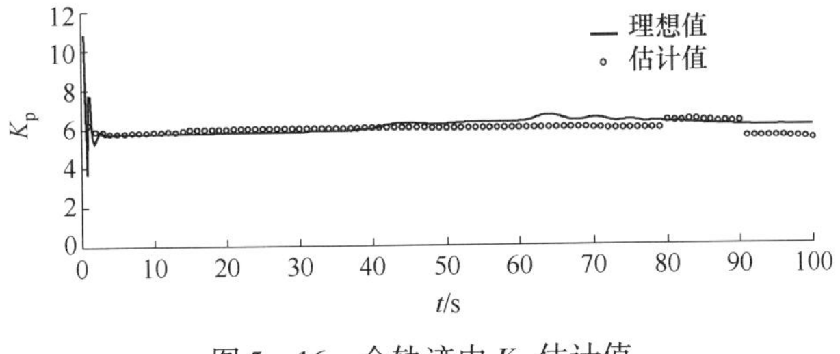

图 5－16　全轨迹中 K_p 估计值

图 5－16 表明，K_p 估计值的变化符合理想值的变化规律，能够补偿当前时刻动力平衡角与攻角间的误差，获取实际攻角估计值。

3. 落点误差分析

为验证误差补偿后轨迹预测效果，取出炮口点、弹道顶点和降弧段某点的状态矢量估计值 $\hat{\boldsymbol{X}}$（0）、$\hat{\boldsymbol{X}}$（20）、$\hat{\boldsymbol{Y}}$（70）分别作为修正质点模型和误差补偿修正质点模型的初值解算后续弹道，分别将解算弹道与理想弹道进行对比，如图 5－17（a）所示。可见，原修正质点模型的轨迹与理想弹道相差较大。图 5－17（b）所示误差补偿后的修正质点模型轨迹误差明显降低。

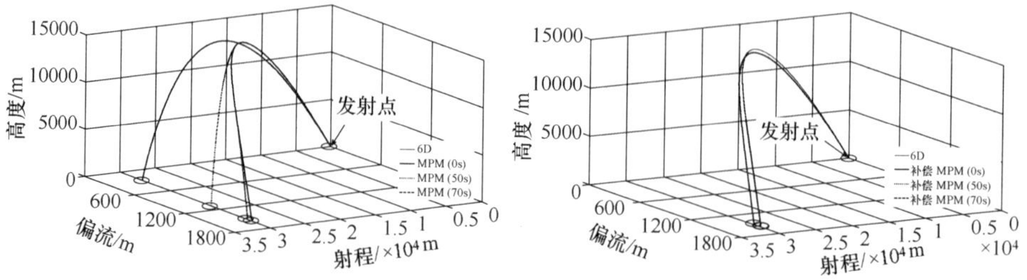

(a) (b)

图 5-17 不同初始状态量的补偿系数效果图

(a) 无补偿修正质点模型解算弹道；(b) 补偿修正质点模型解算弹道。

随后的试验中，每 10s 进行一次落点预估，将原修正质点模型落点误差与误差补偿修正质点模型落点误差列于表 5-6。

表 5-6 预测落点误差对比

T_0/s	无补偿		有补偿		K_p
	Δ (x) / m	Δ (z) / m	Δ (x) / m	Δ (z) / m	
17	171.4	-1137.5	-80.2	22.3	5.92
27	169.8	-976.3	-74.5	19.4	5.89
37	160.6	-740.9	-54.2	28.5	6.07
47 *	139.9	-478.7	-17.5	24.6	6.14
57	103.2	-268.8	13.8	18.4	5.99
67	58.7	-126.1	12.8	15.2	6.17
77	26.0	-50.4	7.0	8.3	6.35
87	7.9	-15.5	2.7	1.5	5.97

注：* 表示弹丸达到弹道顶点的时刻

通过误差对比可见，引入 K_p 能够同时降低侧偏误差 Δ(z) 和射程误差 Δ (x)。在弹道顶点时，预测落点误差小于 30m，落点预估的精度得到了提升。

5.4 各种落点预测方法的比较分析

引信弹道修正技术中所涉及的弹道及落点估计方法很多：有些方法精度高，但很复杂，需要输入大量参数；而有些方法需输入的数据量较少，但在对于某些弹种精度不够，没有实际意义。弹丸的落点估计三种主要的误差源是模型误差、参数误差及初始状态误差。模型误差随着模型复杂性增加而减小，而模型复杂性增加将导致参数误差和初始状态误差的增加。因此，所有原始数据的输入在一定程度上增加了落点估计的不确定性，总的来说理想的落点估计不能用任何一种方法完全区分。

5.4.1 主要参数说明和坐标系定义

本节所述内容是欧美等国研究成果，这些国家的外弹道学采用的坐标系与俄罗斯所采用的坐标系不同，而我国基本是沿用俄罗斯的坐标系。此处单独给出坐标系及相关参数定义：

c——声速；

C_{DD}——尾翼产生的滚转力矩系数；

C_{LP}——滚转阻尼系数；

C_{MA}——俯仰力矩系数；

C_{MQ}——俯仰阻尼系数；

C_{NA}——法向力系数；

C_{NPA}——马格努斯力矩系数；

C_{X0}——零偏航轴力系数；

C_{X2}——偏航角平方的轴向力系数；

C_{YPA}——马格努斯力系数；

CG——质心；

D——弹丸参考直径；

g——重力加速度；

I——转动惯量矩阵；

I_{XX}、I_{YY}、I_{ZZ}——转动惯量矩阵主对角元素；

I_{XY}、I_{YZ}、I_{XZ}——转动惯量矩阵非主对角元素；

$\tilde{L}$、$\tilde{M}$、$\tilde{N}$——非旋转坐标系中的外力矩；

m——弹丸质量；

$\tilde{p}$、$\tilde{q}$、$\tilde{r}$——非旋转坐标系中弹丸转动、翻滚、偏航速率；

R_{MCM}——轴线上质心到马格努斯力压心之间的距离；

R_{MCP}——轴线上质心到压心之间的距离；

s——弧长；

t——时间；

t_{go}——剩余飞行时间；

T^*——标准时间；

$\tilde{u}$、$\tilde{v}$、$\tilde{w}$——非旋转坐标系中弹丸速度分量；

V——总速度；

$x、y、z$ ——弹丸在惯性系中的位置；

$x_i、y_i$ ——落点在 $X、Y$ 轴上的坐标；

$\tilde{X}、\tilde{Y}、\tilde{Z}$ ——非旋转坐标系中作用在弹丸上的外力；

$\alpha、\beta$ —— 俯仰面和偏航面内的攻角；

α_r—— 静不平衡角；

$\varphi、\theta、\psi$ —— 滚转角、俯仰角、偏航角；

$\theta_v、\psi_v$ —— 速度俯仰角，速度偏角；

ρ —— 空气密度；

$\mu_X、\mu_Y、\mu_R$ ——纵向、横向、径向方位落点预测误差均值；

$\sigma_X、\sigma_Y、\sigma_R$ ——纵向、横向、径向方位落点预测误差的标准差。

$$h_a = \frac{h_L^2}{1 - h_M} - h_M$$

$$h_L = \frac{I_{XX}(C_{NA} - C_{X0})}{mD^2 C_{MA}} \frac{\dot{\varphi} D}{V}$$

$$h_M = \frac{I_{XX} C_{NPA}}{mD^2 C_{MA}} \left(\frac{\dot{\varphi} D}{2V}\right)^2$$

弹丸参考坐标系如图 5－18 所示。

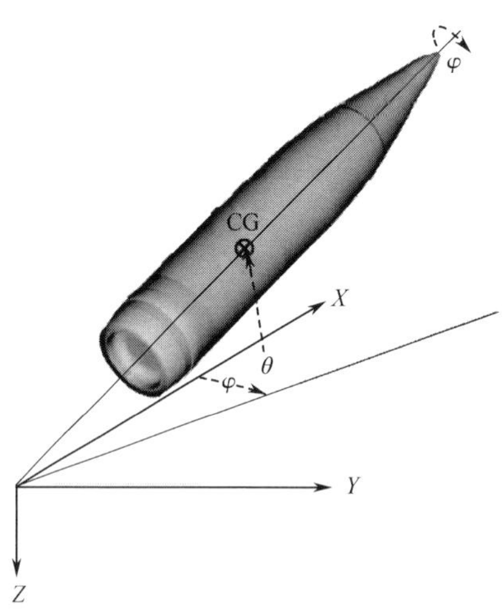

图 5－18　坐标系及欧拉角图示

5.4.2　各弹道模型数学描述

6D 刚体弹道模型包含了 12 个符号（x、y、z、φ、θ、ψ、$\tilde{u}$、$\tilde{v}$、$\tilde{w}$、$\tilde{p}$、$\tilde{q}$、$\tilde{r}$）。

$$\begin{bmatrix}\dot{x}\\ \dot{y}\\ \dot{z}\end{bmatrix}=\begin{bmatrix}c_\theta c_\psi & -s_\psi & s_\theta c_\psi\\ c_\theta c_\psi & c_\psi & s_\theta s_\psi\\ -s_\theta & 0 & c_\theta\end{bmatrix}\begin{bmatrix}\tilde{u}\\ \tilde{v}\\ \tilde{w}\end{bmatrix} \tag{5-27}$$

$$\begin{bmatrix}\dot{\varphi}\\ \dot{\theta}\\ \dot{\psi}\end{bmatrix}=\begin{bmatrix}1 & 0 & t_\theta\\ 0 & 1 & 0\\ 0 & 0 & 1/c_\theta\end{bmatrix}\begin{bmatrix}\tilde{p}\\ \tilde{q}\\ \tilde{r}\end{bmatrix} \tag{5-28}$$

$$\begin{bmatrix}\dot{\tilde{u}}\\ \dot{\tilde{v}}\\ \dot{\tilde{w}}\end{bmatrix}=\begin{bmatrix}\tilde{X}/m\\ \dot{\tilde{Y}}/m\\ \tilde{Z}/m\end{bmatrix}\begin{bmatrix}\tilde{r}\tilde{v}-\tilde{q}\tilde{w}\\ -t_\theta\tilde{r}\tilde{w}-\tilde{r}\tilde{u}\\ \tilde{q}\tilde{u}+t_\theta\tilde{r}\tilde{v}\end{bmatrix} \tag{5-29}$$

$$\begin{bmatrix}\dot{\tilde{p}}\\ \dot{\tilde{q}}\\ \dot{\tilde{r}}\end{bmatrix}=\boldsymbol{I}^{-1}\begin{bmatrix}\tilde{L}\\ \tilde{M}\\ \tilde{N}\end{bmatrix}-\begin{bmatrix}0 & -\tilde{r} & \tilde{q}\\ \tilde{r} & 0 & \tilde{r}t_\theta\\ -\tilde{q} & -\tilde{r}t_\theta & 0\end{bmatrix}\boldsymbol{I}\begin{bmatrix}\tilde{p}\\ \tilde{q}\\ \tilde{r}\end{bmatrix} \tag{5-30}$$

弹丸运动的线性理论是六自由度模型的简化形式，它的解是闭合的。线性理论对于低伸弹道及短射程弹道十分精确。改进的线性理论（MLT）则适用于高仰角和远射程弹道。改进的线性理论运动方程为

$$x'=c_\theta D \tag{5-31}$$

$$y'=c_\theta D\psi+\frac{D}{V}\tilde{v} \tag{5-32}$$

$$z'=-Ds_\theta+\frac{Dc_\theta}{V}\tilde{w} \tag{5-33}$$

$$\varphi'=\frac{D}{V}\tilde{p} \tag{5-34}$$

$$\theta'=\frac{D}{V}\tilde{q} \tag{5-35}$$

$$\psi'=\frac{D}{Vc_\theta}\tilde{r} \tag{5-36}$$

$$V'=-\frac{\pi\rho D^3}{8m}C_{X0}V-\frac{Dg}{V}S_\theta \tag{5-37}$$

$$\tilde{v}'=-\frac{\pi\rho D^3}{8m}C_{NA}\tilde{v}-D\tilde{r} \tag{5-38}$$

$$w'=-\frac{\pi\rho D^3}{8m}C_{NA}\tilde{w}+D\tilde{q}+\frac{Dgc_\theta}{V} \tag{5-39}$$

$$\tilde{p}'=\frac{\pi\rho VD^4}{8I_{XX}}C_{DD}+\frac{\pi\rho D^5}{16I_{XX}}C_{LP}\tilde{P} \tag{5-40}$$

$$\tilde{q}' = \frac{\pi\rho D^4 R_{\mathrm{MCM}}}{16 I_{YY} V} C_{\mathrm{YPA}} \tilde{p}\tilde{v} + \frac{\pi\rho D^3 R_{\mathrm{MCM}}}{8 I_{YY}} C_{\mathrm{NA}} \tilde{w} + \frac{\pi\rho D^5}{16 I_{YY}} C_{\mathrm{MQ}} \tilde{q} - \frac{I_{XX} D}{I_{YY} V} \tilde{p}\tilde{r}_{\mathrm{q}} \tag{5-41}$$

$$\tilde{r}' = -\frac{\pi\rho D^3 R_{\mathrm{MCP}}}{8 I_{YY}} C_{\mathrm{NA}} \tilde{v} + \frac{\pi\rho D^4 R_{\mathrm{MCM}}}{16 I_{YY} V} C_{\mathrm{YPA}} \tilde{p}\tilde{w} + \frac{I_{XX} D}{I_{YY} V} \tilde{p}\tilde{q} + \frac{\pi\rho D^5}{16 I_{YY}} C_{\mathrm{MQ}} \tilde{r} \tag{5-42}$$

式中：上角的撇号“′”表示对弧长的导数。

改进的线性理论需要 12 个初始状态参数（x'、y'、z'、φ'、θ'、ψ'、V'、$\tilde{v}'$、$\tilde{w}'$、$\tilde{p}'$、$\tilde{q}'$、$\tilde{r}'$）。它需要的参数有重力加速度、空气密度、声速、质量、极转动惯量、赤道转动惯量、质心、直径及与六自由度模型几乎一样的空气动力学系数。

改进质点模型（MPM）为

$$\ddot{x} = \left\{-\left[\frac{\pi\rho V D^2}{8m}\right]\left[C_{X0} + \left(C_{X2} + C_{\mathrm{NA}} - \frac{1}{2}C_{X0}\right)|a_{\mathrm{r}}|^2\right]\right\}\dot{x} + \frac{1}{1+h_{\mathrm{a}}}\left[\frac{h_{\mathrm{L}}(-g\dot{y})}{(1-h_{\mathrm{M}})V}\right] \tag{5-43}$$

$$\ddot{y} = \left\{-\left[\frac{\pi\rho V D^2}{8m}\right]\left[C_{X0} + \left(C_{X2} + C_{\mathrm{NA}} - \frac{1}{2}C_{X0}\right)|a_{\mathrm{r}}|^2\right]\right\}\dot{y} + \frac{1}{1+h_{\mathrm{a}}}\left[\frac{h_{\mathrm{L}}(-g\dot{x})}{(1-h_{\mathrm{M}})V}\right] \tag{5-44}$$

$$\ddot{z} = \left\{\frac{h_{\mathrm{a}} g \dot{z}}{(1-h_{\mathrm{a}})V^2} - \left[\frac{\pi\rho V D^2}{8m}\right]\left[C_{X0} + \left(C_{X2} + C_{\mathrm{NA}} - \frac{1}{2}C_{X0}\right)|a_{\mathrm{r}}|^2\right]\right\}\dot{z} + \frac{g}{1+h_{\mathrm{a}}} \tag{5-45}$$

$$\ddot{\varphi} = -\left(\frac{\pi\rho V^2 D^2}{8 I_{XX}}\right) C_{\mathrm{LP}} \left(\frac{\dot{\varphi} D}{2V}\right) \tag{5-46}$$

它们包含了旋转轴和静不平衡角的旋转自由度。改进的质点模型需要的初始状态参数有位置、速度、转速（x、y、z、$\dot{x}$、$\dot{y}$、$\dot{z}$、$\dot{\varphi}$）、重力加速度、空气密度、声速、质量、极转动惯量、质心、直径、轴向力系数、法向力系数及滚转力矩系数。

完全质点模型（FPM）为

$$\ddot{x} = -\frac{\pi\rho D^2 C_{X0} V}{8m}\dot{x} \tag{5-47}$$

$$\ddot{y} = -\frac{\pi\rho D^2 C_{X0} V}{8m}\dot{y} \tag{5-48}$$

$$\ddot{z} = -\frac{\pi\rho D^2 C_{X0} V}{8m}\dot{z} + g \tag{5-49}$$

所有质点模型落点估计的初始状态是位置和速度（x、y、z、$\dot{x}$、$\dot{y}$、$\dot{z}$），FPM 落点估计在弹丸飞行时不断更新大气密度和零升阻力系数。与完全质点弹道模型相对应的是简单质点模型（SPM），该模型在弹道预测时使用发射时的大气密度和零升阻力系数。除了零升阻力系数，完全质点模型落点估计和简单质点模型落点估计都需要重力加速度、空气密度、声速、质量及直径。真空质点弹道模型（VPM）不考虑空气动力（$C_{X0}=0$），因此只考虑弹丸重力。

混合质点模型（HPM）落点估计是指在真空质点运动方程中更新阻力估计。混合质点模型为

$$\ddot{x}=-\frac{\pi\rho D^2 C_{X0} V}{8m}\cos\theta_v\cos\varphi_v \tag{5-50}$$

$$\ddot{y}=-\frac{\pi\rho D^2 C_{X0} V}{8m}\cos\theta_v\sin\varphi_v \tag{5-51}$$

$$\ddot{z}=g+\frac{\pi\rho D^2 C_{X0} V}{8m}\sin\varphi_v \tag{5-52}$$

$$t_{go}=-\frac{\dot{z}-\sqrt{\dot{z}^2-2\ddot{z}z}}{\ddot{z}} \tag{5-53}$$

$$x_i=x+\dot{x}t_{go}+\frac{1}{2}\ddot{x}t^2 \tag{5-54}$$

$$y_i=y+\dot{y}t_{go}+\frac{1}{2}\ddot{y}t^2 \tag{5-55}$$

利用 Z 轴方向的加速度估计剩余飞行时间 t_{go}。混合质点模型需要初始状态 $(x,y,z,\dot{x},\dot{y},\dot{z})$ 及参数 (g,ρ,c,m,D,C_{X0})。

表 5－7 给出了弹丸落点预估方法状态量及所需弹道参数。

表 5－7 弹丸落点预估状态量及所需弹道参数

落点预测模型	状态量	所需参数
六自由度刚体	$x、y、z、\varphi、\theta、\psi、\tilde{u}、\tilde{v}、\tilde{w}、\tilde{p}、\tilde{q}、\tilde{r}$	g、ρ、c、m、D、I_{XX}、I_{YY}、CG、C_{X0}、C_{X2}、C_{NA}、C_{YPA}、C_{MA}、C_{MQ}、C_{NPA}、C_{DD}、C_{LP}
改进线性模型	$x'、y'、z'、\varphi'、\theta'、\psi'、V'、\tilde{v}'、\tilde{w}'、\tilde{p}'、\tilde{q}'、\tilde{r}'$	g、ρ、c、m、D、I_{XX}、I_{YY}、CG、C_{X0}、C_{NA}、C_{MA}、C_{MQ}、C_{NPA}、C_{DD}、C_{LP}
改进质点模型	$x、y、z、\dot{x}、\dot{y}、\dot{z}、\dot{\varphi}$	g、ρ、c、m、D、C_{X0}
简单质点模型	$x、y、z、\dot{x}、\dot{y}、\dot{z}$	g、ρ、c、m、D、C_{X0}
混合质点模型	$x、y、z、\dot{x}、\dot{y}、\dot{z}$	g、ρ、c、m、D、C_{X0}
真空质点模型	$x、y、z、\dot{x}、\dot{y}、\dot{z}$	g

5.4.3 各弹道模型精度仿真对比

1. 仿真对象及条件

以口径 155mm 旋转稳定炮丸为对象，弹丸物理参数见表 5－8。

表 5－8 弹丸物理参数

m/kg	I_{XX}/（kg·m^2）	I_{YY}/（kg·m^2）	质心（距头部）/m	D/m
46.72	0.1586	1.692	0.5631	0.1547

将六自由度刚体模型生成的弹道作为标准弹道，弹丸的炮口速度为 656.8m/s，转速 1332.0rad/s，发射时初始扰动误差设为 0。

2. 低伸弹道（射角为 20°）仿真结果

射角为 20°条件下利用刚体弹道仿真的结果如图 5－19 所示。其弹道特征：射程为 15km；最大弹道高超过 1.5km；右偏流超过 100m。圆锥运动总攻角的极限约 3°，且发生在最后 20% 的飞行历程中。

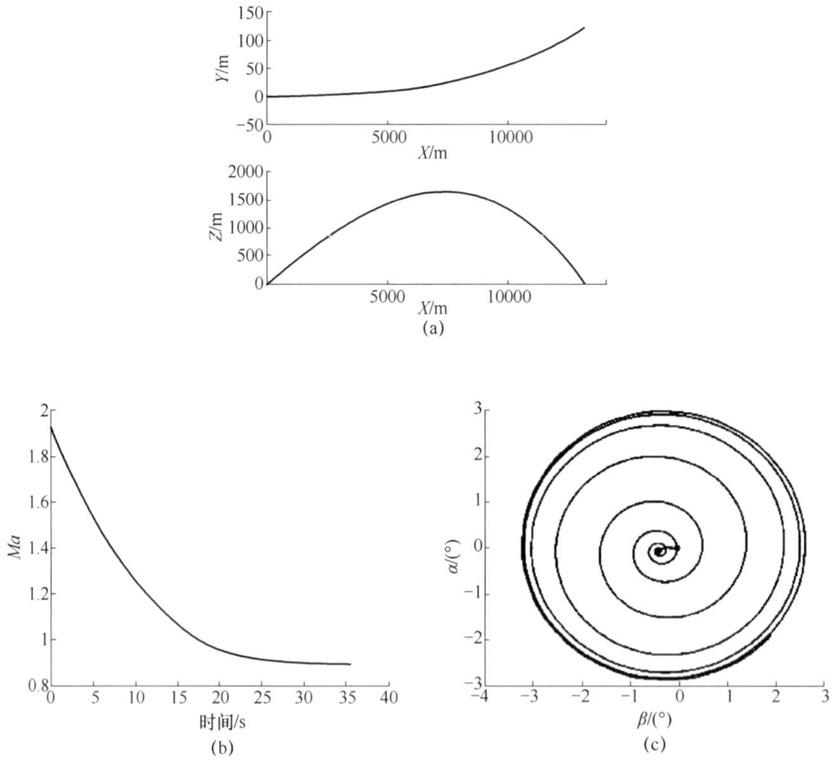

图 5－19 射角为 20°时各弹道参数变化情况

（a）弹道；（b）马赫数；（c）攻角。

为分析其他弹道模型对落点预测的精度，仿真时采用相同的初始状态参数。总飞行时间分为40等份，且以相对值 T^* 的方式给出，该参数值为1时代表落地。μ_X 为预测纵向误差；μ_Y 为落点横向误差；μ_R 为落点射程误差，是纵向误差与横向误差的几何平均值。

由图5－20可以得出以下结论：

（1）无论哪种模型，随着飞行时间增加接近落地时预测精度逐渐提高，当飞行时间超过80%时，各种预测模型误差都达到与理想弹道接近的情况。

（2）对于落点纵向预测，VPM 和 HPM 精度较差，这是由于 VPM 未考虑空气阻力，HPM 对计算剩余飞行时间误差较大。MLT、MPM、FPM、SPM 对纵向预测的精度相当。

（3）对于落点横向预测，MLT、MPM 精度较高，二者精度相差较小。质点弹道模型预测横偏的能力较差。

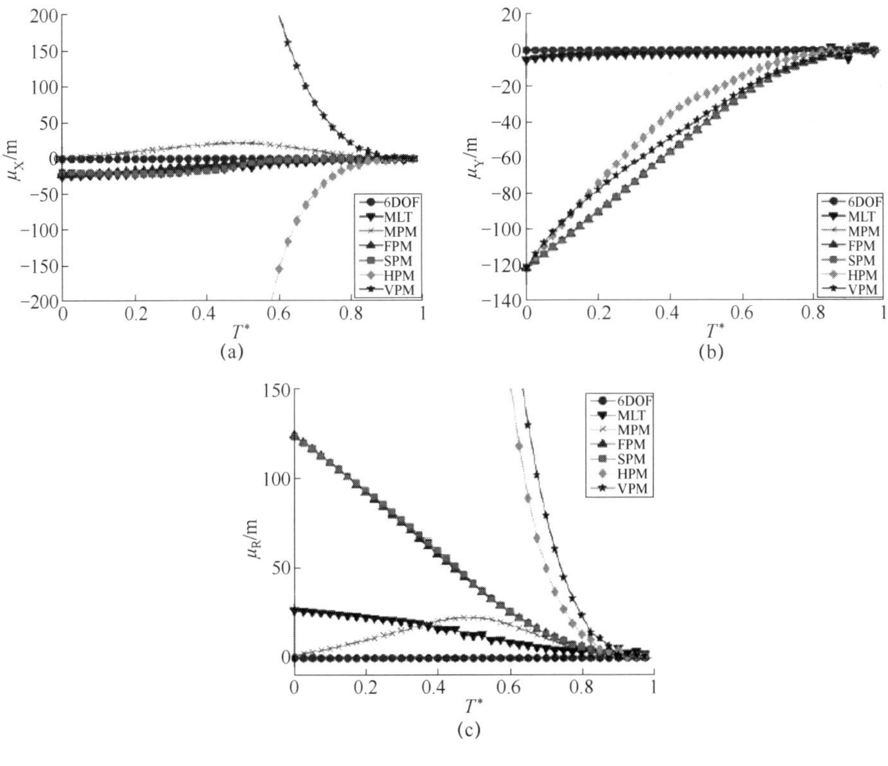

图5－20　射角为20°时各弹道模型落点预测误差

（a）纵向；（b）横向；（c）径向。

3. 曲射弹道（射角为45°）仿真结果

仿真初始条件与射角为20°时相同。刚体弹道仿真结果如图5－21所示。

由图 5－21 可见，弹丸射程超过 17km，最大弹道高超过 6km，偏流超过 400m，总攻角接近 3°。

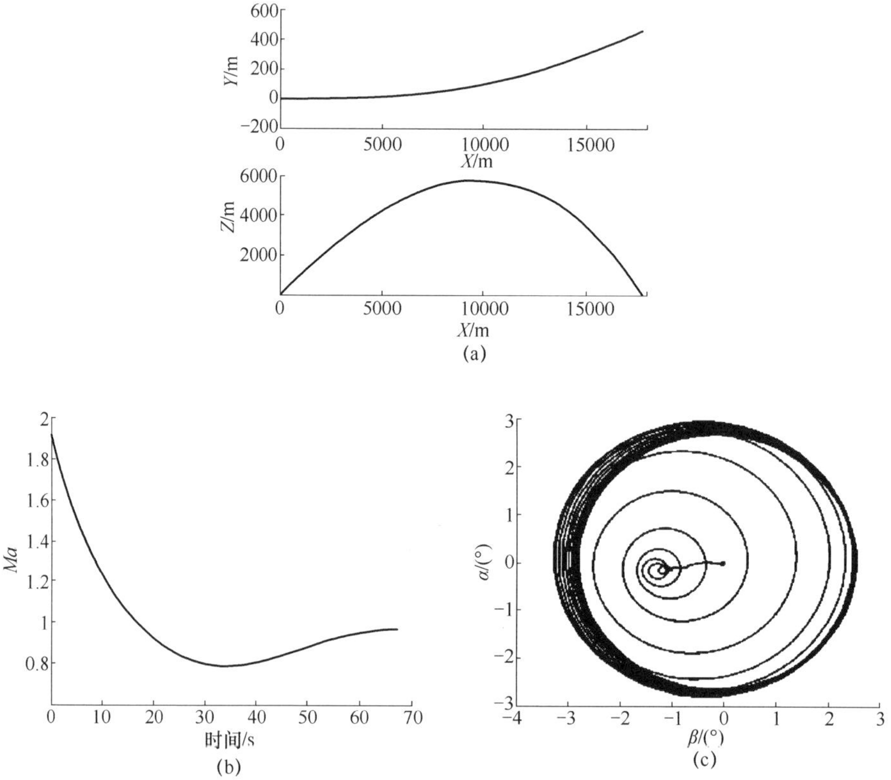

图 5－21　射角为 45°时各弹道参数变化情况

（a）弹道；（b）马赫数；（c）攻角。

同样，以刚体弹道仿真结果作为标准弹道，对其他落点预估方法进行仿真，仿真结果如图 5－22 所示。

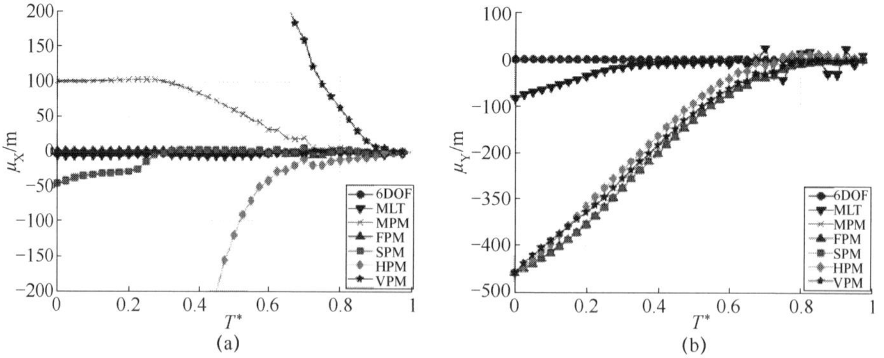

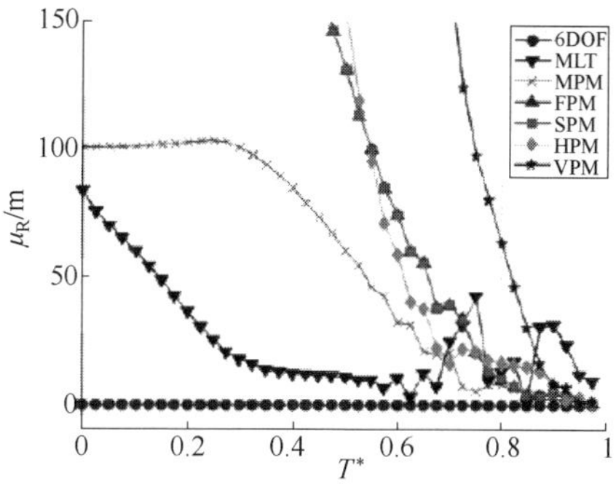

(c)

图5-22 射角为45°时各弹道模型落点预测误差

(a) 纵向;(b) 横向;(c) 径向。

由图5-22中可见,在大射角发射条件下,MPM对纵向的预测精度比SPM和FPM还差。而MPM对横向的预测精度与MLT相当。

5.4.4 小结

(1) 改进线性模型在大多数情况下对纵向和横向的预测误差都很小(<20m)

(2) 改进质点弹道模型的横向位预测具有较高精度(<5m),但是纵向射程预测大体上超过了质点预测。

(3) 完全质点模型与简单质点模型对于纵向射程预测精度较高(通常在20m以内),而横向预测误差较大。

(4) 飞行时间大于80%时,各种模型的预测精度相当。

根据上述研究成果,结合著者所在课题组对有关弹道辨识和预测算法的研究经验,对于旋转稳定弹一维弹道修正引信或尾翼稳定弹一维弹道修正引信、二维弹道修正引信,采用3D质点弹道模型即能保证足够的精度。对于旋转稳定弹二维弹道修正引信可采用质点弹道模型进行纵向预测、采用改进质点弹道模型进行横向预测。改进线性模型虽然最精确,但由于所需状态量多,需要足够的传感器测量这些状态量,在低成本弹道修正中采用得较少。

6

第 6 章 引信弹道修正机构及气动特性

6.1 一维弹道修正引信阻力片弹道修正弹药气动特性

6.1.1 配一维弹道修正引信弹丸的气动布局

一维弹道修正是在修正飞行弹道过程中仅对纵向射程进行修正，因而又称射程修正。这是实现地面火炮弹道修正最简捷的途径。射程修正是利用非直瞄弹丸距离散布远大于方位散布的特点，只对弹丸进行纵向距离修正，通过改变弹丸的轴向力来达到降低弹丸距离散布的目的，常在引信头部采用变阻（如径向展开翼面、风帽等各种阻力器）或变速措施来调节弹丸的纵向速度，达到修正目的。其修正原理简单说就是“打远修近”，即发射炮弹时对准比目标稍远一点的位置发射。在炮弹的飞行过程中由地面雷达测算实际弹道，并与理想弹道进行比较，发出控制指令，在适当的时刻展开阻力器，使弹丸前锥部的径向面积增大从而增加弹丸的空气阻力，来达到对射程进行修正，提高射击精度的目的。一维弹道修正的本质就是以“牺牲”弹丸的射程来提高射击精度。

在兼顾炮弹的功能、结构布局等情况下，阻力环机构通常布置在弹头引信之后某位置处，一方面对气动力影响大，另一方面可将阻力环装置设计的体积较小。目前，国外发展的一维弹道修正弹阻力环的典型设计有：①美国低成本弹药（LCCM）中使用的 D 型阻力环，主要应用在旋转稳定弹丸上，靠弹丸在旋转过程中所产生的离心力使阻力环展开到位；②法国 SPACIDO（Système à Précision Améliorée par CInémomètre DOppler）项目中使用的三片花瓣式阻力环，该阻力环用于旋转弹丸时主要利用弹丸在旋转过程中所产生的离心力使阻力环展开，而用于非旋转弹丸时则是利用内储能件的能量使阻力环展开；③德国 TCF（Trajectory Correction Fuze）中使用的柔性面料伞形阻力环；④英国 STAR（Smart Trajectory Artillery Round）项目中使用的多个阻力片，靠安装在阻力片后面的气体发生器打开（图6－1）。

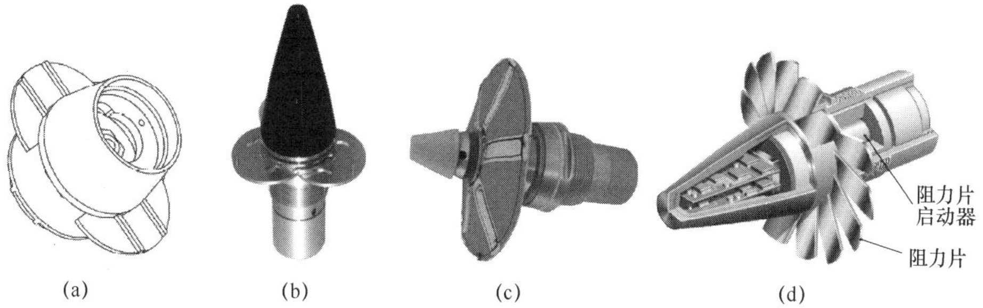

图6－1　国外发展的一维弹道修正弹

（a）LCCM（美国）；（b）SPACIDO（法国）；（c）TCF（德国）；（d）STAR（英国）。

国内自“九五”期间开始，开展大口径炮弹弹道修正技术的预先研究工作。北京理工大学最早开始对阻力型一维修正弹进行研究，通过对桨型阻力器的结构设计、动力学与运动学仿真、空气动力仿真与风洞试验，包括对82mm迫弹的阻力环修正机构进行了气动力数值模拟，验证了结构设计的可行性以及阻力片展开后的弹形阻力系数随马赫数和迎角的变化规律。此外，还对飞行稳定性、弹道辨识技术、修正控制技术和微机电系统技术进行了研究。

南京理工大学在一维弹道修正方面也做了大量工作。首先对弹丸气动特性展开研究，以阻力机构为阻力环的一维弹道修正弹为研究对象，从阻力环的安装位置和展开面积入手，通过风洞试验，全面地分析了阻力环对弹丸阻力系数、升力系数、俯仰力矩系数以及压心系数的影响。在此基础上针对一维弹道修正的特点，建立了一维修正弹的弹道模型，并对不同阻力环的修正能力进行了评估。同时，得到了亚声速、跨声速、超声速下阻力系数的估算公式，据此可快速、较准确地估算修正弹的阻力系数，为一维弹道修正弹的研制提供了设计依据，同时开展了稳定性研究。

此外，沈阳理工大学、中北大学也开展了一些相关研究。

三片花瓣式阻力环、D型阻力环和整体式阻力环如图6－2所示。

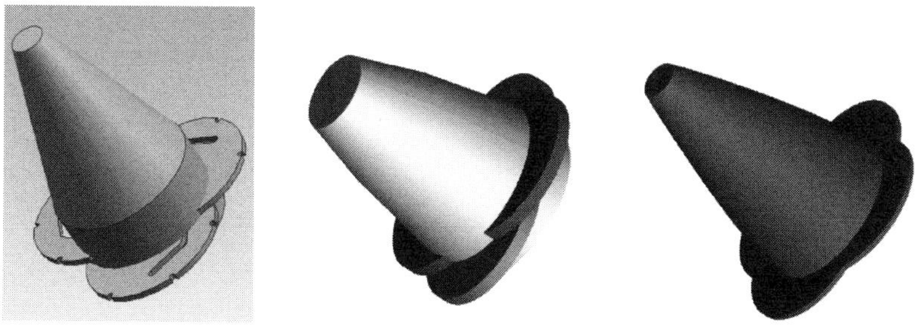

图6-2　我国设计的三种阻力环

(a) 三片花瓣式阻力环；(b) D型阻力环；(c) 整体式阻力环。

6.1.2　修正弹的气动计算方法

1. 工程计算方法

利用工程气动力计算方法计算弹道修正弹的气动，具有速度快、节省计算资源的优点。不足之处是：由于工程计算方法多依赖于经验公式或风洞试验数据，对于气动外形比较特殊的组件，如引信头部加装的阻力环，由于缺乏试验数据，往往很难确定用哪种经验方法更合适，给工程估算带来难度。

有文献研究指出，在超声速飞行下，阻力环装置张开后增加的阻力系数可通过牛顿流理论计算得到。根据空气动力学中有关气流滞止状态的参数关系式，可得滞点压强系数为

$$C_p = \frac{2}{\gamma Ma_\infty^2}\left[\left(\frac{\gamma+1}{2}Ma_\infty^2\right)^{\frac{\gamma}{\gamma-1}} \cdot \frac{1}{\left(\left(\frac{2\gamma}{\gamma+1}\right)Ma_\infty^2 - \frac{\gamma-1}{\gamma+1}\right)^{\frac{1}{\gamma-1}}} - 1\right] \tag{6-1}$$

式中：$C_p = p/(1/2\rho v^2)$；Ma_∞、ρ、v 为来流的马赫数、空气密度和速度；$\gamma=1.4$；p 为作用在阻力环上的气体压力。

这样，作用在阻力环上的空气动力 $F=p\cdot S_w$，阻力环打开后增加的阻力系数为

$$\Delta C_X = \frac{F}{1/2\rho v^2 s} = C_p\frac{S_w}{S} \tag{6-2}$$

式中：S_w 为阻力环打开后外露于弹体的面积；S 为弹体的特征面积，即弹体的最大横截面积。

由此建立了采用阻力环装置的一维弹道修正弹的阻力计算方法。

2. 计算流体力学（CFD）计算方法

采用上述理论计算方法可以得到采用阻力环装置的一维弹道修正弹的最主

要的阻力特性，而计算弹道稳定性需要的其他气动力参数仍然未知。由于 CFD 计算方法相对于风洞试验成本较低，故采用 CFD 方法计算其气动特性。

以三维 N－S 方程为基础，运用滑移网格技术，采用 SST 湍流模型，对一维修正弹在旋转状态下的绕流场进行数值模拟。

1）滑移网格技术

滑移网格是在动参考系模型和混合面法的基础上发展起来的，常用于风车、转子、螺旋桨等运动的仿真研究。在滑动网格模型计算中，流场中至少存在两个网格区域，每一个区域都必须有一个网格界面与其他区域连接在一起，网格区域之间沿界面做相对运动。在选取网格界面时，必须保证界面两侧都是流体区域。

滑动网格模型允许相邻网格间发生相对运动，而且网格界面上的节点无须对齐，即网格交界面是非正则的。在使用滑动网格模型时，计算网格界面上的通量需要考虑到相邻网格间的相对运动，以及由运动形成的重叠区域的变化过程。两个网格界面相互重合部分形成的区域称为内部区域，即两侧均为流体的区域；而不重合的部分称为壁面区域（如果流场是周期性流场，则不重合的部分称为周期区域）。在实际计算过程中，每迭代一次就需要重新确定一次网格界面的重叠区域，流场变量穿过界面的通量是用内部区域计算的，而不是用交界面上的网格计算。

下面通过一个简单的例子说明滑移网格是如何计算界面信息的。图 6－3 为二维滑移网格分界面示意图。流动区域分为两部分，单元 1、2、3 和单元 4、5、6 分别属于不同的区域，界面区域由面 A－B、B－C、D－E 和 E－F 构成。在计算过程中，面之间相互切割而形成共同的交界面 a－d、d－b、b－e 等。处于两个区域重合部分的面为 d－b、b－e 和 e－c，构成内部区域，其他的面（a－d、c－f）则为成对的壁面区域。如果要计算穿过区域 5 的流量，用面 d－b 和面 b－e 代替面 D－E，并分别计算从 1 和 3 流入 5 的流量。其他单元之间信息交换与此类似。

由于交界面上的网格节点不需要重合，并只需要在滑移交界面上进行数值插值，即可保证两个区域之间的通量守恒，且内部运动区的网格单元在运动过程并不发生变形，因而滑移网格技术占用内存少，计算速度快。

与其他动网格技术相比，滑移网格法的简便之处在于：其运动仅是滑移区域相对于静止区域的滑动，相对节省产生新网格所需的计算资源，并且运动过程中滑移区域的网格质量不发生变化，因此比较适合模拟复杂外形飞行器的转动或平动。

2）$k-\omega$ SST 湍流模型

在两方程涡黏性湍流模型中，$k-\varepsilon$ 模型能较好地模拟远离壁面充分发展的湍流流动，而 $k-\omega$ 模型则更为广泛地应用于各种压力梯度下的边界层问题。

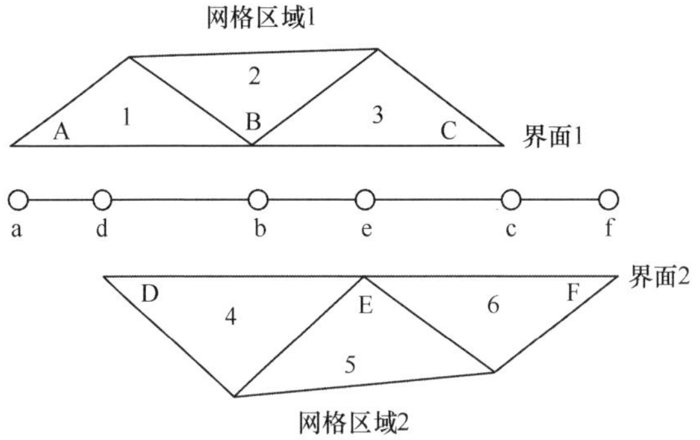

图 6-3　二维滑移网格分界面示意图

为了集合两种模型的特点，F. R. Menter 提出了 $k-\omega$ SST 两方程模型，它是一种在工程上得到广泛应用的混合模型，在近壁面保留了原始 $k-\omega$ 的模型，在远离壁面的地方应用了 $k-\varepsilon$ 模型，其涡黏系数 ν_k 和 k 方程以及 ω 方程可以写成如下形式：

$$\nu_T = \frac{a_1 k}{\max(a_1\omega, SF_2)} \tag{6-3}$$

$$\frac{\partial k}{\partial t} + U_j\frac{\partial k}{\partial x_j} = P_k - \beta\cdot\omega k + \frac{\partial}{\partial x_j}\left[(v+\sigma_k v_T)\frac{\partial k}{\partial x_j}\right](\tau_{ij} = -\rho\,\overline{u_i u_j}) \tag{6-4}$$

$$\frac{\partial\omega}{\partial t} + U_j\frac{\partial\ \omega}{\partial x_j} = \alpha S^2 - \beta\omega^2 + \frac{\partial}{\partial x_j}\left[(v+\sigma_\omega v_T)\frac{\partial\omega}{\partial x_j}\right] + 2(1-F_1)\sigma_{\omega 2}\frac{1}{\omega}\frac{\partial k}{\partial x_i}\frac{\partial\omega}{\partial x_i} \tag{6-5}$$

式中

$$F_2 = \tanh\left[\left[\max\left(\frac{2\sqrt{k}}{\beta\cdot\omega y}, \frac{500v}{y^2\omega}\right)\right]^2\right]$$

$$F_1 = \tan\text{h}\left\{\left\{\min\left[\max\left(\frac{\sqrt{k}}{\beta\cdot\omega y}, \frac{500v}{y^2\omega}\right), \frac{4\sigma_{\omega 2}k}{CD_{k\omega}y^2}\right]\right\}^4\right\}$$

$$p_K = \min\left(\tau_{ij}\frac{\partial U_i}{\partial x_j}, 10\beta\cdot k\omega\right)$$

$$CD_{k\omega} = \max\left(2\rho\sigma_{\omega 2}\frac{1}{\omega}\frac{\partial k}{\partial x_i}\frac{\partial\omega}{\partial x_i}, 10^{-10}\right)$$

$$\varphi = \varphi_1 F_1 + \varphi_2 (1 - F_1)$$

$$\alpha_1 = 5/9, \alpha_2 = 0.44, \beta_1 = 3/40, \beta_2 = 0.0828, \beta^* = 9/100$$

$$\sigma_{\omega 1} = 0.5, \sigma_{\omega 2} = 0.856, \sigma_{k1} = 0.85, \sigma_{k1} = 1$$

6.1.3 一维弹道修正弹的气动特性

一维弹道修正弹主要是对现有制式弹（“笨弹”）的一种改进。在设计修正弹的阻力环时，必须保持原制式引信的基本外形特征。改装后的修正弹在阻力环未展开时应不改变原制式弹药的外弹道动态特性，以保证两者的弹道一致性，且不改变炮弹的通用射表。因此，修正弹阻力环的安装位置就受到限制。

1. 阻力环展开前后阻力系数的分析

利用上述气动力计算方法，对某口径榴弹整体式阻力环（增阻面积比 $\frac{S_w - S}{S} = 0.158$）未打开和打开后的气动特性进行了计算，如图 6-4 所示。阻力环位于弹头部附近，从计算结果看，增阻效果非常明显，增加的阻力系数是原弹阻力系数的 1 倍以上。

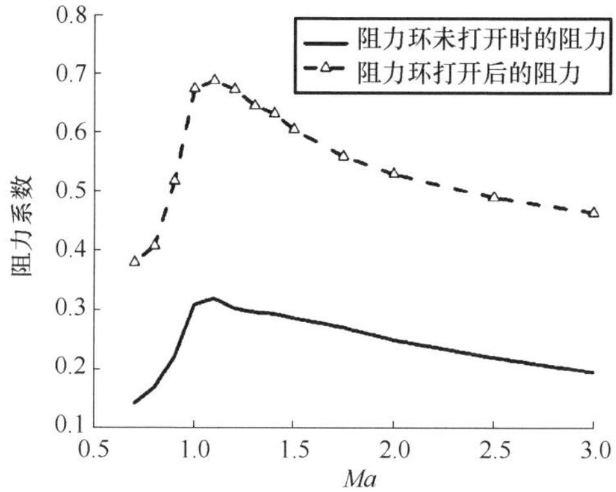

图 6-4　AOA = 0°下阻力环未打开、打开后的阻力系数曲线

图 6-4 中包含了亚声速、跨声速、超声速范围，结果表明，在所有的马赫数下，阻力环能够使弹丸的阻力系数增大，变为阻力环展开前的 2 倍以上，这与试验中雷达测得的阻力数据基本吻合。阻力增加是因为阻力环的迎风面气流受到阻滞，压力升高，由于逆压梯度、激波、附面层干扰以及阻力环凸台等引起附面层分离，背风面产生旋涡，形成低压区，阻力环前后的压差增大了阻力。

同时，图 6-4 也显示，阻力环打开前、后的阻力特性随 Ma 的变化规律相同，曲线形状相似：当 $Ma < 0.8$ 时，阻力系数基本为常数，变化很小，此后 C_D 开始增大，在 $Ma = 1.0 \sim 1.2$ 达到最大值，此后又逐渐减小。

对于 C_D 曲线的形状解释：当 Ma 小于临界马赫数（弹体表面上最大流速达到当地声速时对应的来流马赫数）时，只有摩擦阻力和涡流阻力，空气的可压缩性对空气阻力影响很小，此时 C_D 基本为常值。随着 Ma 的增大，空气的可压缩性对空气阻力的影响逐渐增大，在 Ma 超过临界马赫数后，开始出现激波，C_D 曲线开始上升。随着 Ma 的增大，出现头部脱体激波，而且激波的强度随 Ma 的增大而增大，所以 C_D 曲线急剧上升。当 Ma 增大到一定数值后，头部激波变成附体激波，且激波角随 Ma 增大而减小。由于激波倾角 β 的减小使得气流速度与波面垂直的分量 $\boldsymbol{v}_2$（图 6－5）相对减小，气流经激波时的压缩程度也相对减弱，所以 C_D 曲线逐渐下降。“相对减弱”是指压缩强度随速度 v 的增大不及速度头（$1/2\rho v^2$）增长得快。但 C_D 的下降并不等于空气阻力减小，因为空气阻力与速度头（$1/2\rho v^2$）成正比，此时尽管 C_D 下降，但随着速度头（$1/2\rho v^2$）的增大空气阻力还是增大的。

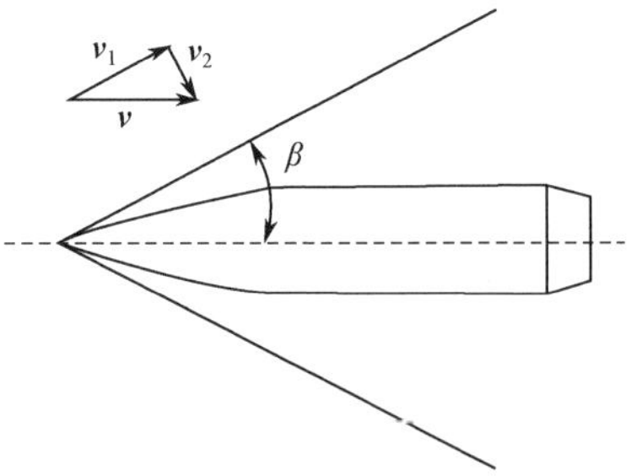

图 6－5　弹头斜激波示意图

可见，阻力环打开后，弹丸的阻力系数显著增大，但阻力系数曲线形状和阻力环打开前的相似，它们随 Ma 的变化规律相同。这一规律为后面的阻力系数定量计算提供了理论依据。

2. **阻力环外露面积对阻力系数的分析**

研究发现，阻力环的展开面积对阻力系数的影响很大，远大于安装位置的影响，故这里重点介绍阻力环外露面积对阻力系数的影响。

阻力环增阻特性与其外露面积密切相关，外露面积越大，增加的阻力系数也就相对越大。图 6－6 给出了某口径榴弹在攻角为 0°下，不同阻力环外露面积增加的面积比$\left(\dfrac{S_w-S}{S}\right)$时，不同 Ma 下的阻力系数增加情况（阻力增加系数 ΔC_x，即阻力环打开后全弹的阻力系数减去阻力环未打开时全弹的阻力系数），阻力环的安装位置相同。

由图 6－6 可以看出，两个不同外露面积的阻力环，模型的阻力系数曲线形状非常相似，且随 Ma 的变化都遵循规律：在亚声速时，阻力系数随 Ma 的

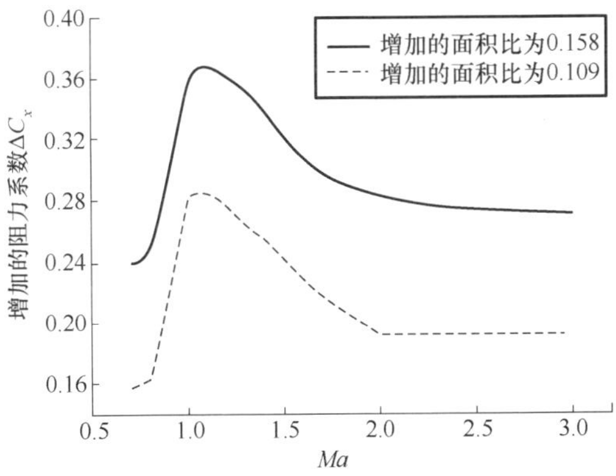

图6-6 $\alpha=0°$，阻力环增加的面积比不同时，阻力系数 C_D 随 Ma 的变化曲线

增加而缓慢增加，基本为常数；在跨声速时，阻力系数随 Ma 的增加迅速增长，并在 $Ma=1.2$ 附近达到最大值；在超声速时，阻力系数随 Ma 的增加逐渐降低。这说明阻力环虽然对局部的流场有较大的影响，但并没有改变阻力系数随 Ma 的变化规律。

3. 一维修正弹的阻力计算方法

南京理工大学通过风洞试验，对安装阻力环的某弹丸的气动特性进行了研究，得到了亚声速、跨声速以及超声速等不同速度范围下的阻力环的阻力的经验计算方法。

在亚声速下，忽略攻角 α 及 Ma 对增加的阻力系数的影响，利用拟合的方法，得到增加的阻力系数与相对位置、相对面积的函数关系式如下：

$$C_D = C_{DW} + \Delta C_x = C_{DW} + 1.1568\bar{S}_d + 0.3863\bar{L}_d - 0.19628\bar{L}_d^2 - 0.1629 \tag{6-6}$$

式中：C_{DW} 为阻力环未打开时原弹的阻力系数；$\bar{S}_d$ 为相对面积，即阻力环的展开外露面积 S_w 和弹丸的最大横截面积 S 之比；$\bar{L}_d$ 为相对位置，即阻力环的安装位置距弹头顶点的距离和总弹长之比。

但在亚声速之后，阻力系数或阻力系数的增加随 Ma 的变化都很快，上述方法不再适用。不过，从前面对阻力系数的变化讨论可知，弹丸的阻力系数随 Ma 的变化存在一些共同的变化规律，即修正弹和原弹的阻力系数曲线形状大体是相似的，两条阻力系数曲线上的值在各马赫数下的比值变化范围不大。由于二者弹形接近，它们的阻力系数曲线在各对应马赫数下的比值近似为常数。

在上述基础上，南京理工大学的研究人员提出了阻力定律，以 $C_{DW}(Ma)$ 表示。选取原弹的阻力系数作为标准，修正弹的阻力系数与标准阻力系数在各马赫数下的比值近似为常数，即

$$\frac{C_{\mathrm{D}}(Ma_1)}{C_{\mathrm{DW}}(Ma_1)} \approx \frac{C_{\mathrm{D}}(Ma_2)}{C_{\mathrm{DW}}(Ma_2)} \approx \frac{C_{\mathrm{D}}(Ma_3)}{C_{\mathrm{DW}}(Ma_3)} \approx \mathrm{const} \tag{6-7}$$

定义此常数为该弹的弹形系数，用 i 表示。于是只需在某 Ma 下测出该弹的阻力系数 C_{D}（Ma），进而根据求出弹形系数，即

$$\frac{C_{\mathrm{D}}(Ma_1)}{C_{\mathrm{DW}}(Ma_1)} = i \tag{6-8}$$

继而可求出其他各 Ma 下的阻力系数，即

$$C_{\mathrm{D}}(Ma) = i \cdot C_{\mathrm{DW}}(Ma) \tag{6-9}$$

同时，他们还指出，通过对弹形系数进行修正，可较大地提高跨声速、超声速时阻力系数计算的精度，其误差大概在20%以下，可满足估算的要求。

4. 升力特性

修正弹上的阻力环是一个较大的钝体，气流经过阻力环时，阻力环的迎风面气流受到阻滞，压力升高，附面层分离，阻力环背风面形成旋涡低压区，涡旋将拖出向下游延伸，形成锥形涡流。涡旋的混合作用使压强分布趋于平衡，上、下表面压差减小，使得升力降低，修正弹的升力线斜率有所减小，如图6-7所示。

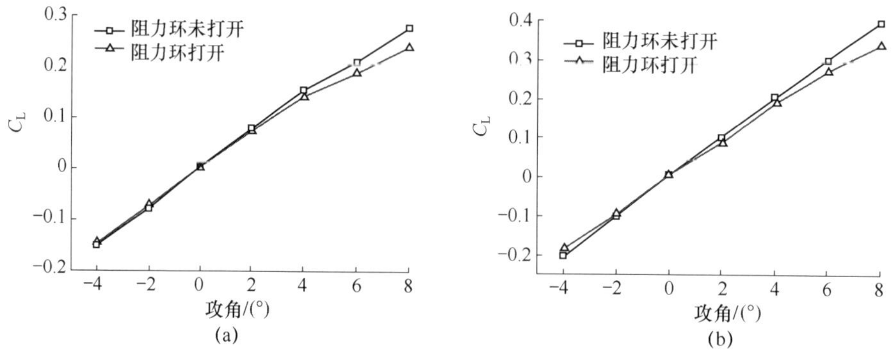

图6-7　升力系数 C_{L} 随攻角的变化曲线

（a）$Ma=0.8$；（b）$Ma=2.5$。

由图6-7可以看出，小攻角下，升力系数和攻角呈近似线性关系，升力线斜率接近常值。随着攻角的增加，阻力环未打开和打开后的全弹的升力系数的偏差逐渐增大，表明阻力环展开后弹丸的升力线斜率比未打开前的小，说明修正弹由于阻力环处的气流膨胀分离减小了升力。但偏差较小，在计算的攻角范围内，修正弹模型的升力系数最多减小了14%。总的来说，小攻角下阻力环对升力系数的影响不是很大。

另外，不同马赫数下的升力特性表明，阻力环展开面积越大的模型的升力

系数略小，原因是展开面积越大，阻力环对气流的阻滞越厉害，阻力环背风面的低压涡旋区越大，升力系数减小更明显。

6.2 二维弹道修正弹的气动特性

6.2.1 二维弹道修正弹的气动布局

二维弹道修正主要有两种方式实现：一是利用空气动力学原理修正机构；另一种是利用脉冲修正机构。利用空气动力学原理实现方向和距离上的修正方式主要有：①阻力环和阻尼片组合，“牺牲”射程实现距离和方向修正，BAE 公司研制的二维弹道修正引信属于此类，如图 6－8 所示，微调阻力片主要在初始阶段对距离进行初步修正，主减速片用于弹道末端距离修正，减旋阻力片在弹道中段适时打开，降低弹丸旋转速度的同时，对弹丸的方向进行修正。②阻尼环和横向脉冲的组合，“牺牲”射程实现距离、方向修正。③鸭舵机构，控制舵片在适当位置展开适当的角度，改变炮弹的升力，达到射程修正和方向修正的功能，具有代表性的是美国的制导一体化引信（GIF）技术(图 6－9)和以色列的精确弹药系统（图 6－10）GIF 使用了两片栅格式弹翼，可在保持飞行器飞行稳定的情况下提供升力，并且利用栅格之间不同的斜面来产生防滚扭矩。④利用可反旋固定鸭舵，实现连续多次二维修正，如 ATK 公司成功用于 155mm 榴弹的精确制导组件（PGK，图 6－11），法国、德国联合研制的配有 DBD 组件。PGK 组件不需要在飞行过程中通过指令打开鸭舵，也无需打开鸭舵的启动器及额外电源，主要利用内嵌软件、GPS 接收机及鸭舵的气动特点提升炮弹的打击精度。其中，反旋鸭舵由两对不同安装角的舵片组成，一对产生扭矩实现反旋，另一对提供升力和侧向力，从而改变弹道的方向和距离。

(a)

(b)

图 6－8　BAE 公司研制的二维弹道修正引信

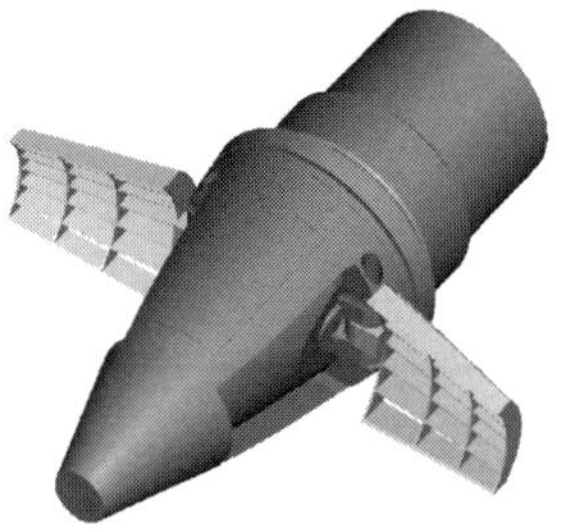

图 6 - 9　美国的制导一体化引信

图 6 - 10　以色列的精确弹药系统

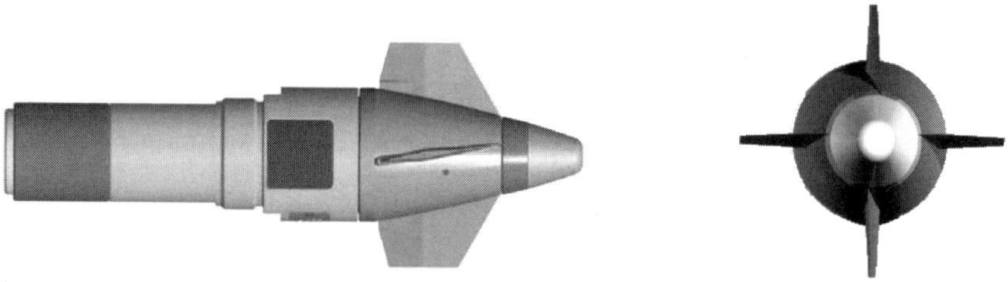

图 6 - 11　ATK 公司研制的精确制导组件

2006 年，美国海军开始研究适合大口径舰炮的制导引信，提出了 Wiper 的设计概念，其目的是利用 GPS 技术，达到 CEP 小于 10m。该修正引信主要是在原有引信头部加装两对功能不同的舵片：一对为不可以旋转的阻力舵片，只有打开/关闭两种工作模式，可以根据需要打开以达到增大阻力的目的；另一对舵片为控制舵面，其舵偏角可以调节，从而可以改变头部的旋转状态，即维持头部旋转、头部旋转减速和头部旋转加速（图 6 - 12）。更重要的是，控制舵片也可以提供升力、阻力、不同升阻力组合控制模式，如图 6 - 12 和图 6 - 13所示，在不同的舵偏角下实现对弹丸飞行横向和纵向的修正，从而大幅度提高命中目标的精度。其最大优势是：可以根据需要调整升力、阻力，并提供一定的升力，具有较强的灵活性和拓展性。

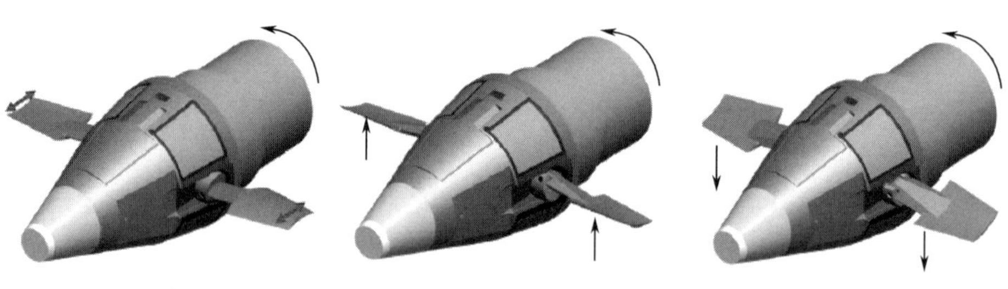

(a)　(b)　(c)

图 6 - 12　Wiper 鸭舵的升力工作模式

(a) 控制舵片 0°舵偏角；(b) 10°舵偏角；(c) -10°舵偏角。

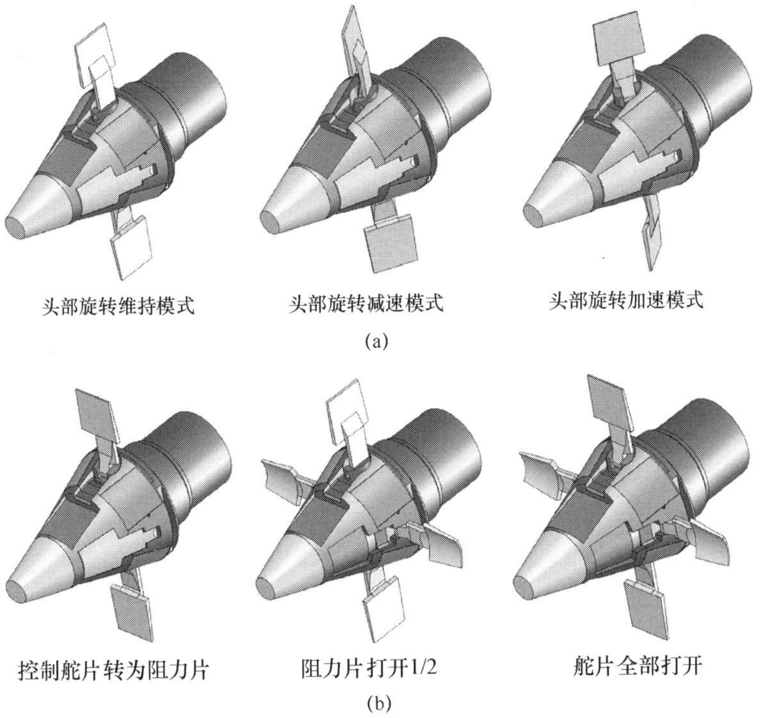

图 6－13 Wiper 鸭舵的阻力工作模式

(a) 阻力增加约 10% 左右（仅打开控制舵片）；

(b) 阻力持续增加（50% → 60% → 100%）。

6.2.2 二维高速旋转弹道修正弹的气动特性

在一维弹道修正技术的研究成果基础上，我国有关单位正抓紧开展二维弹道修正弹技术和采用弹载卫星定位装置测量弹道参数体制的弹道修正技术研究工作，以适应国内大口径炮弹在不同环境下对弹道修正技术适装性的需求，研究的单位主要有北京理工大学、南京理工大学、沈阳理工大学、国防科技大学等。这里主要介绍北京理工大学提出的固定鸭舵的二维弹道修正引信的气动特性。

1. 高速旋转弹丸的气动外形及计算参数

1）外形参数

二维高速旋转修正弹的原弹外形如图 6－14 所示，弹径为 155mm，弹体长度为 6 倍弹径，头部锥体部分为 3 倍弹径长，中间圆柱部分为 2.2 倍弹径，尾锥部分为 0.8 倍弹径。质心位于距头部 546mm 处。弹丸旋转角速度为 12000 ~

18000r/min。

选择参考坐标系如图 6－14 所示：*X* 轴沿机体对称轴方向，向左为正；*Y* 轴垂直纸面，向内为正，*Z* 轴垂直于 *XY* 平面，向下为正。

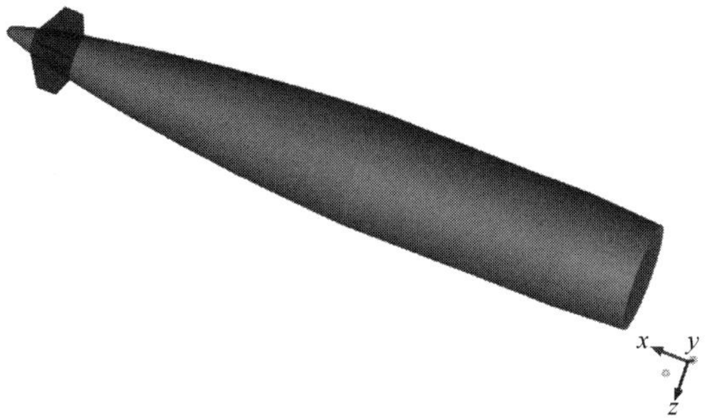

图 6－14　弹体坐标系及外形

2）头部舵片布置及尺寸

0°和 180°为差动舵片，舵偏角为相反方向 ±4°，90°和 270°为平动舵片，即操纵舵片，舵偏角为相同方向 4°，如图 6－15 所示。舵片形状如图 6－16 所示。图 6－15 所示鸭舵滚转角为 0°的安装位置（舵片的旋转方向与图所示的相同，而弹体的旋转分向与之相反）。

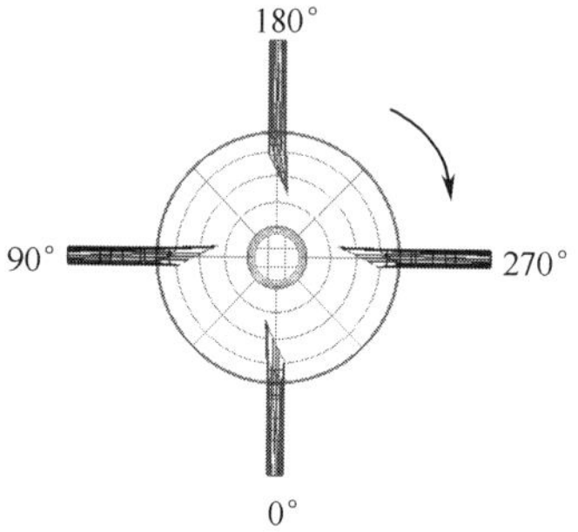

图 6－15　鸭舵布局

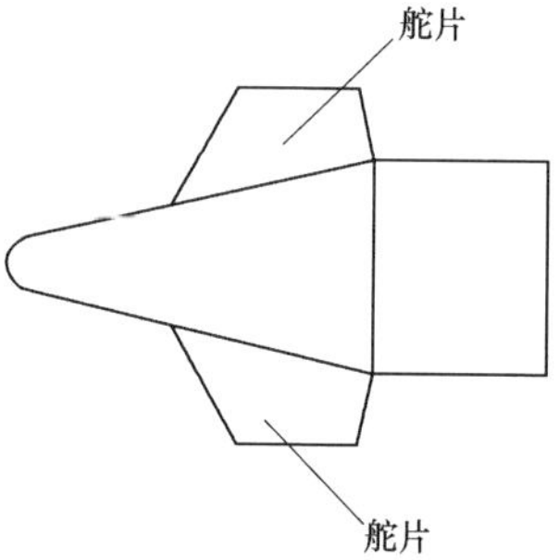

图 6－16　舵片形状

3）计算状态点

选取 *Ma* 为 1.2、1.5、1.8、2.0、2.2，计算攻角选取 0°、3°、6°，压舵的滚转角以 45°为间隔，选 0°、45°、90°、135°、180°、225°、270°、315°为计算点。

4）计算域

因为计算飞行速度为超声速，弹体头部会有激波产生，所以弹体前部的计算域可适当减小。为节省网格，有效利用计算机资源，计算域为锥形，如图 6－17所示。网格无关性分析表明，计算网格为 260 万，网格分布如

图 6－17所示。弹丸表面网格如图 6－18 所示。

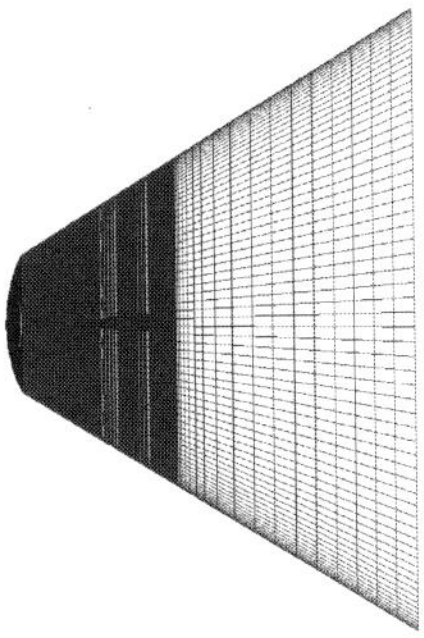

图 6－17　计算域内网格

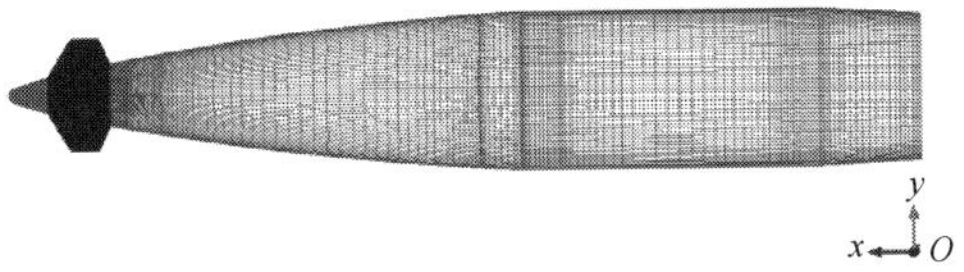

图 6－18　弹丸表面网格

2. 安装鸭舵前后的气动特性比较分析

以 $Ma=2.2$ 为例，比较了无鸭舵、有鸭舵时的基本气动特性。从轴向力来看，装有鸭舵后，弹丸的轴向力有所增加，增加范围为 5%～8%。另外，在同一马赫数下，有鸭舵后的轴向力系数 C_A 基本不随鸭舵的滚转角发生变化，如图 6－19 所示。

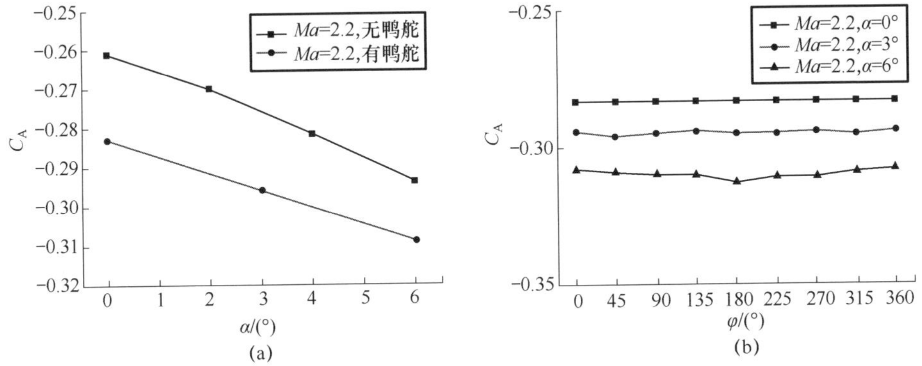

图 6－19　有鸭舵和无鸭舵时的轴向力系数 C_A

（a）有无鸭舵时的轴向力系数 C_A 比较；（b）有鸭舵时 C_A 随鸭舵滚转角的变化。

与轴向力不同，装有鸭舵后，弹丸的法向力和侧向力则随鸭舵的滚转位置呈周期性变化，如图 6－20 和图 6－21 所示。计算的初始点为滚转角 0°，此时操纵舵处于最大正舵偏位置，法向力最大。而 180°滚转角时则正好相反，法向力为最小。滚转角位于 0°～180°，法向力与 180°～360°内的对称。这种气动特性为距离修正提供了较为方便的控制方法。

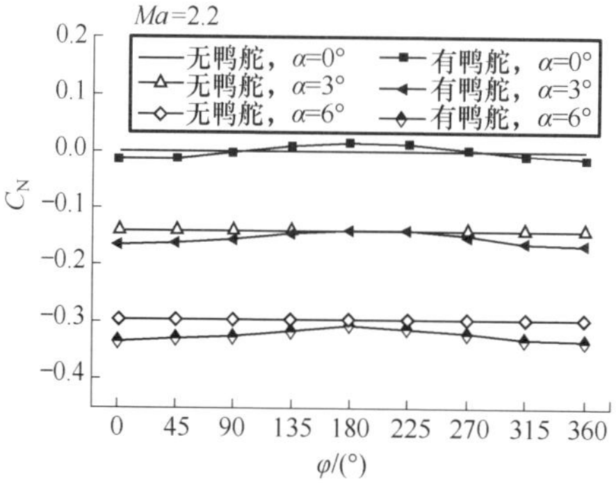

图 6-20　有鸭舵和无鸭舵时的法向力系数 C_N（$Ma=2.2$）

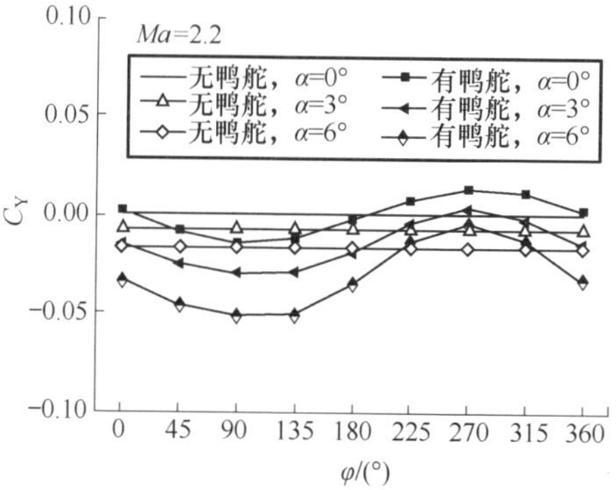

图 6-21　有鸭舵和无鸭舵时的侧向力系数 C_Y（$Ma=2.2$）

3. 弹身旋转时的马格努斯力矩效应分析

以 $Ma=2.2$ 为例，分析配有修正鸭舵后，弹身在旋转（旋转角速度为 16000r/min）和非旋转条件下各部件的气动力系数，并进一步分析有鸭舵时弹丸旋转的马格努斯力矩效应。

从图 6-22～图 6-24 可以看出，无论弹体是否旋转，对头部的气动力都不会产生影响，这也正符合我们通常的理解“下游的运动不会影响上游”。对弹身及全弹来说，弹体是否旋转，对弹身及弹体的轴向力、法向力和俯仰力矩不会产生影响，但对弹身和全弹的侧向力、滚转力矩及偏航力矩则会有非常明显的影响。从图 6-24（b）可以看出，在无侧滑角下，弹身旋转和非旋转条件下的偏航力矩差别很大，而此时偏航力矩不仅由弹身旋转产生的马格努斯效应组成，而且包含鸭舵产生的马格努斯效应。

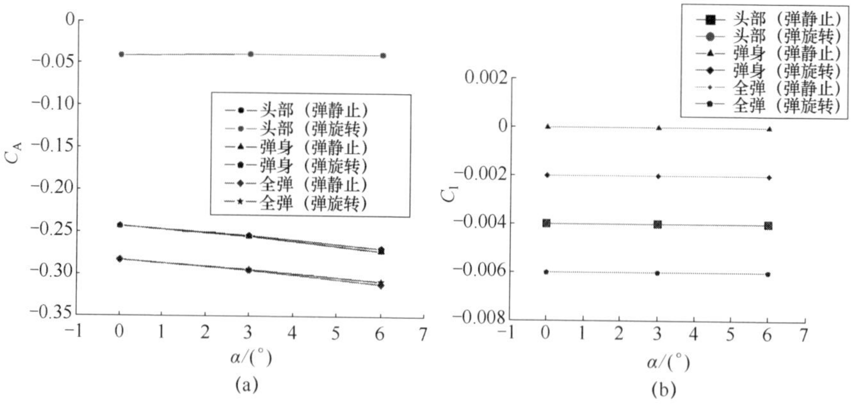

图 6-22　旋转和非旋转条件下的轴向力系数 C_A 与滚转力矩系数 C_l（$Ma=2.2$）

（a）轴向力系数 C_A；（b）滚转力矩系数 C_l。

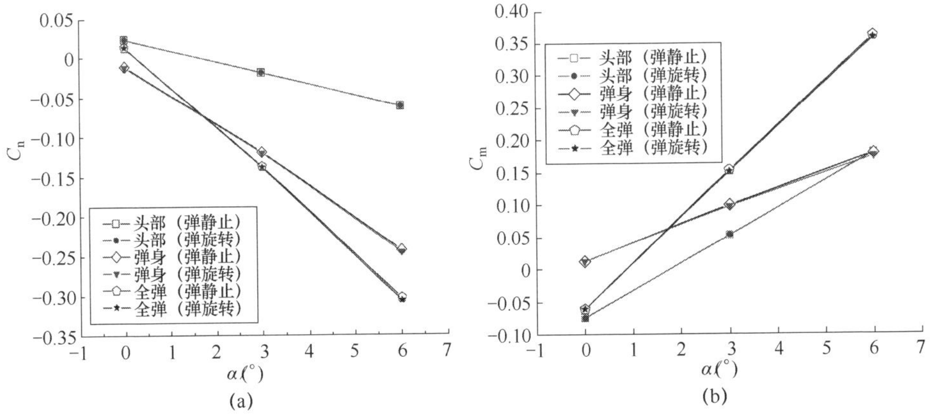

图 6-23 旋转和非旋转条件下的法向力系数 C_N 与俯仰力矩系数 C_m（$Ma=2.2$）

（a）法向力系数 C_N；（b）俯仰力矩系数 C_m。

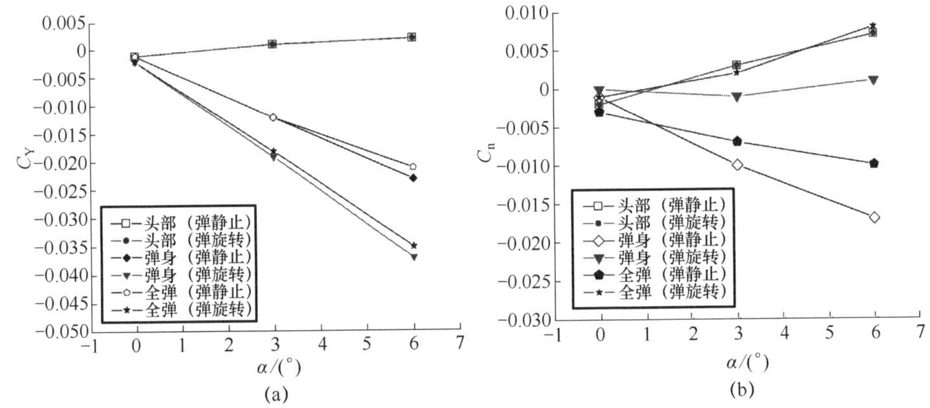

图 6-24 旋转和非旋转条件下的侧向力系数 C_Y 与偏航力矩系数 C_n（$Ma=2.2$）

（a）侧向力系数 C_Y；（b）偏航力矩系数 C_n。

4. 装有鸭舵后高速旋转弹丸的气动特性

1）轴向力系数 C_A 和滚转力矩系数 C_l

如前所述，在同一马赫数下，弹的轴向力系数 C_A 基本不随滚转角变化，随迎角的变化也很小。同样，滚转力矩系数 C_l 随滚转角的变化也非常小，如图 6-25所示，变化范围为万分之几数量级，实际处理中，也可以做简化处理。

2）法向力系数 C_N 和俯仰力矩系数 C_m

分别对鸭舵位于不同滚转角下的全弹的法向力系数 C_N 和俯仰力矩系数 C_m

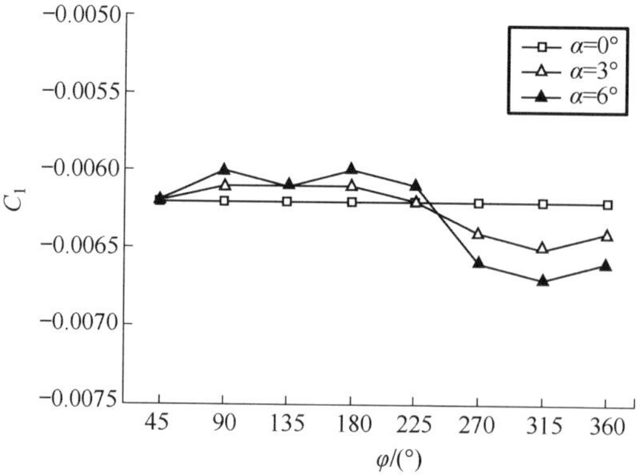

图 6 - 25　*Ma* = 2.2，不同滚转角下的滚转力矩系数 C_l

进行分析，结果如图 6 - 26 和图 6 - 27 所示。从计算结果可以看到，在同一马赫数下，全弹的法向力系数 C_N 随滚转角的变化呈周期性变化，滚转角 0°时法向力最大，而 180°时法向力为最小。滚转角 $\varphi = 0°$ 与 $\varphi = 180°$，$\varphi = 45°$ 与 $\varphi = 225°$，$\varphi = 90°$ 与 $\varphi = 270°$，$\varphi = 135°$ 与 $\varphi = 315°$ 下，计算得到的法向力大小相等、方向相同。

另外，从图 6 - 26 可以看出，全弹的法向力系数 C_N 和滚转角的关系基本不随马赫数的变化而发生变化，只是随迎角的变化而变化。

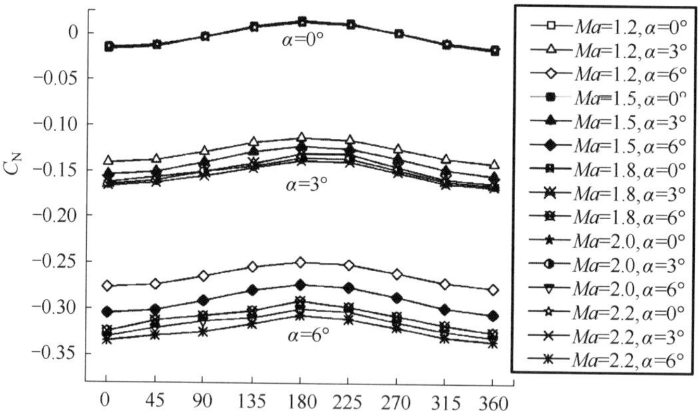

图 6 - 26　不同马赫数、不同迎角 α 下全弹的法向力系数 C_N 随鸭舵滚转角 φ 的变化曲线

同样，从图 6 - 27 可以看出，在同一马赫数下，全弹的俯仰力矩系数 C_m 随滚转角的变化也呈周期性变化，在不同滚转角下的俯仰力矩可通过对滚转角 $\varphi = 0°$ 时的数据进行坐标转换得到。另外，从图 6 - 27 可以看出，全弹的俯仰力矩系数 C_m 和滚转角关系随马赫数的变化很小，也可以简化为只随迎角的

变化而变化。

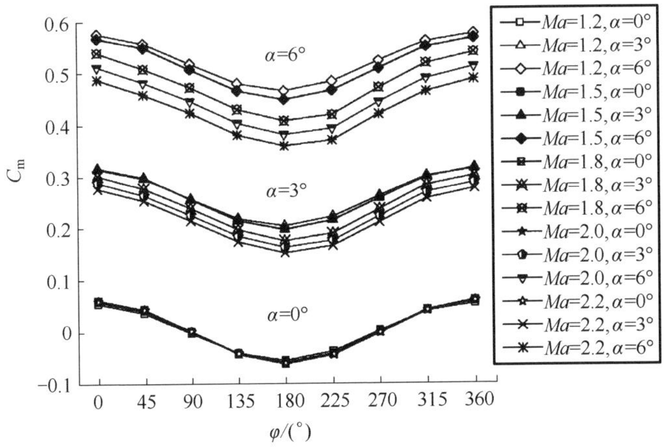

图 6－27　不同马赫数、不同迎角 α 下全弹的俯仰力矩系数 C_m 随鸭舵滚转角 φ 的变化曲线

3）侧向力系数 C_Y 和偏航力矩系数 C_n

对鸭舵位于不同方位角下的全弹的侧向力系数 C_Y 和偏航力矩系数 C_n 进行分析，结果如图 6－28 和图 6－29 所示。从计算结果可以看到，在同一马赫数下，全弹的侧向力系数 C_Y 随方位角的变化呈周期性变化，滚转角 $\varphi=0°$ 与 $\varphi=180°$，$\varphi=45°$ 与 $\varphi=225°$，$\varphi=90°$ 与 $\varphi=270°$，$\varphi=135°$ 与 $\varphi=315°$ 下，计算得到的侧向力大小近似相等、方向相反。

另外，从图 6－28 可以看出，全弹的侧向力系数 C_Y 和方位角的关系基本不随马赫数的变化而变化，只是随迎角的变化而变化。

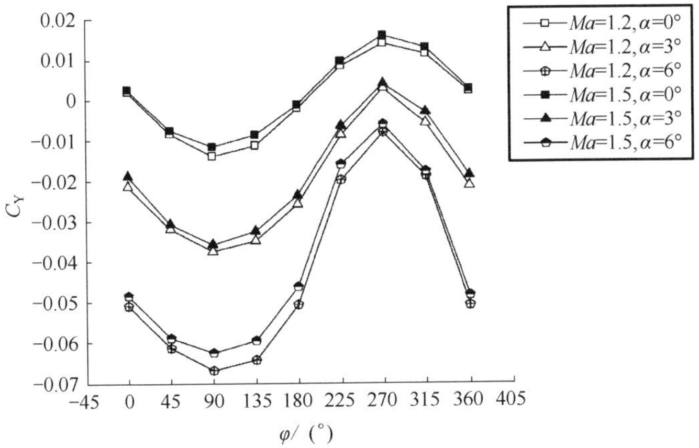

(a)

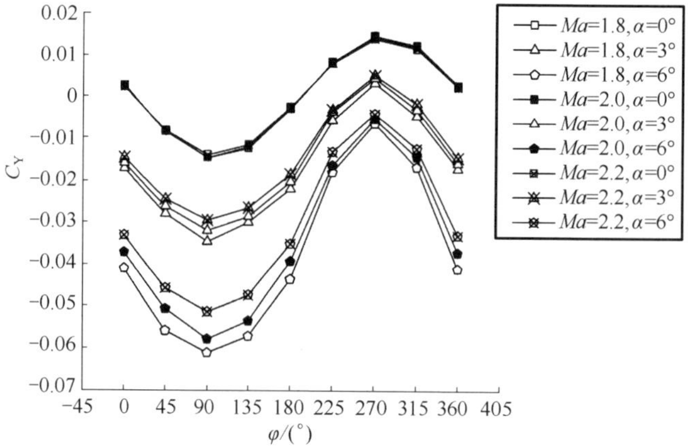

(b)

图 6－28　不同马赫数、不同迎角下全弹的侧向力系数 C_Y 随鸭舵方位角的变化曲线

同样，从图 6－29 可以看到，在同一马赫数下，全弹的偏航力矩系数 C_n 随方位角的变化也呈周期性变化，可通过坐标转换得到。

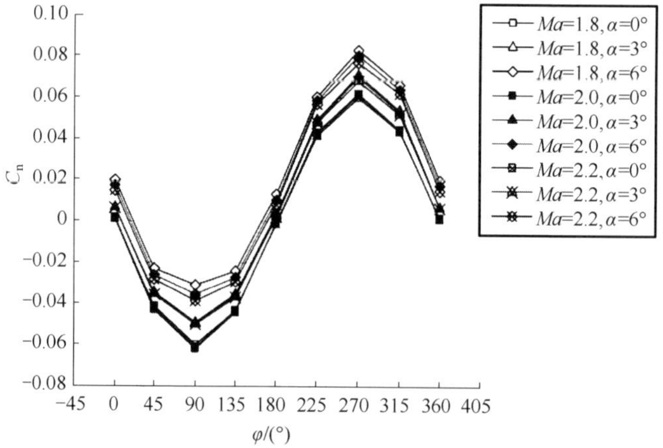

图 6－29　不同马赫数、不同迎角下全弹的偏航力矩系数 C_n 随鸭舵方位角的变化曲线

4）鸭舵位于不同位置下的压力分布

图 6－30 是以 $Ma=1.5$ 为例，给出 $\alpha=0°$、不同 φ 下的鸭舵中部附件横截面处的压力分布。其他攻角下趋势相同。

从图 6－30 可知，滚转角 $\varphi=0°$ 与 $\varphi=180°$，$\varphi=45°$ 与 $\varphi=225°$，$\varphi=90°$ 与 $\varphi=270°$，$\varphi=135°$ 与 $\varphi=315°$ 下的压力分布分别两两对称。这也解释了前面计算得到的法向力、侧向力在对应的滚转角下两两对称的原因。

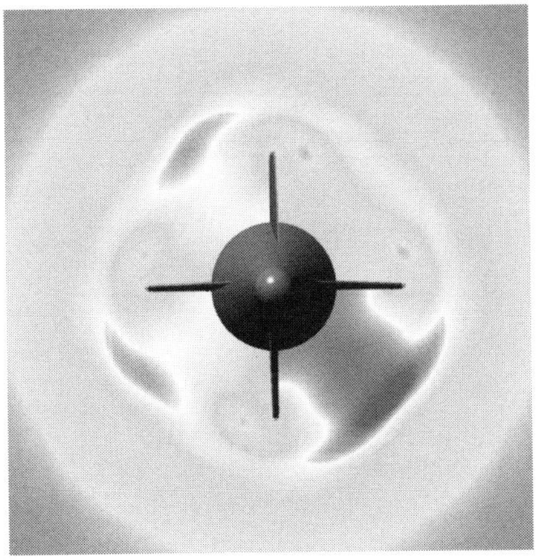

(a)

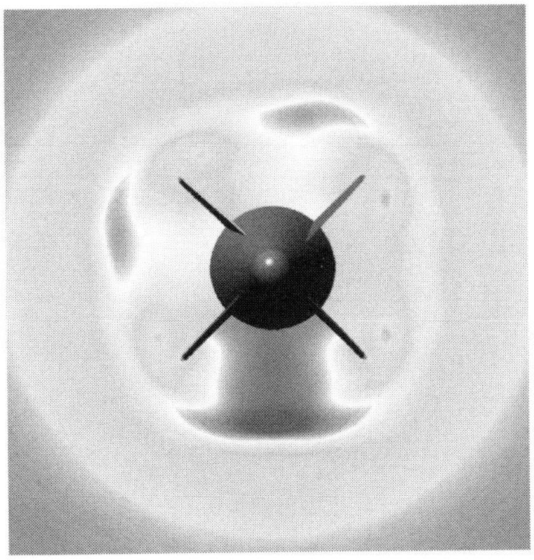

(b)

(c)

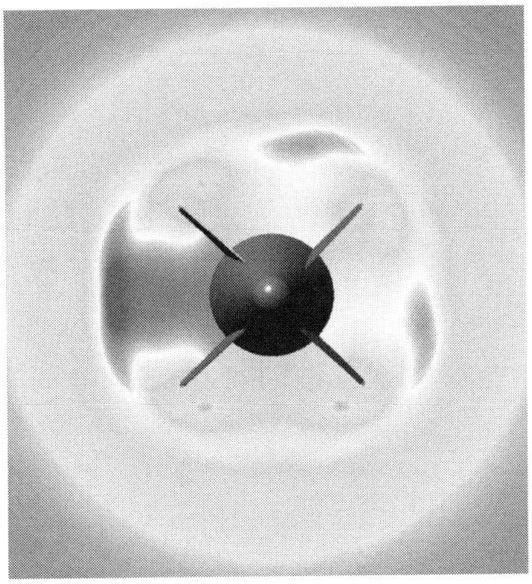

(d)

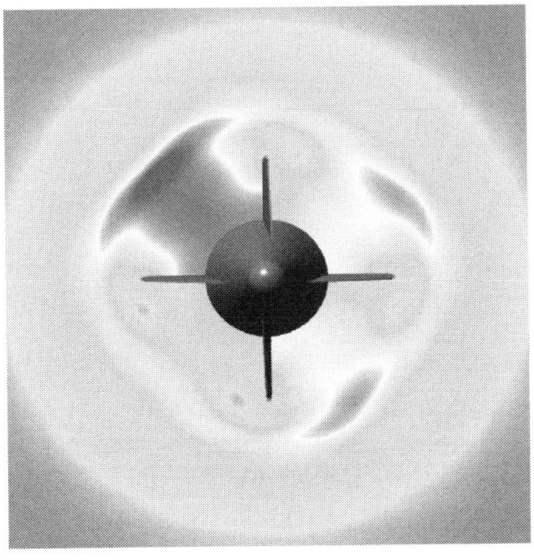

(e)

(f)

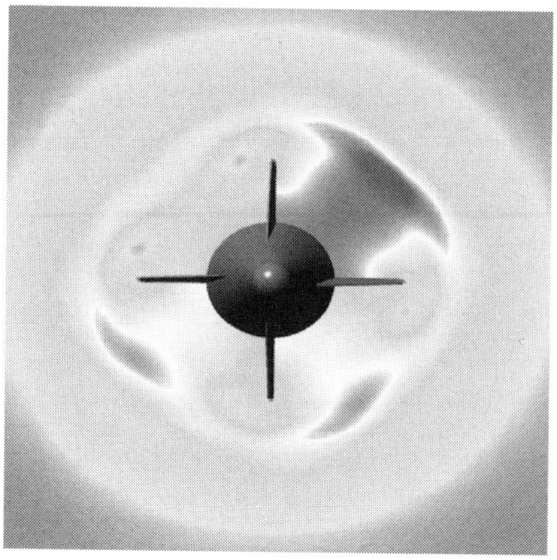

(g)

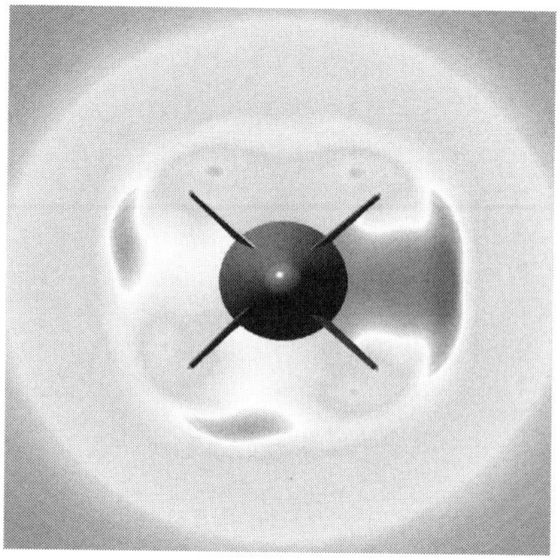

(h)

图 6-30 $Ma=1.5$，$\alpha=0°$时，不同滚转角下鸭舵某一横截面处的压力分布

(a) $\varphi=0°$；(b) $\varphi=45°$；(c) $\varphi=90°$；(d) $\varphi=135°$；(e) $\varphi=180°$；(f) $\varphi=225°$；(g) $\varphi=270°$；(h)；$\varphi=315°$。

5）侧向力系数 C_Y 和法向力系数 C_N 之间的权重及相互关系

以 $Ma=1.8$ 为例，分析弹身旋转条件下，头部产生的侧向力系数 C_Y 和法向力系数 C_N 在全弹的相应系数的权重。攻角 $\alpha=0°$时不同方位角下的各部件的侧向力系数 C_Y 和法向力系数 C_N 的关系如图 6-31 所示。从图 6-31 可以看出，头部对全弹的侧向力系数 C_Y 和法向力系数 C_N 权重大于弹身。

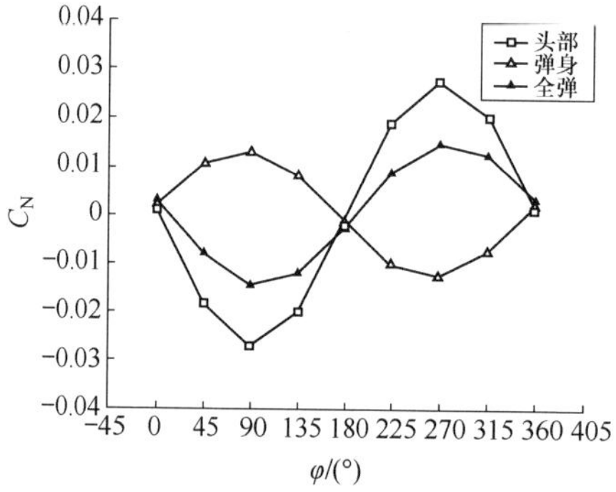

(a)

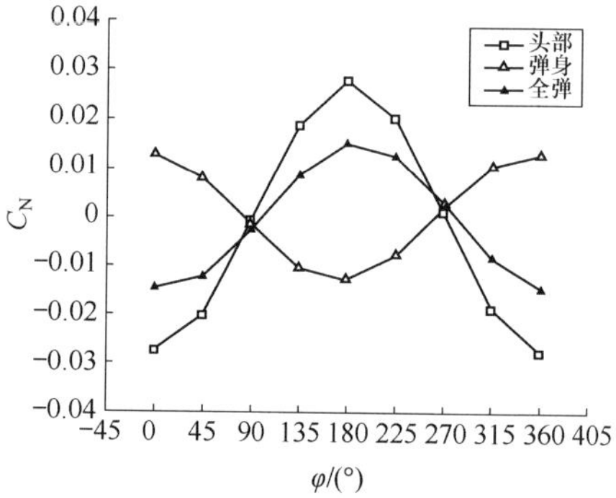

(b)

图 6-31 $Ma=1.8$，$\alpha=0°$时，头部、弹身和全弹的侧向力系数 C_Y 和法向力系数 C_N 随鸭舵方位角的变化曲线

(a) 侧向力系数 C_Y；(b) 法向力系数 C_N。

同时，为分析弹身旋转条件下，头部产生的侧向力系数 C_Y 和法向力系数 C_N 之间的关系，将不同马赫数下，二者之间的关系曲线列于图 6-32。从图 6-32

可以看出，头部产生的侧向力系数 C_Y 和法向力系数 C_N 之间呈一个类似椭圆状，随着攻角的增加而向下平移某一数值。而全弹的侧向力系数 C_Y 和法向力系数 C_N 之间的关系如图 6－33 所示，与头部的不同，这个椭圆的长半径随着迎角的增大而增大。

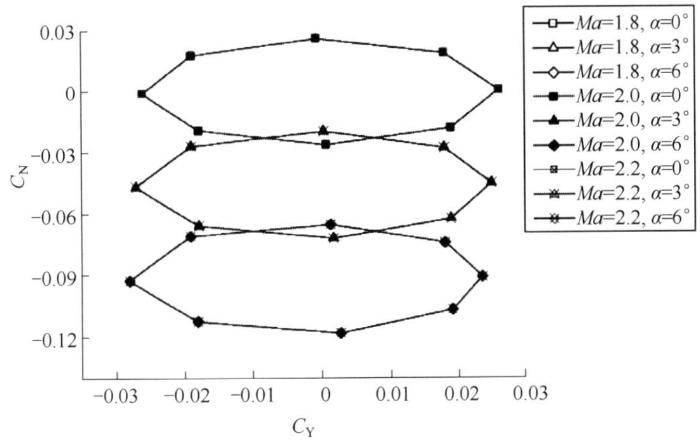

图 6－32　不同马赫数、不同迎角下头部的侧向力系数 C_Y 和法向力系数 C_N 之间的关系

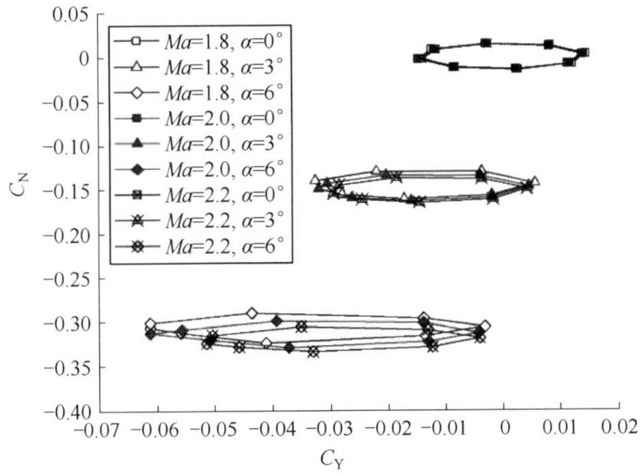

图 6－33　不同马赫数、不同迎角下全弹的侧向力系数 C_Y 和法向力系数 C_N 之间的关系

6）压心的变化

弹丸总空气动力的作用点称为压力中心，简称压心。这里压心以弹顶作为参考点，记 X_{CP} 为压心到弹顶的距离，则压心系数为

$$\overline{X_{CP}} = \frac{X_{CP}}{L} \tag{6-10}$$

式中：L 为总弹长。

图 6 – 34 为弹丸在装有鸭舵前、后全弹的$\overline{X_{CP}}$随 Ma 的变化曲线。其中未配有修正鸭舵时，只给出了 $\alpha=0°$时的变化规律。配有修正鸭舵后，弹丸的压心要比未配有鸭舵的弹丸的压心向头部前移很多，这主要是由鸭舵的气动特性决定的。同时，随着马赫数的增大，压心向后移动，压心也随着攻角的增大而向后移动，有利于弹丸的稳定飞行。

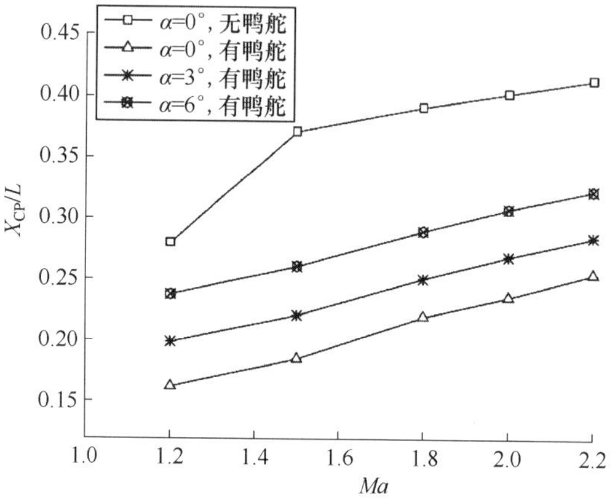

图 6 – 34　压心系数$\overline{X_{CP}}$随攻角 α、马赫数的变化

7）任意攻角 α、不同滚转角 φ 下的气动力系数计算

从前面的气动特性分析看出，装有修正鸭舵后的弹丸的法向力、侧向力等随着鸭舵的滚转角呈周期性变化。下面以 $Ma=1.8$ 为例，探讨如何从滚转角 $\varphi=0°$计算得到气动力数据，通过坐标变换得到其他滚转角位置下的气动力。

（1）通过计算得到 $\varphi=0°$、不同攻角 α、不同侧滑角 β 下的气动数据（α 变化时，$\beta=0°$；β 变化时，$\alpha=0°$），见表 6 – 1。

表 6 – 1　$\varphi=0°$、不同攻角 α、不同侧滑角 β 的气动数据

α/（°）	C_Y	C_N	β/（°）	C_Y	C_N
6	−0.0411	−0.3236	6	−0.3059	0.0031
3	−0.0171	−0.1608	3	−0.1435	−0.0056
0	0.0028	−0.0146	0	0.0028	−0.0146
−3	0.022	0.1298	−3	0.1492	−0.032
−6	0.0436	0.2899	−6	0.3125	−0.0612

（2）利用数据拟合的方法，分别拟合 C_Y、C_N 与 α 和 β 之间的数学关系，如图 6 – 35 和图 6 – 36 所示。

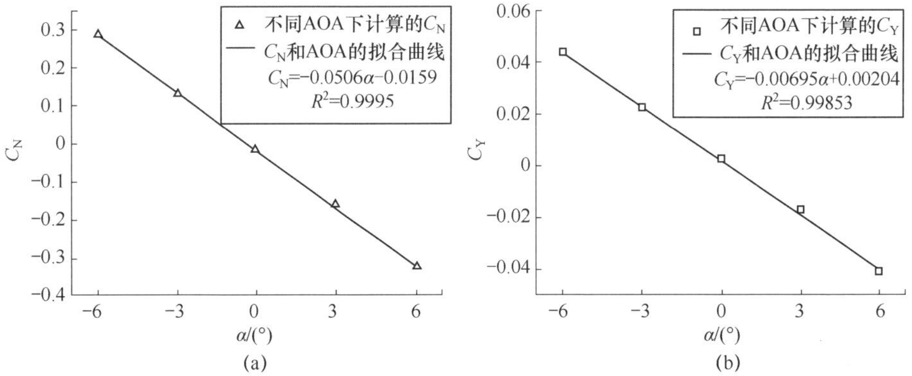

图6-35 $Ma=1.8$、$\varphi=0°$下 C_N、C_Y 与 α 的拟合关系

(a) C_N 与 α 的拟合关系；(b) C_Y 与 α 的拟合关系。

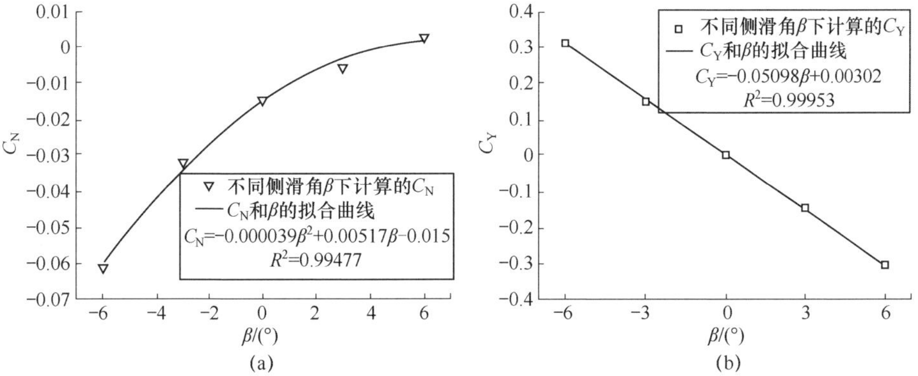

图6-36 $Ma=1.8$、$\varphi=0°$下 C_N、C_Y 与 β 的拟合关系

(a) C_N 与 β 的拟合关系；(b) C_Y 与 β 的拟合关系。

（3）计算任一攻角 α、不同滚转角 φ 下的名义攻角 eAOA 和名义侧滑角 eSSA。

$$\text{eAOA} = \alpha \cdot \cos\varphi \tag{6-11}$$

$$\text{eSSA} = -\alpha \cdot \sin\varphi \tag{6-12}$$

（4）利用上面得到的拟合关系式，计算名义攻角 eAOA 和名义侧滑角 eSSA 的 C_{N-e}、C_{Y-e}。

$$C_{Y-e} = (-0.00695 \times \text{eAOA} + 0.00204) + (-0.05098 \times \text{eSSA}) \tag{6-13}$$

$$C_{N-e} = (-0.0506 \times \text{eAOA} - 0.0159) + (-0.00039 \times \text{eSSA}^2 + 0.00517 \times \text{eSSA}) \tag{6-14}$$

（5）通过坐标转换，得到该滚转角 φ 下的气动力。坐标转换矩阵为

$$C_{Y-\varphi}=C_{Y-e}\cos\varphi + C_{N-e}\times\sin\varphi \tag{6-15}$$

$$C_{N-\varphi}=-C_{Y-e}\sin\varphi + C_{N-e}\cos\varphi \tag{6-16}$$

下面以 $\alpha=3°$为例，计算 $Ma=1.8$、$\alpha=3°$不同滚转角 φ 下气动力参数，见表6-2。经过坐标转换得到的 C_N、C_Y 与 CFD 计算得到的结果比较，如图6-37和图6-38所示。可以看到，预测得到的数据与计算得到的数据符合很好，进一步计算平衡点，可以让预测结果更接近计算结果。

表6-2　$Ma=1.8$，$\alpha=3°$时的不同滚转角 φ 下气动力参数

α/(°)	φ/(°)	eAOA	eSSA	C_{Y-e}	C_{N-e}	$C_{Y-\varphi}$	$C_{N-\varphi}$
3	0	3.0	0	-0.01881	-0.16770	-0.01881	-0.16770
3	45	2.12132	-2.12132	0.09544	-0.13596	-0.02865	-0.16363
3	90	0	-3.0	0.15498	-0.03492	-0.03492	-0.15498
3	135	-2.12132	-2.12132	0.12493	0.07872	-0.03268	-0.14400
3	180	-3.0	0	0.02289	0.13590	-0.02289	-0.13590
3	225	-2.12132	2.12132	-0.09136	0.10065	-0.00657	-0.13577
3	270	0	3.0	-0.15090	-0.00390	0.00390	-0.15090
3	315	2.12132	2.12132	-0.12085	-0.11403	-0.00482	-0.16608
3	360	3.0	0	-0.01881	-0.16770	-0.01881	-0.16770

上面介绍了如何从某一马赫数下、滚转角 $\varphi=0°$时计算得到的法向力和侧向力，利用坐标变换和数据拟合的方法得到其他滚转角位置下的法向力和侧向力。同样，已知滚转角 $\varphi=0°$的俯仰力矩、偏航力矩，其他滚转角的相应力矩也可以用类似的方法得到。

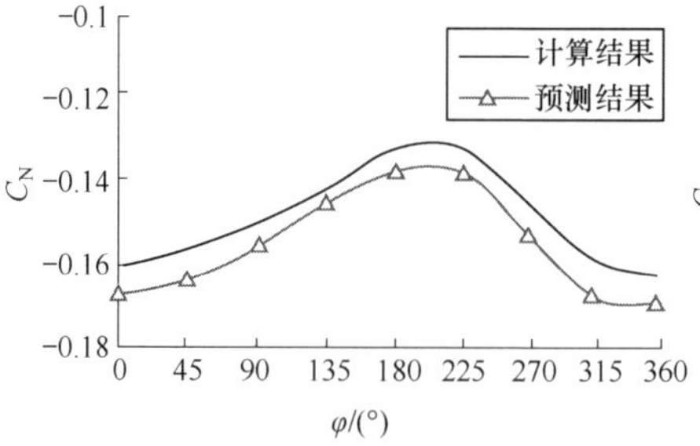

图6-37　$Ma=1.8$、$\alpha=3°$下预测得到的 C_N 与计算结果的比较

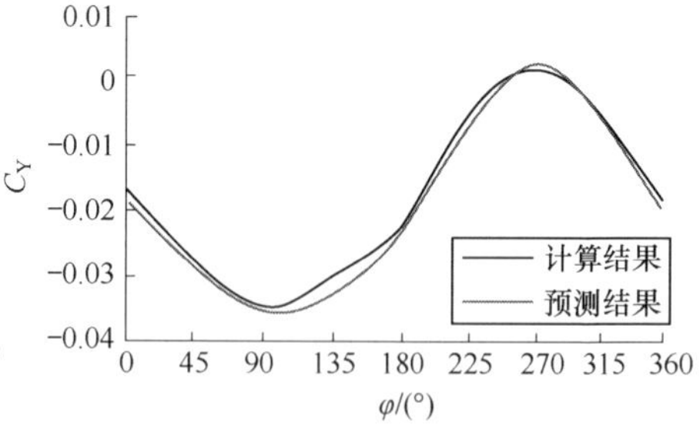

图6-38　$Ma=1.8$、$\alpha=3°$下预测得到的 C_Y 与计算结果的比较

类似地，任意攻角 α、任意侧滑角 β 下的气动力系数也可以用同样的方法

预测得到。需要注意的是，该方法仅适用于原弹为轴对称的弹丸，对于尾部有尾翼的非轴对称的弹丸并不适用。

6.2.3 二维低速旋转弹道修正弹的气动特性

1. 低速旋转弹丸的气动外形及计算参数

1）外形参数

二维低速旋转修正弹的原弹外形如图 6－39 所示，弹丸飞行速度 Ma = 0.9～1.5，旋转速度约 700r/min，主要依靠尾部卷弧翼实现静稳定性，弹丸的质心位于距头部 51.06% 处。参考坐标系如图 6－39 所示：X 轴沿机体对称轴方向，向左为正；Y 轴垂直纸面，向内为正；Z 轴垂直于 XY 平面，向下为正。

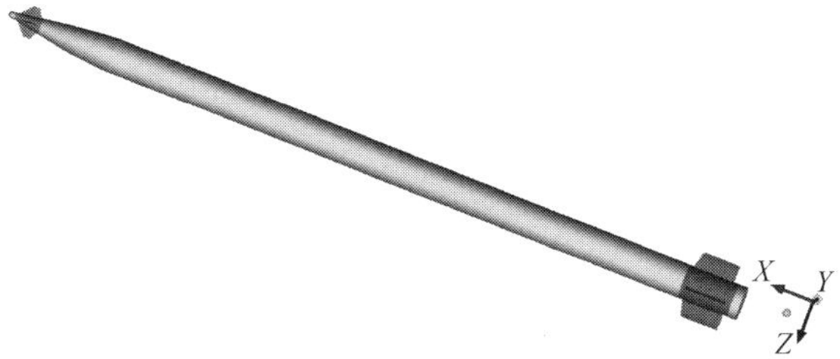

图 6－39 低速旋转弹弹体坐标系及外形

2）头部舵片布置及尺寸

低速旋转修正弹配有的修正鸭舵与上面的相同，由一对反旋舵片和一对操纵舵片组成。反旋舵面处于为 0°和 180°，舵偏角为相反方向 ±4°，操纵舵片位于 90°和 270°，舵偏角为相同方向 4°，如图 6－40 所示。图 6－40 所示定义为鸭舵滚转角为 0°下的安装位置（舵片的旋转方向如图 6－40 所示，绕 X 轴负向旋转，弹体和尾部卷弧翼旋转方向与之相反）。

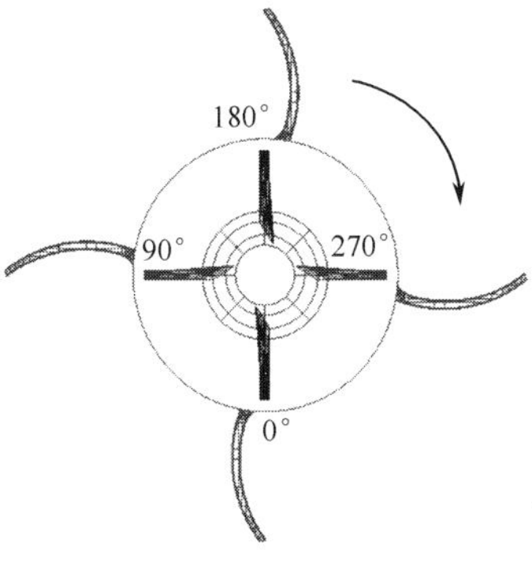

图 6－40 鸭舵布局

3）计算状态点

选取为 Ma 为 0.9、1.5，计算攻角选取 0°、3°，鸭舵的滚转角以 45°为间隔，选 0°、45°、90°、135°、180°、225°、270°、315°。

2. **装有鸭舵后低速旋转弹丸的气动特性**

1）法向力系数和俯仰力矩系数

由于轴向力随鸭舵滚转角变化很小，这里主要讨论法向力和侧向力随鸭舵滚转角的变化。

对鸭舵位于不同滚转角 φ 下，头部鸭舵、全弹的法向力系数和俯仰力矩系数进行计算，结果如图 6－41～图 6－44 所示。从计算结果可以看到，在同一马赫数下，头部鸭舵的法向力系数 C_{N-nose} 随滚转角 φ 的变化呈周期性变化，可拟合成三角函数曲线。另外，在计算的马赫数范围内，C_{N-nose} 和滚转角的关系基本不随马赫数的变化而发生变化，只与攻角的变化有关。

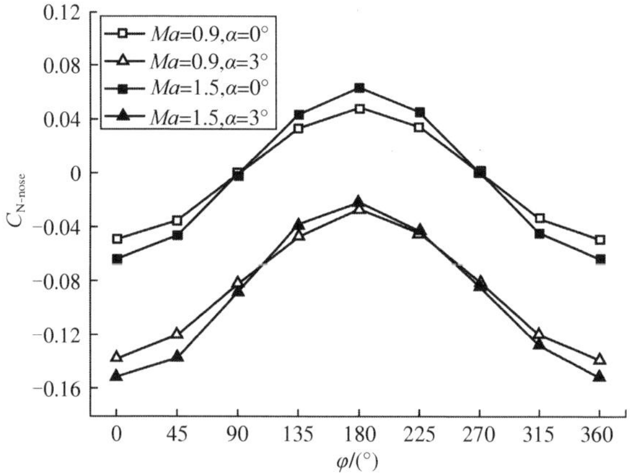

图 6－41　不同马赫数、不同迎角下鸭舵的法向力系数 C_{N-nose} 随滚转角 φ 的变化曲线

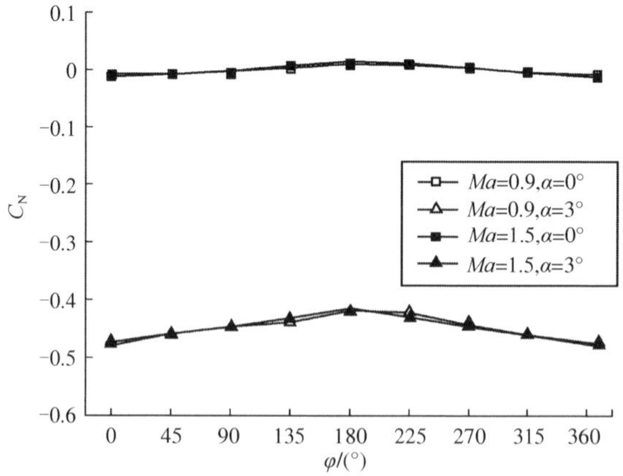

图 6－42　不同马赫数、不同迎角 α 下全弹的法向力系数 C_N 随滚转角 φ 的变化曲线

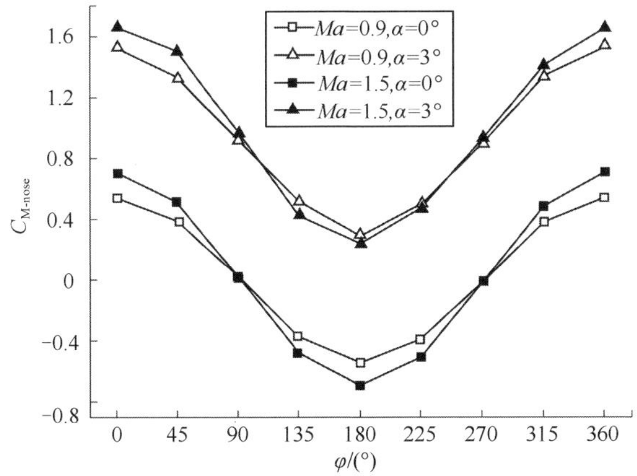

图 6－43 不同马赫数、不同迎角 α 下鸭舵的俯仰力矩系数 C_{M-nose} 随滚转角 φ 的变化曲线

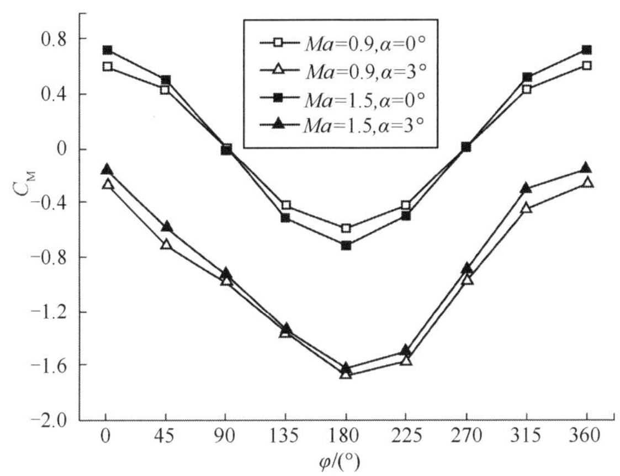

图 6－44 不同马赫数、不同迎角 α 下全弹的俯仰力矩系数 C_M 随滚转角 φ 的变化曲线

而全弹的法向力系数 C_N 随滚转角 φ 的变化幅度则明显小于头部，这也许是由于尾翼的作用造成的。

同样，在同一马赫数下，头部鸭舵的俯仰力矩系数 C_{M-nose} 随滚转角 φ 也呈周期性变化，可拟合成三角函数曲线。同时，C_{M-nose} 和滚转角 φ 的关系随马赫数的变化很小，也可以简化为只和攻角的变化有关。全弹的俯仰力矩系数 C_M 的变化规律与之相同。

2）侧向力系数和偏航力矩系数

分别对鸭舵位于不同滚转角 φ 下，鸭舵、全弹的侧向力系数和偏航力矩系数进行分析，结果如图 6－45～图 6－48 所示。从计算结果可以看到，在同一马赫数下，鸭舵的侧向力系数 C_{Y-nose} 随滚转角的变化呈周期性变化，可拟合成三角函数曲线。同时，鸭舵的侧向力系数 C_{Y-nose} 和滚转角的关系基本不随马赫数的变化而发生变化，随攻角的变化也很小。

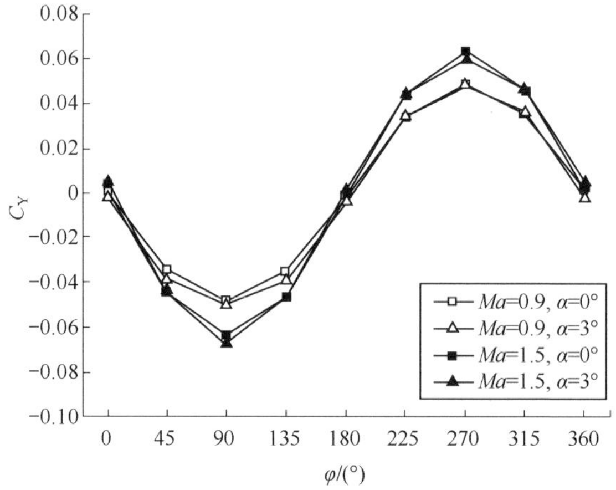

图 6－45　不同马赫数、不同迎角 α 下鸭舵的侧向力系数 C_{Y-nose} 随滚转角 φ 的变化曲线

与鸭舵的变化幅度相比，全弹的侧向力系数 C_Y 在 0°攻角下随滚转角 φ 的变化幅度则明显小于头部，如图 6－46 所示。

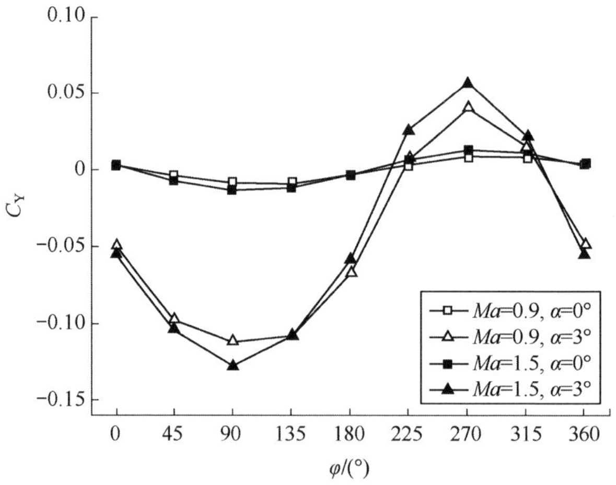

图 6－46　不同马赫数、不同迎角 α 下全弹的侧向力系数 C_Y 随滚转角 φ 的变化曲线

同样，从图 6－47 可以看到，在同一马赫数下，鸭舵的偏航力矩系数 C_{N-nose} 随滚转角的变化也呈周期性变化，随攻角的变化也很小。全弹偏航力矩系数 C_N 的变化规律大致与之相同，如图 6－48 所示。

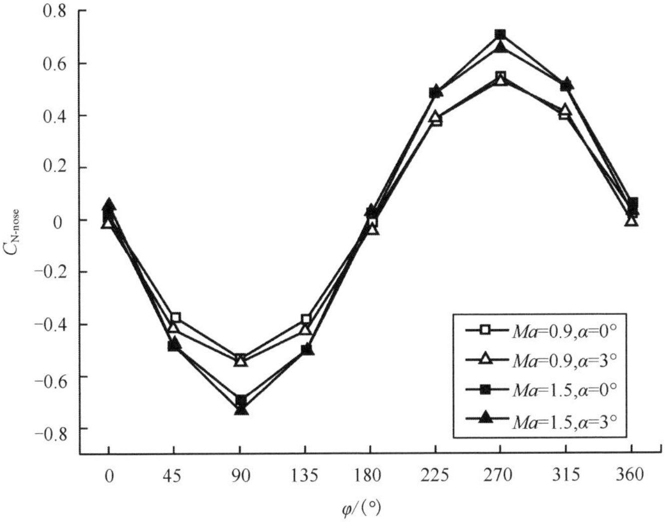

图6－47 不同马赫数、不同迎角 α 下鸭舵的偏航力矩系数 C_{N-nose} 随滚转角 φ 的变化曲线

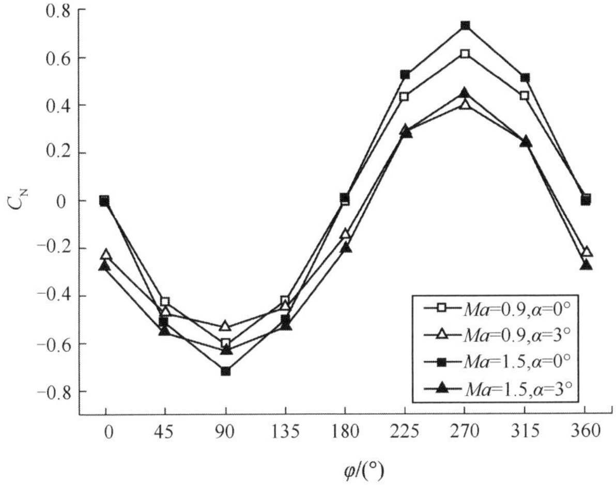

图6－48 不同马赫数、不同迎角 α 下全弹的偏航力矩系数 C_N 随滚转角 φ 的变化曲线

3）鸭舵位于不同位置时修正弹头部的压力分布

配有修正鸭舵的低速旋转弹丸，在其修正头部附近横截面处的压力分布与前面的高速旋转弹丸有相似之处。但在 $Ma=0.9$ 时，压力分布有所不同。图6－49给出了 $Ma=0.9$、攻角 $\alpha=0°$、不同滚转角下鸭舵中部附近横截面处的压力分布。从图6－49可以看出，无论滚转角位于哪个位置，其压力分布都有很好的轴对称特性，这也许是由于飞行速度较低所导致的。

4）压心的变化

图6－50给出加装鸭舵后，低速旋转弹丸在 $Ma=0.9$ 和 $Ma=1.5$ 以及攻角

$\alpha=3°$下，压心系数$\overline{X}_{CP}$随滚转角φ的变化曲线。未装配修正鸭舵时弹丸的质心位于距头部51.06%处，可以得知，在3°攻角下该弹在加装鸭舵后仍是静稳定的。

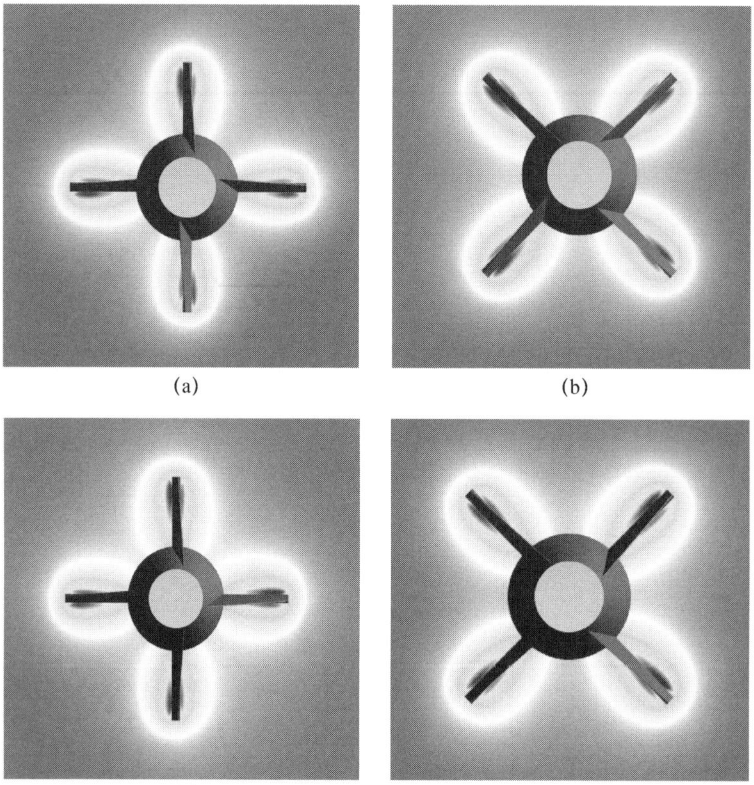

(a) (b) (c) (d)

图6-49　$Ma=0.9$，$\alpha=0°$时，不同滚转角下鸭舵附近某一横截面处的压力分布

（a）$\varphi=0°$；（b）$\varphi=45°$；（c）$\varphi=90°$；（d）$\varphi=135°$。

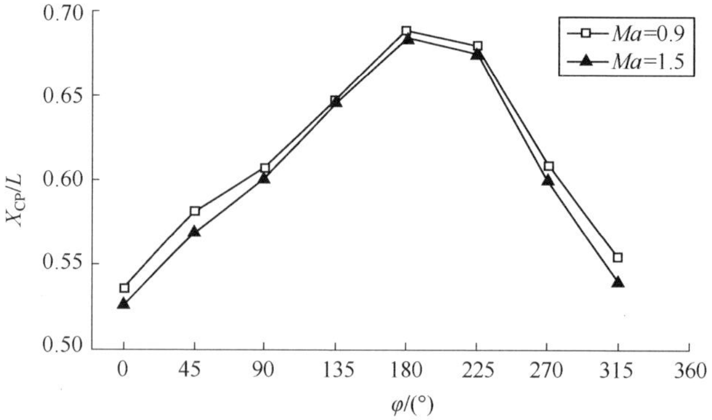

图6-50　压心系数$\overline{X}_{CP}$随滚转角的变化

第 7 章
引信一维弹道修正技术

一维弹道修正引信一般是指对通过修正使弹药射击纵向精度改善的引信。一维弹道修正引信适用于横向散布较小、纵向散布较大的旋转稳定弹，尤其适用于采用底排、火箭复合增程技术后弹药射程明显增加但纵向精度明显下降的弹药。一维弹道修正引信容易实现标准引信结构，特别适合对库存无控弹药的改造。本章将重点介绍一维弹道修正引信的原理和组成、一维弹道修正策略、一维弹道修正引信精度分析和系统集成等内容。

7.1 一维弹道修正引信组成及原理

一维弹道修正引信弹道修正原理如图 7-1 所示。

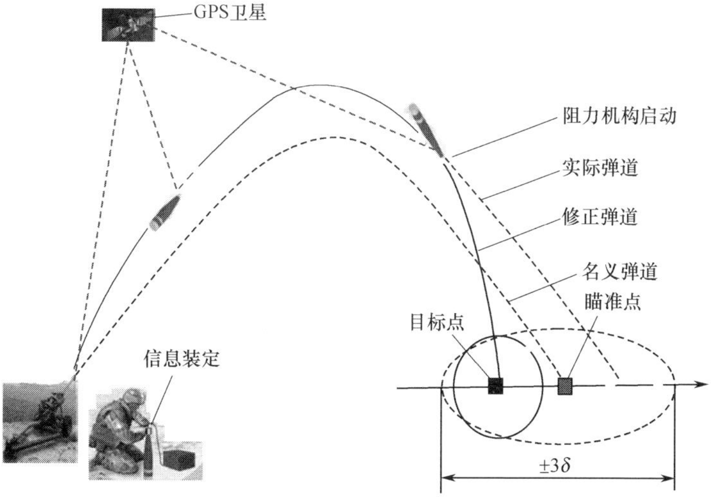

图 7-1 一维弹道修正引信弹道修正原理

发射前，利用装定器将炮目位置、发射诸元、气象诸元等数据装定到引信存储器内。同时确定提前瞄准量大小，准备射击诸元。发射后电源上电，弹道测量模块开始工作，实时测量弹丸飞行位置、速度等参数，弹道解算模块根据卫星定位模块的位置、速度数据，进行坐标变换、滤波，对实际弹道进行辨识，并预测弹丸落点，解算阻力修正机构启动（阻力片展开）时刻。随着弹丸飞行，阻力修正机构会在解算的启动时刻启动，从而使弹丸以新的阻力系数飞行，最终将弹丸“拉回”到目标点。

一维弹道修正引信原理框图如图 7－2 所示，由安全与起爆模块、弹道修正模块、装定模块和电池四部分组成。

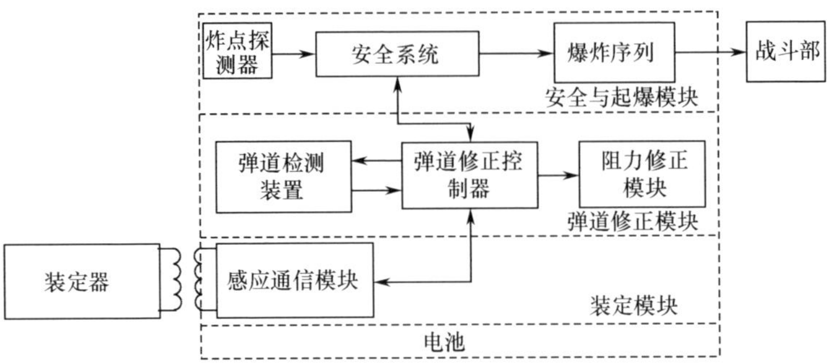

图 7－2　一维弹道修正引信原理框图

弹道修正控制算法是一维弹道修正引信的核心技术。弹道修正控制器主要完成的任务：①利用弹道测量装置提供的数据对实际弹道进行最优估计（弹道辨识）；②对弹丸射距进行预测；③根据预测落点与目标点射距偏差解算阻力机构启动时刻；④输出控制阻力机构启动的信号。

修正模块开始根据卫星定位数据对弹道进行辨识。根据辨识的弹道参数对弹丸落点进行预测，结合装定的目标点射程形成射程修正量；再根据阻力机构启动时刻与射程修正量之间的关系解算阻力修正机构启动时刻。当不满足解算结束条件时，继续对弹道进行辨识、解算并更新阻力机构启动时刻。当解算结束条件满足时，判定计时器是否到达最终确定的阻力修正机构启动时刻，如到达则输出阻力修正机构启动信号，控制阻力片展开。

7.2　一维弹道修正引信修正策略

一维弹道修正技术在引信上实现具有可对大量库存弹药进行低成本改造等优点，但也存在阻力机构增阻面积较小、射程修正能力有限的缺点。因此，确定合适的提前瞄准量和所需最大射程修正量尤为重要。可在阻力机构射程修正效率（单位时间的射程修正量）不高的情况下尽可能获得最大的落点纵向精度提升。

7.2.1 弹道修正策略分析

一维弹道修正引信的提前瞄准量策略可分为两类：第一类为对所有处于射程纵向散布极限误差内的无控弹丸都启动阻力修正机构进行修正；第二类为只对处于射程散布极限误差内的部分弹丸启动阻力机构进行修正。第一类提前瞄准量策略如图 7－3 所示。

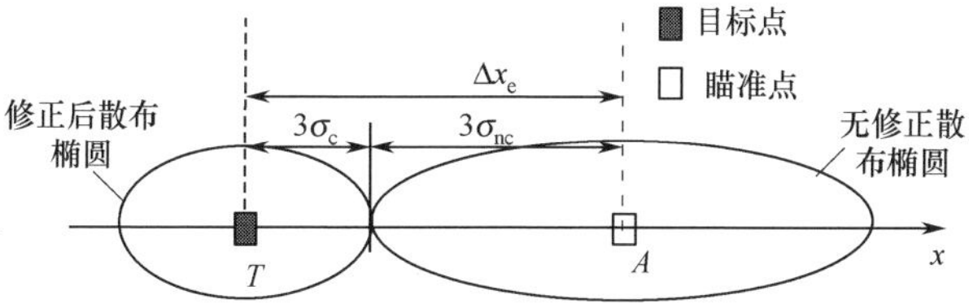

图 7－3 第一类提前瞄准量策略

图 7－3 中：T 表示目标所在坐标位置；A 表示瞄准点的位置，代表无修正弹的平均落点位置。此修正策略所需阻力机构的最大射程修正量为

$$\Delta x_{max} = 3\sigma_c + 2 \times 3\sigma_{nc} = \Delta x_e + 6\sigma_{nc} \quad (7-1)$$

式中：σ_c 为无控弹丸修正后弹丸落点纵向散布的标准差；σ_{nc} 为无控弹丸落点纵向散布的标准差；Δx_e 为将无控弹丸修正至目标点的平均距离。

从图 7－3 可以看出，几乎所有的无修正弹丸都需修正。最大射程修正量是指对某一确定弹道下，阻力机构在允许的最早时间启动直至落地时的射程减小量。第二类提前瞄准量策略如图 7－4 所示。

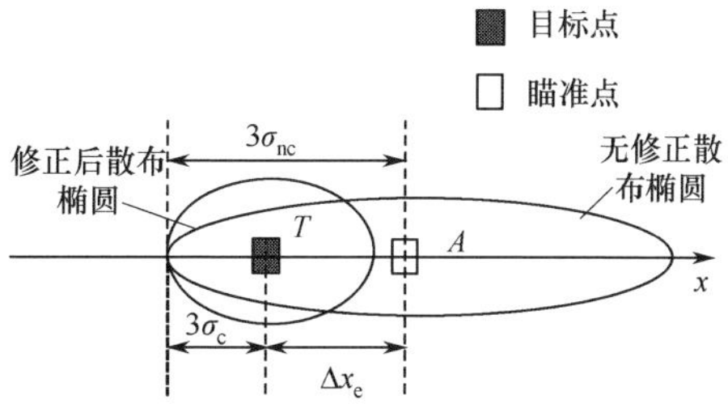

图 7－4 第二类提前瞄准量策略

采用这种修正策略所需要的最大射程修正量为

$$\Delta x_{max} = 2 \times 3\sigma_{nc} - 3\sigma_c = \Delta x_e + 3\sigma_{nc} \quad (7-2)$$

从图 7－4 可知，无修正弹与修正弹的落点有重叠区域，这代表有些弹丸不需要经过阻力机构进行修正，其落点就可以落到目标点附近的椭圆内。

第一类修正策略由于每枚弹丸都需要修正，因此当阻力修正机构出现故障时，会严重影响射程纵向精度；在阻力机构启动后增阻面积一定时，其弹道启动时间会普遍偏早，从而使落点预测精度下降；还会导致随机扰动等因素影响作用增强，使落点射程精度下降。因此，第二类修正策略可以避免以上问题，但必须确定合适的提前瞄准量和所需最大射程修正量。

7.2.2 最佳提前瞄准量和所需最大射程修正量确定

1. 提前瞄准量与最大射程修正量之间的关系

对于一维弹道修正引信，阻力机构启动后增加的面积有限，因此弹丸修正效率不高。如果弹丸需要较大的射程修正量，只能使阻力机构展开时间提前。

图 7－5 为提前瞄准点与弹丸最大射程修正量之间关系。x_{max} 与 x_{min} 之间的区域为能修正的范围。

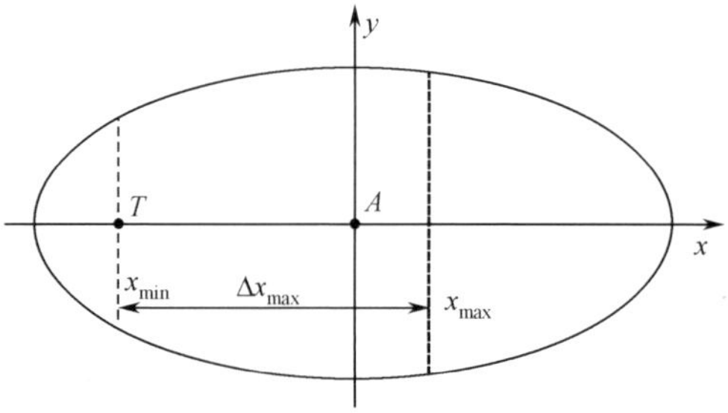

图 7－5　提前瞄准点与弹丸最大射程修正量之间的关系

假设：①只要无修正弹丸的落点与目标落点之间的距离在阻力机构修正能力范围内，弹丸经过阻力修正后，都可以零误差地修正至目标点处；②当无修正弹丸的落点近于目标点时，不对弹丸进行任何操作；③当无修正弹丸落点与目标点之间的距离差大于弹丸的最大射程修正量时，以最早的时间打开阻力修正机构。设图 7－5 中的弹丸射程方向上的落点距目标点 T 之间偏差的平方和为 D，因此 D 越小，代表修正后的精度越高。其表达式如下：

$$\begin{cases} x_{max} - x_{min} = \Delta x_{max} \\ D = \int_{-\infty}^{x_{min}} (x_{min} - x)^2 p(x)\,dx + \int_{x_{max}}^{+\infty} (x - x_{max})^2 p(x)\,dx \end{cases} \tag{7-3}$$

式中：$p(x)$ 为 $\Phi \sim N(0,\sigma)$ 的概率密度函数；σ 为无修正弹丸落点分布标准差。

可经简单证明，当 D 取最小值时，$|x_{max}| = |x_{min}| = \Delta x_{max}/2$。

由式（7－3）可知，当弹丸阻力机构的尺寸确定后，弹丸的最大射程修正量也随之确定，如果发射条件相同，当提前瞄准量为所需最大射程修正量的1/2时，弹丸的落点精度能够达到最高。

2. 最佳提前瞄准量确定

根据上述分析，提前瞄准量与所需最大射程修正量之间的关系为前者是后者的1/2。下面在此约束条件下分析最佳提前瞄准量。不考虑其他因素对修正精度的影响，即只要弹丸的落点偏差在修正能力范围内，就可以在合适的时间展开阻力片以精准地将弹丸修正至目标点。为了定量地分析弹丸修正后的精度，以目标点为中心，建立20m×20m的幅员，以弹丸落点落入该幅员内的百分数作为判定修正精度的好坏，落入该幅员内的百分数越高说明命中精度越高。

设无控弹丸落点分布纵向分布与横向分布相互独立，分别服从均值为0、标准差为σ_1、σ_2的正态分布，那么落入该幅员内的落点百分比表示为

$$p(x) = [\Phi_1(x/2+10) - \Phi_1(-x/2-10)] \times [\Phi_2(10) - \Phi_2(-10)] \tag{7-4}$$

式中：x为弹丸的最大射程修正量；$\Phi_1 \sim N(0,\sigma_1)$；$\Phi_2 \sim N(0,\sigma_2)$。

从式（7-4）可以得到，当$\sigma_1 = 200\text{m}$，$\sigma_2 = 50\text{m}$，$p(x)$随x的变化曲线，即落入幅员内百分比与最大射程修正量的关系如图7-6所示，$p(x)$为x的增函数。σ_1、σ_2不同，曲线也会不同，但是曲线的规律不会有较大的变化。

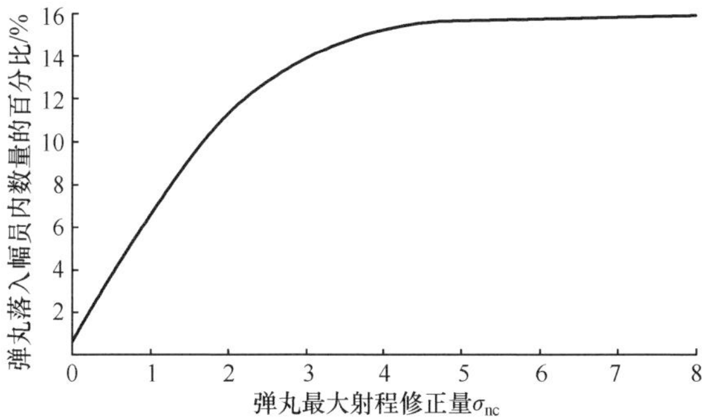

图7-6 落入幅员内百分比与最大射程修正量的关系

由图7-6可知，弹丸的最大射程修正量越大，落入幅员区域内的弹丸数量也会越多。但是当最大射程修正量达到标准差的5倍时，落入幅员内的弹丸数量增加的趋势急剧变缓，即使再提高弹丸的最大射程修正量，弹丸落入幅员内的百分数增加量也不超过1%，落点精度提高不明显。结合一维弹道修正引信修正机构实际修正能力，可以将最大射程修正量确定为（3~5）σ_{nc}，即提前瞄准能量为（1.5~2.5）σ_{nc}。

7.2.3 蒙特卡罗仿真

以某155mm榴弹为仿真对象，该弹丸在标准气象条件下，不修正时最大射程为29766m，射程纵向散布标准差为260m。针对某一确定的阻力修正机构方案（启动后增阻面积一定时），假设弹道辨识预测误差为一固定值，分别对不同最大射程修正量的射程修正精度进行仿真，仿真结果见表7－1。

表7－1 最大射程修正量与落点标准差关系的仿真结果

Δx_{max}/m	σ/m	Δx_{max}/m	σ/m
64	240.7	128	219.4
213	180.6	310	148.8
540	109.3	835	49.1
1496	45	—	—

从表7－1可见，随着弹丸修正能力的增大，弹丸修正后落点的精度也随之变高，当修正能力大于835m时，精度的变化已趋变缓，与图7－6的曲线变化趋势相同，从而验证了前述关于所需最大射程修正量理论分析的正确性。

选取最大修正量为835m（3.2σ_{nc}），提前瞄准量为417.5m，进行蒙特卡罗仿真，弹丸修正前后落点分布情况如图7－7所示。

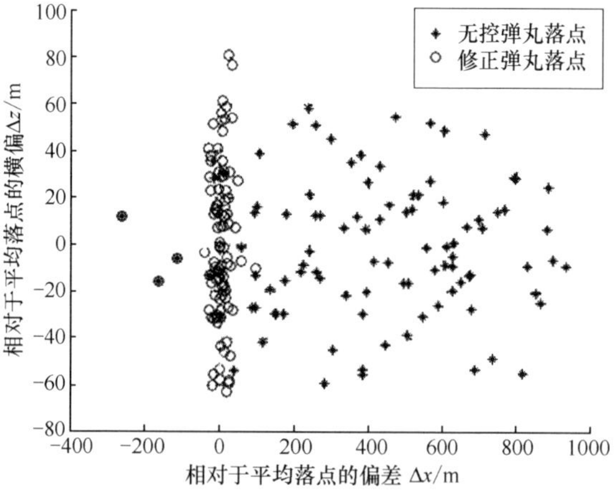

图7－7 弹丸修正前后落点分布

由图7－7可见，采用上述修正策略后，射程修正精度纵向散布误差得以明显减小。

7.2.4 结论

通过理论分析和仿真计算，采用只对部分弹丸进行修正且所需最大射程修正量为3～5倍无控弹落点纵向散布标准差，可在最小提前瞄准量和所需最大射程修正量的前提下获得接近最大的修正射程精度。再增加最大射程修正量和提前瞄准量对一维弹道修正弹药射程精度无明显提升，可最大程度发挥阻力修正机构的增阻修正能力，避免盲目增大阻力机构启动后的增阻面积，增加设计的复杂度和难度，为一维弹道修正引信的工程设计奠定了基础。

7.3 射程修正量与阻力修正机构启动时刻关系分析

7.3.1 阻力片展开前后的阻力系数

针对某阻力修正机构方案，以155mm加榴炮底凹杀伤爆破弹为计算对象，利用气动仿真软件对阻力片展开前后弹丸阻力气动特性进行计算，得到阻力片展开前后阻力系数随 *Ma* 变化的关系，如图7－8所示。

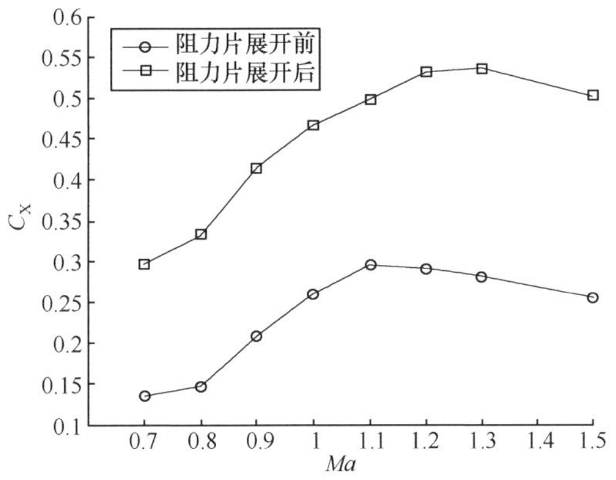

图7－8 阻力片展开前后阻力系数随 *Ma* 变化的情况

7.3.2 射程修正量与阻力机构启动时刻的关系分析

为便于分析不同弹道条件下的射程修正量与阻力修正机构启动时刻之间的关系，定义不修正弹丸落地点为阻力修正机构启动零点，定义单位时间的射程修正量为修正效率。

对四组不同初速和射角情况下的射程修正量与阻力机构启动时刻的关系进

行仿真计算，分组情况见表 7－2。

表 7－2　射程修正量与阻力片展开时间关系仿真分组

组　号	初速/(m/s)	射角/(°)
A	780	40
B		50
C	930	40
D		50

仿真结果如图 7－9 所示。由图 7－9 可知：

(1) 不同射击条件下，同一时间段内的射程效率不同，越接近落点射程效率越低。

(2) 同一初速下，射角越大射程修正效率越低。同一射角下，不同初速对射程修正效率的影响相对较小。

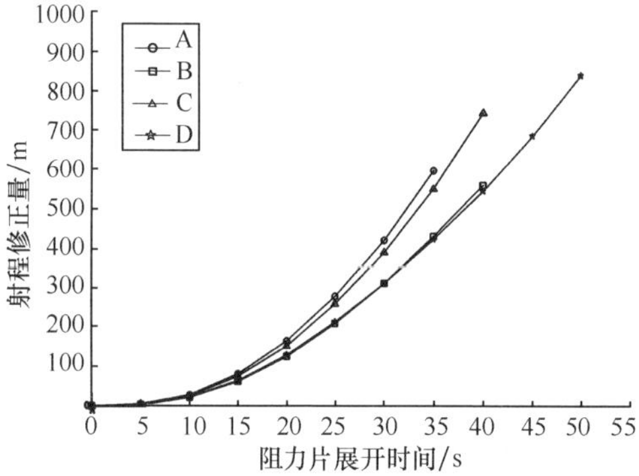

图 7－9　射程修正量与阻力修正机构启动时刻之间的关系

7.4　配一维弹道修正引信弹丸精度分析及仿真

7.4.1　配一维弹道修正引信弹丸精度分析

配一维弹道修正引信弹丸射程修正误差主要包括炮目位置测量误差、弹道修正策略误差、射程预测误差、阻力修正机构启动时间解算误差、阻力修正机构启动过程时间误差及阻力修正机构启动后随机误差等，如图 7－10 所示。其中，炮目测量误差较小。根据前面的分析，弹道修正策略误差主要取决于提前瞄准量的选取，通过选择合适的提前瞄准量可使这部分误差降到较小水平。阻力修正机构启动时间解算误差较小，引起的射程误差可控制在 2m 以内。阻力修正机构启动时间可控制在毫秒级水平，引起的射程误差为 1m 以内。

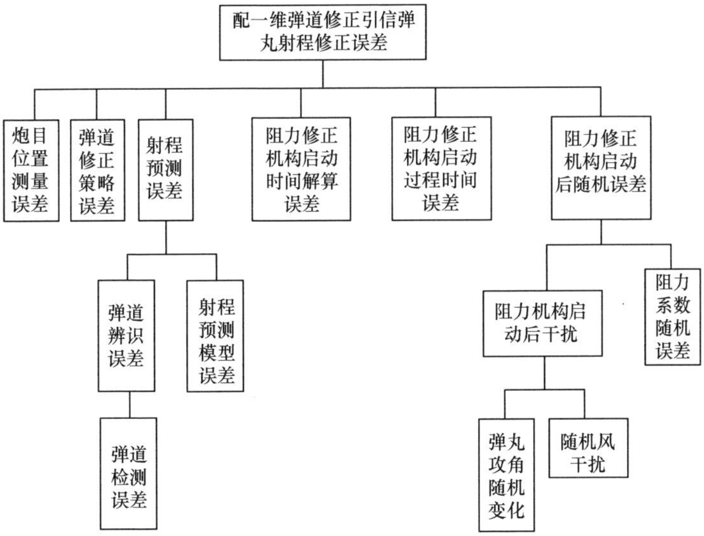

图 7-10 配一维弹道修正引信弹丸射程修正误差

配一维弹道修正引信弹丸射程修正误差主要由射程预测误差和阻力修正机构启动后随机误差引起。

射程预测误差主要由弹道辨识误差和射程预测模型误差两部分组成。弹道辨识误差主要取决于弹道测量误差，射程预测模型误差主要体现在弹道模型描述真实弹道的准确程度上。由于采用了基于等效弹道系数辨识的弹道预测算法，如采用卫星定位接收机测量弹道，一般动态条件下定位误差标准差为20m，测速标准差为0.5m/s，此时，对于某155mm加榴炮杀爆弹，在飞行时间60%处的射程预测中间误差在20m左右。

阻力修正机构启动随机误差主要由阻力修正机构启动后阻力系数随机误差和启动后干扰引起。其中，阻力系数的随机误差如不出现阻力片展开不一致等特殊情况，可通过加工工艺保证阻力片完全展开后扩增面积一致，从而有效减低阻力系数随机误差。阻力修正机构启动后随机干扰误差主要包括阻力修正机构启动后弹丸攻角引起弹丸飞行阻力变化和随机纵风引起的阻力变化，这两项是引起阻力修正机构启动后弹道误差的主要因素。阻力修正机构启动后随机误差可等效为阻力修正机构启动后阻力系数随机误差。根据国内相关研究结果，对某155mm加榴炮杀爆弹，配制式引信弹丸由于攻角变化等因素造成阻力系数偏差进而导致射程散布中间误差为80m。通过类比的方法进行推算：配一维修正引信弹丸，阻力修正机构通常在弹道的2/3处启动，因此如果认为阻力修正机构启动后飞行剩余1/3弹道的误差因素与配制式引信弹丸相同，则可以大致认为阻力修正机构启动后扰动因素导致的纵向散布中间误差为20～30m。

综上所述，对于射程约为30km的中、大口径加榴炮弹，射程预测中间误差为20m，阻力机构启动后随机扰动引起的纵向散布中间误差为25m，其他因素引起的纵向散布中间误差为10m，利用等概率误差合成原则，则可得配一维弹道修正引信弹丸的纵向散布中间误差约为40m。

7.4.2 配一维弹道修正引信（基于卫星定位弹道测量）弹丸射程精度仿真

1. 蒙特卡罗仿真流程

蒙特卡罗仿真流程图如图7－11所示。仿真流程如下：

（1）选定初速、射角、地面气压、虚温、风速、弹道系数作为基本输入参数，在初速、射角、风速和弹道系数上加入适当的随机扰动量，利用6D刚体弹道方程生成一根实际弹道，同时根据前面的射程提前瞄准量确定目标点射程。

（2）在实际弹道数据上加入适当的随机扰动量以模拟弹道测量误差，生成弹道测量值，进行弹道辨识和落点预测，同时根据阻力修正机构启动时刻与射程修正量的关系解算阻力修正机构启动时间。

（3）在实际弹道数据中查取对应于阻力修正机构启动时间的弹道诸元，利用阻力修正机构启动后的阻力系数，加入适当扰动量，通过6D刚体弹道方程计算弹丸实际射程，与目标点进行比较生成射程修正偏差。

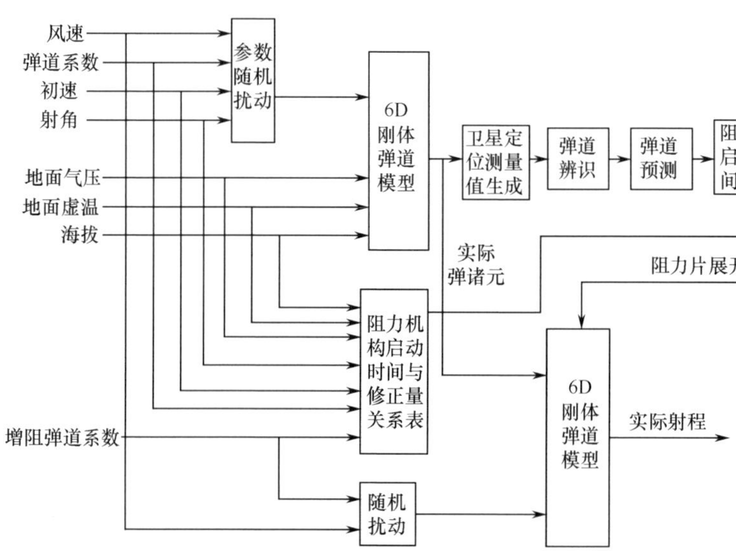

图7－11　蒙特卡罗仿真流程图

2. 卫星定位精度对配一维弹道修正引信弹丸射程精度的影响

以同一初速、射角和气象条件作为仿真模型的输入，改变卫星定位测量精度水平，进行蒙特卡罗仿真（每组 100 条弹道），分析卫星定位测量误差对射程修正误差的影响。

仿真结果见表 7-3。

表 7-3　卫星定位精度对射程修正精度影响的仿真结果

水平定位误差（1 σ）/m	垂直定位误差（1 σ）/m	速度定位精度（1 σ）/（m/s）	纵向散布中间误差/m
10	15	0.2	22
10	15	0.5	34
20	30	0.2	30
20	30	0.5	36
10	15	1	68
20	30	1	90

由表 7-3 可得：

（1）在卫星定位精度水平优于水平 20m、垂直 30m、速度 0.5m/s（1 σ）时，卫星定位精度水平方位的提高未带来射程修正精度的明显提高。

（2）射距修正精度对卫星定位的速度测量精度较位置精度更为敏感。

3. 阻力修正机构启动后随机误差对配一维弹道修正引信弹丸射程精度的影响

根据 7.3.1 节的分析，阻力机构启动后随机误差等效为阻力系数随机误差。在同一射击条件、同一卫星定位精度水平下对不同阻力系数误差对最终射程精度的影响进行分析。分析结果见表 7-4。

表 7-4　不同阻力机构启动后阻力系数误差对射程精度的影响

阻力系数相对偏差标准差/%	纵向散布中间误差/m
0.1	31.93
0.3	47.25
0.5	47.83
0.7	73.72
0.9	77.95

由表7-4可以看出，随着阻力机构启动后阻力系数误差的增大，射程精度也随之下降。

4. 配一维弹道修正引信弹丸射程精度综合仿真

以某155mm底凹杀爆弹为对象，在标准气象条件下，对四组不同初速、射角条件下配一维弹道修正引信弹丸射程精度进行蒙特卡罗仿真。仿真时，加入各种随机扰动使弹丸射程密集度约为1/269。卫星定位精度水平为水平20m、垂直30m、速度0.5m/s（1σ）。阻力修正启动后的阻力系数相对误差标准差为0.1%。每组仿真100条弹道。仿真结果见表7-5。

表7-5 蒙特卡罗仿真结果

初速/(m/s)	射角/(°)	不修正弹丸				修正弹丸			
		平均射程/m	射程标准差/m	射程中间误差/m	密集度	平均射程/km	射程标准差/m	射程中间误差/m	密集度
780	40	22.210	115	78	1/284	21.989	35	24	1/916
	50	22.657	119	80	1/283	22.433	43	29	1/773
930	40	28.458	141	95	1/299	28.179	47	32	1/880
	50	29.765	164	111	1/268	29.472	66	45	1/655

从表7-5可得，对弹丸进行一维修正后，射程散布误差明显降低，随射程增加，修正后的射程误差也有所增加。在大射角下射程误差增大明显，这与大射角下阻力修正机构的射程修正效率（单位时间射程修正量）降低有关。射程修正效率降低时，为保证射程修正量足够，只能靠“早启动”来弥补，从而导致阻力修正机构启动后弹丸飞行时间增长，并增加了随机误差的影响。图7-12~图7-15为四组弹丸修正前后的落点分布情况。

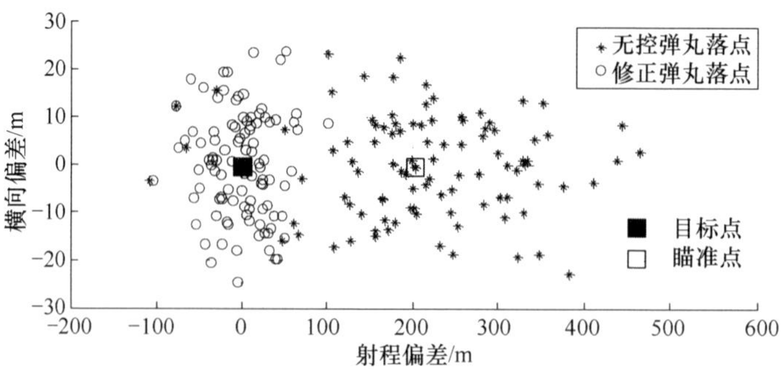

图7-12 初速780m/s、射角40°落点分布

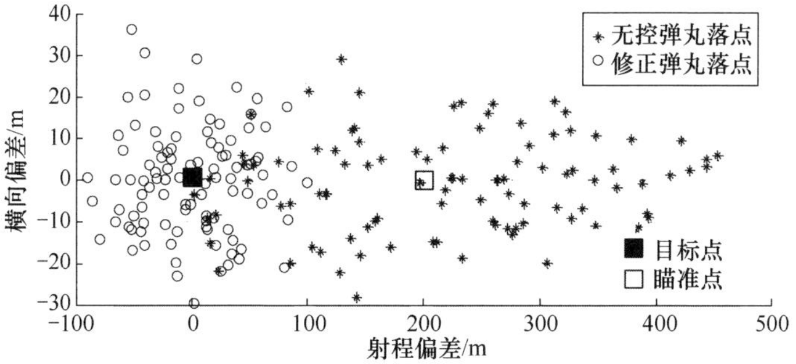

图 7-13　初速 780m/s、射角 50°落点分布

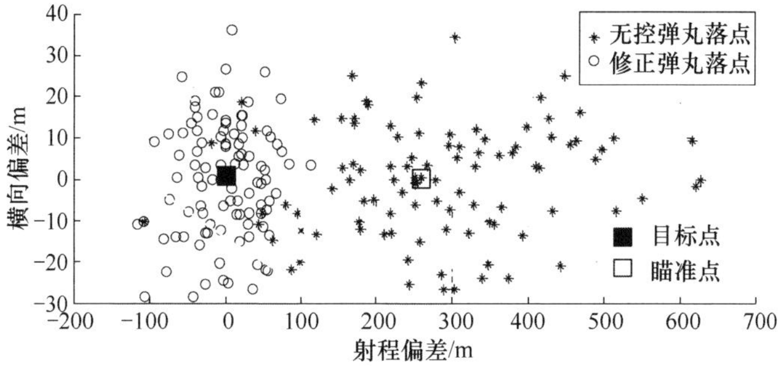

图 7-14　初速 930m/s、射角 40°落点分布

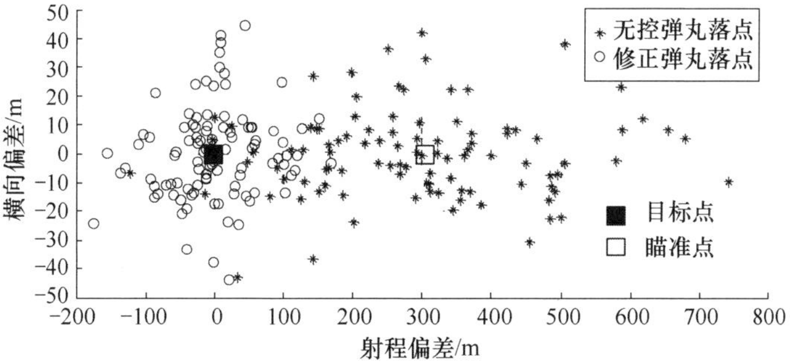

图 7-15　初速 930m/s、射角 50°落点分布

为评估配一维弹道修正引信前弹丸射程精度对配一维弹道修正引信后弹丸射程精度的影响，选取初速 780m/s、射角 50°和初速 930m/s、射角 50°两种射击条件，加入随机扰动，使配普通引信弹丸密集度降低为 1/150，进行蒙特卡罗仿真，结果见表 7-6。

表 7 -6　配一维弹道修正引信前弹丸精度对配一维弹道修正引信后弹丸射程精度的影响

初速/(m/s)	射角/(°)	不修正弹丸				修正弹丸			
		平均射程/m	射程标准差/m	射程中间误差/m	密集度	平均射程/km	射程标准差/m	射程中间误差/m	密集度
780	50	22.657	119	80	1/283	22.433	43	29	1/773
780	50	22.659	233	157	1/144	22.210	47	32	1/694
930	50	29.765	164	111	1/268	29.47	66	45	1/655
930	50	29.766	261	176	1/169	29.173	69	47	1/620

从表 7 -6 可见，不配一维弹道修正引信弹丸射程精度降低时，配一维弹道修正引信后弹丸射程精度没有太大变化。

为评估射程修正效率（单位时间修正量）对配一维弹道修正引信弹丸精度的改善效果，进行两种情况对比：阻力机构启动后阻力系数不增加和增加50%。在初速 930m/s、射角 50°射击条件下，配一维弹道修正引信前密集度为1/150 时的情况进行蒙特卡罗仿真。仿真结果见表 7 -7。

表 7 -7　射程修正效率增加时对配一维弹道修正引信弹丸的改进效果

初速/(m/s)	射角/(°)	阻力系数	修正弹丸纵向散布			
			平均射程/km	标准差/m	中间误差/m	密集度
930	50	不增加	29.173	69	47	1/620
930	50	增加 50%	29.173	59	38	1/767

由表 7 -7 可见，阻力机构阻力系数增加 50% 时，纵向散布误差减小 10m 左右。因此，提高阻力机构修正效率对提高配一维弹道修正引信弹丸射程精度有一定作用。

7.4.3　结论

（1）普通中、大口径加榴炮弹丸配用一维弹道修正引信后射程精度明显提高，纵向散布中间误差可降低 60%。对于射程 30km 左右的弹丸，射程散布中间误差能降低到 50m（标准差 74m）以内，弹药消耗量能降低 1/2 以上。

（2）射程精度随射程增加有所下降，在可能的情况下提高阻力修正机构的修正效率（增加阻力机构启动后的扩增面积）有助于射程精度的提高。

(3) 对于采用火箭增程技术的远程弹(大于50km),采用一维弹道修正引信,由于射程修正效率提高受引信空间所限,其射程精度将下降,纵向散布中间误差预计在80m左右。

(4) 射程修正精度对卫星定位测速精度的敏感性高于定位精度,过分追求卫星定位的高精度对射程修正精度的提高无显著作用。

7.5 一维弹道修正引信系统集成及试验验证

7.5.1 一维弹道修正引信系统集成设计思想

在设计一维弹道修正引信过程中遵循“一小”“两低”“三高”的设计思想。“一小”即小型化设计,保证在标准引信体内完成安全与解除保险、发火控制功能的基础上,完成一维弹道修正功能,以提高射击纵向精度。充分发掘引信各组成模块的小型化设计潜力,在保证各项性能指标不降低的前提下,将各组成模块做到最小。“两低”即低成本、低功耗设计。配一维弹道修正引信的弹药以完成面压制任务为主,弹药消耗比精确点打击弹药大,在提高面压制精度的同时还应考虑效费比因素,因此在设计一维弹道修正引信时应始终贯穿低成本的设计思想。例如:对于安全系统、传爆序列等,尽量采用其他已装备订货产品零部件;电子元器件等选用通用货架产品。在原标准引信空间内增加弹道修正模块后,留给电源的空间也大为减小,除需选用低功耗电子部件外,还需进行合理的供电时序设计,根据不同工作时间段引信应完成的功能对各模块电源供电进行有效管理。“三高”即抗高过载、高转速、高可靠性设计。首先应充分利用以往在加榴炮引信型号研制中积累的抗过载设计经验。另外:还应对整个引信进行强度分析,找出薄弱环节进行加固设计;利用合适材料、合适配比的灌封料对电路板进行灌封加固等。在高转速条件下应重点解决卫星信号接收天线在高旋转条件下卫星定位接收机可靠定位的问题,主要从天线设计和基带处理算法两方面着手。高可靠设计原则应贯穿于引信设计的全过程,通过方案设计、加工装配、地面测试等各个环节保证引信的高可靠性。

7.5.2 一维弹道修正引信总体结构设计

一维弹道修正引信总体结构如图7-16所示。引信由装定接口、毫米波近炸模块、卫星信号接收天线、接收机及弹道解算电路、阻力修正机构、电池、安全系统及传爆药柱组成。

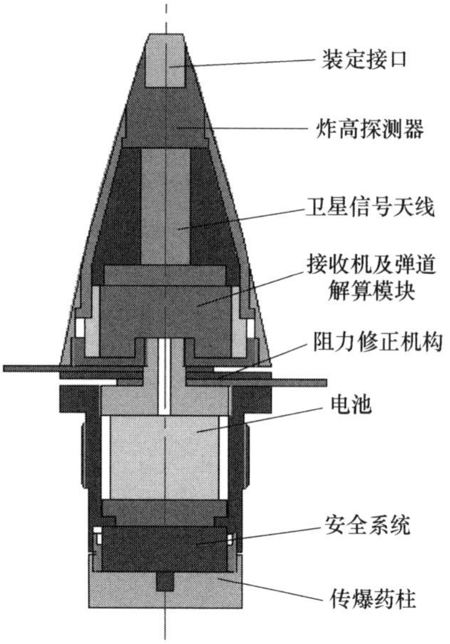

图 7-16　一维弹道修正引信总体结构

7.5.3　试验情况

北京理工大学牵头相关厂家合作相继完成了最大射程为 28～48km 包含复合增程弹等多个弹种的一维弹道修正引信靶场试验验证工作。

表 7-8 为在某榴弹上进行的配一维弹道修正引信靶场试验落点坐标。

表 7-8　配一维弹道修正引信弹丸落点坐标及密集度

修正纵向 X/m	修正横向 Z/m	与装定目标点纵向偏差 ΔX/m	阻力机构启动时间/s	不修正纵向 X/m
28706	2087	59	79.17	29022
28678	2146	31	79.97	28987
28672	2109	25	83.13	28869
28656	2113	9	85.52	28826
28610	2035	-37	80.26	28878
$E(X)/X=1/1202$	$E(Z)/X=0.92$mil	$\Delta\bar{X}=17$m	—	$E(X)/X=1/512$

无控弹和配一维弹道修正引信弹丸落点分布如图 7-17 所示。

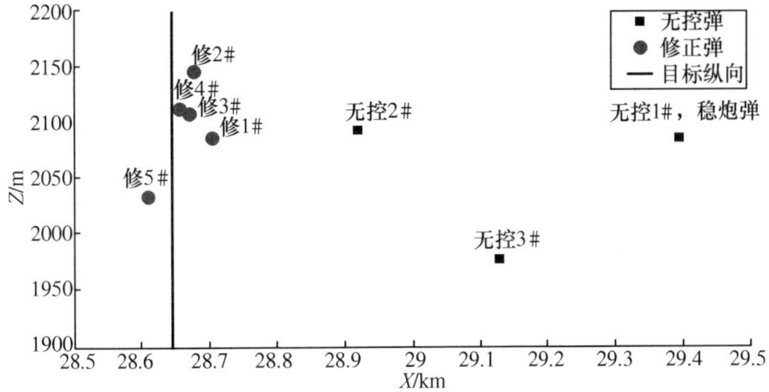

图 7－17　无控弹和配一维弹道修正引信弹落点分布

由图 7－17 可见，配一维弹道修正引信后弹丸的纵向密集度大幅提升，纵向准确度也比较高，横向散布较配普通引信弹丸无明显变化。

第 8 章
引信二维弹道修正技术

引信二维弹道修正技术是指通过对弹丸飞行弹道射击纵向和横向两个方向的修正改善弹丸落点纵向和横向两个方向射击精度的技术。二维弹道修正引信一般采用“闭环”修正技术，通过对弹丸飞行弹道的实时测量和反馈，通过修正执行机构多次对弹丸弹道进行修正。二维弹道修正技术不但提高弹丸纵、横两个方向的密集度，而且提高纵、横两个方向的射击准确度，消除决定诸元误差，大大提高首发命中率并降低弹药消耗量。二维弹道修正引信有多种实现形式，本章主要介绍基于固定偏角舵的引信二维弹道修正技术相关研究成果。

8.1 二维弹道修正引信组成和原理

8.1.1 二维弹道修正引信工作原理

基于卫星定位接收机的二维弹道修正原理如图 8 –1 所示。

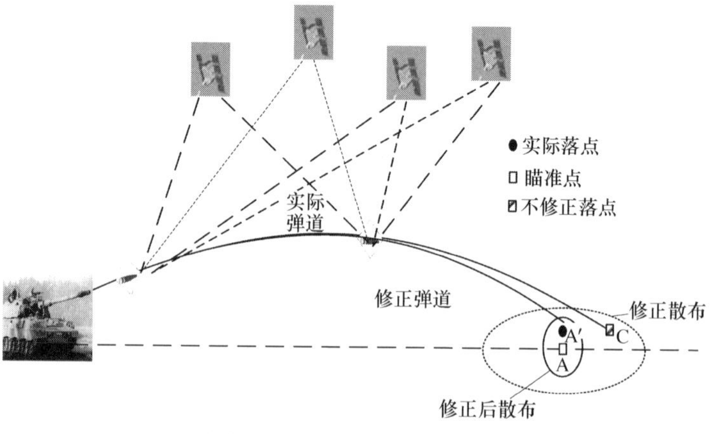

图 8 –1 引信弹道修正原理

弹丸发射前，装定炮位、目标点位置三维坐标，以及发射、气象诸元参数。发射后，热电池激活，卫星定位接收机对卫星信号进行捕获、定位。卫星定位接收机正常定位后，进行弹道辨识和落点预估，与装定落点坐标进行比较，形成偏差量，控制执行机构动作，产生修正力从而改变弹丸飞行弹道。经过多次修正后，使弹丸以较高精度对目标进行攻击。通过二维修正，可使弹无控弹丸落点分布以平均弹着点为中心的较大散布椭圆变为一个以目标点为中心的较小的散布圆。

二维弹道修正控制组件包括电池、弹道修正模块和引信功能模块三大部分，如图 8－2 所示。弹道修正模块包括卫星定位接收机、弹道修正控制器、气动执行机构及姿态测量部件。

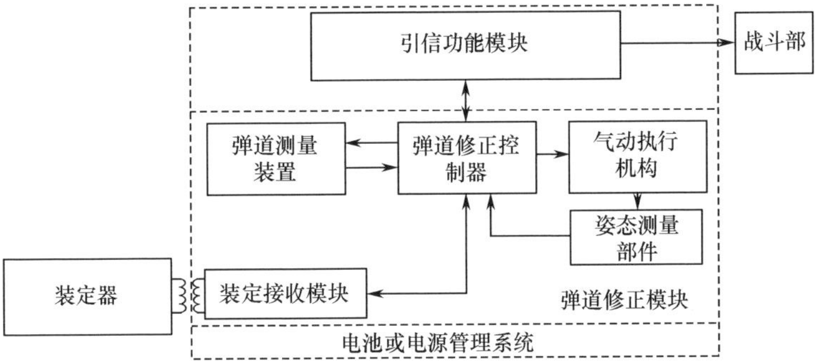

图 8－2　二维弹道修正控制组件组成框图

8.1.2　旋转弹固定偏角舵执行系统工作原理

固定偏角舵执行系统结构如图 8－3 所示。固定偏角舵执行系统位于引信头部，由舵部件和引信体两部分组成，二者由一对轴承连接，分别为前轴承和后轴承，以保证舵部件和引信体之间能相对旋转。引信体能旋入弹丸弹口螺纹。对于线膛炮，弹丸发射出炮口后，引信体随弹丸同向、同转速旋转。舵部件表面安装了一组固定气动舵面。气动舵面具有相对于引信体轴线的固定偏角并以 90°周向均布。第一对为旋转舵面，舵偏角设置为差动形式，在弹丸飞行时能提供扭转力矩克服轴承的摩擦力使舵部件相对弹丸反旋。第二对为操纵舵面，舵偏角方向一致，以提供操纵力。当产生操纵力需要对弹丸进行弹道修正时，舵部件处于相对地面参考坐标系静止在某一角度，使操纵舵面能够产生特定方向操纵力及力矩，形成弹丸攻角，生成法向力，以改变弹丸整体操纵力，最终改变弹丸飞行方向。

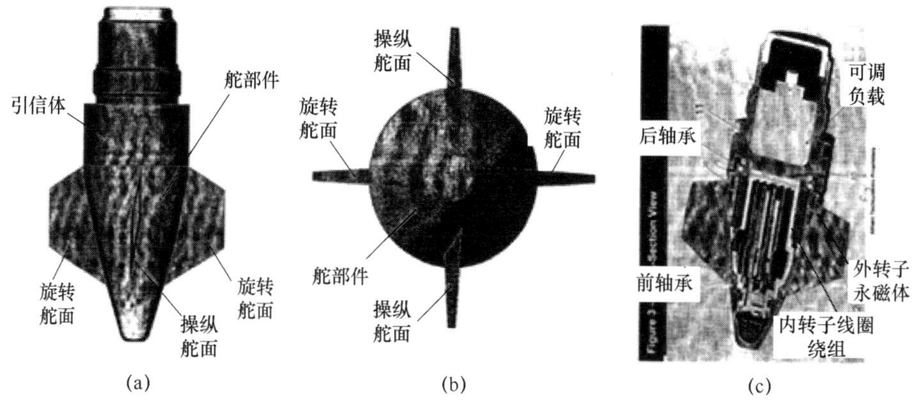

图 8-3 固定偏角舵执行系统结构

与舵部件相对位置引信体内含电路部件。舵部件的旋转控制功能由发电机和一个可调负载实现。发电机由安装于引信体内的内转子线圈绕组和安装在舵部件内表面的外转子永磁体构成。内转子线圈绕组随弹体旋转，而外转子永磁体随同舵部件相对弹体反旋，即外转子永磁体与内转子线圈绕组产生了相对旋转，此时发电机发电并给可调负载供电。由于在内转子线圈绕组中形成了电流，因而会产生反电磁力矩，该力矩与弹丸飞行过程中由旋转舵面产生的气动扭力矩相反。通过改变可调负载电阻，可调节反电磁力矩。当反电磁力矩、摩擦力矩与气动扭力矩达到平衡时，可使舵部件相对于地面坐标系保持静止状态，且通过闭环反馈控制使其停在某一特定角度。为达到最终控制目的，需要测量弹丸旋转角度及舵部件与弹丸之间的相对旋转角度。测量弹丸旋转角度可通过地磁信号、卫星定位信号等手段，测量舵部件与弹丸之间的相对旋转角度可通过霍尔元件、光电器件等。

由于舵偏角固定，无法改变修正力大小，无需测量弹丸俯仰、偏航姿态角，是一种成本相对较低的修正方案。但在对弹丸的修正过程中，必须保证弹丸依靠自身稳定性能稳定飞行。基于固定偏角舵的以上特征，要使用固定偏角舵对弹丸进行修正，必须研究：①弹丸在修正过程中的稳定性和最大修正能力。②操纵力与修正方向之间的关系；③无弹丸姿态信息的修正控制方法。

8.2 带固定偏角舵的高旋弹运动特性及稳定性分析

在安装固定偏角舵执行系统后，必须保证弹丸的飞行稳定性，由于弹丸在修正状态的稳定飞行是进行弹道修正的先决条件，因此对二维弹道修正弹的飞行稳定性研究是十分必要的。

本节运动特性的分析主要包括以下三个方面：

(1) 利用六自由度刚体运动方程，仿真计算弹丸在操纵力作用下，弹丸诸元的变化规律并分析弹丸的飞行稳定性。

(2) 弹丸在操纵力存在时的陀螺稳定性、动态稳定性。

(3) 利用小扰动法，对弹丸的运动方程进行线性化，求得弹体的传递函数，从而分析在操纵力作用下弹丸的稳定性及运动特性。

8.2.1 刚体弹道方程仿真

1. 无控弹丸弹道仿真

为了对比分析弹丸在有控条件下弹丸攻角等参数的变化特征，可以仿真无控弹丸在飞行过程中参数变化的情况。

仿真初始条件如下：

(1) 炮兵标准气象，无风。

(2) 初速 780m/s。

(3) 射角 48°。

(4) 弹丸初始转速 220r/s，正方向为从弹轴的尾部向头部看去，顺时针方向为正。

图 8－4 所示为攻角随时间的变化。

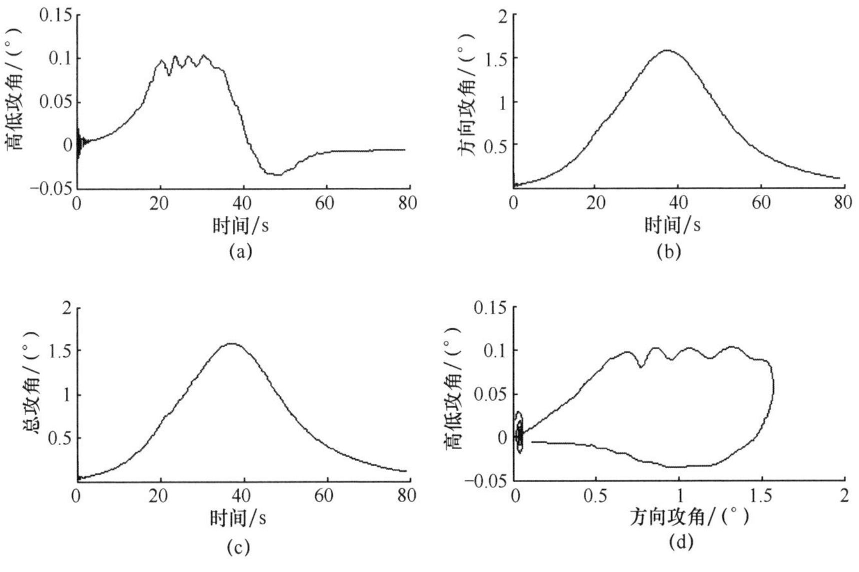

图 8－4 攻角随时间的变化

(a) 高低攻角与时间；(b) 方向攻角与时间；(c) 总攻角与时间；(d) 方向攻角与高低攻角。

从图 8 -4 中可以看出，弹丸在整个飞行过程中，最大攻角不超过 1.6°。在弹丸发射之初，攻角存在振荡，几秒后振荡的振幅逐渐减小。攻角在竖直平面内的分量比较小，不超过 0.1°（图 8 -4（a）），攻角在水平面内的分量比较大，它主要是重力产生的动力平衡角，它是形成旋转弹偏流重要原因之一。对比图 8 -4（b）与图（c）可以看出，总攻角的变化趋势与方向攻角基本保持一致。

图 8 -4（d）为方向攻角与高低攻角变化关系。坐标的原点可看作弹丸速度矢量与该坐标平面的交点，且该坐标平面垂直于弹丸的速度矢量。因此，该曲线可以看作弹轴与坐标平面的交点随时间变化。

图 8 -5 为弹丸射程、高度与横偏随时间变化的关系。弹丸的射程为 21215m，横偏为 736 m，最大高度 6566 m，飞行时间为 79.3s。

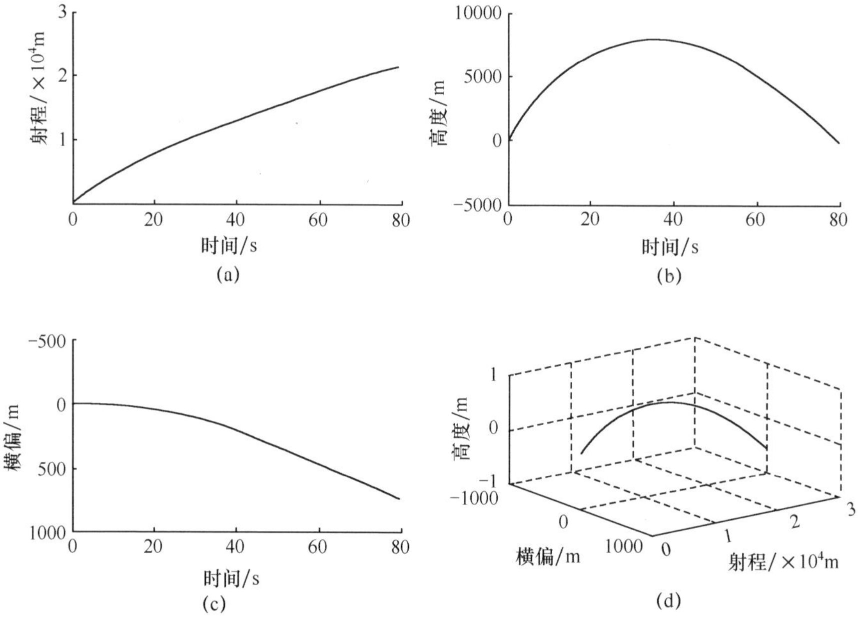

图 8 -5 射程、高度、横偏与时间的关系

（a）射程与时间；（b）高度与时间；（c）横偏与时间；（d）三维坐标。

图 8 -6 为飞行速度随时间的变化。从图 8 -7 可以看出，弹丸出炮口后，由于阻力与重力的作用，速度急剧下降，过弹道顶点后，弹丸的速度有所增大，但是比较缓慢。

图 8 -7 为飞行速度随时间的变化。从图 8 -7 可以看出，转速随飞行时间的增加一直都在减小，因为极阻尼力矩方向与滚转方向始终相反。

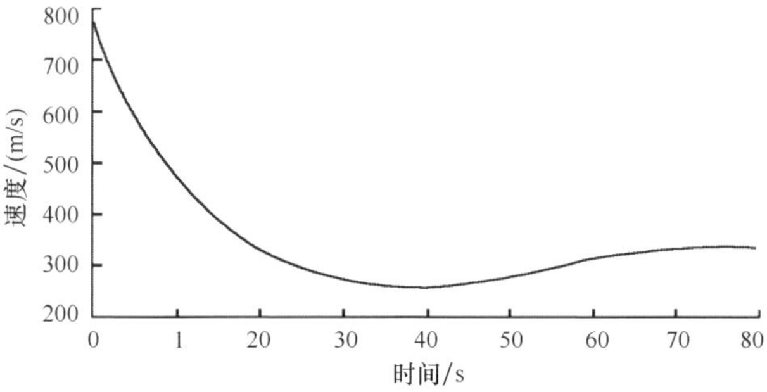

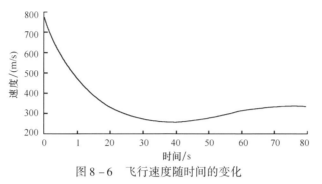

图 8－6 飞行速度随时间的变化

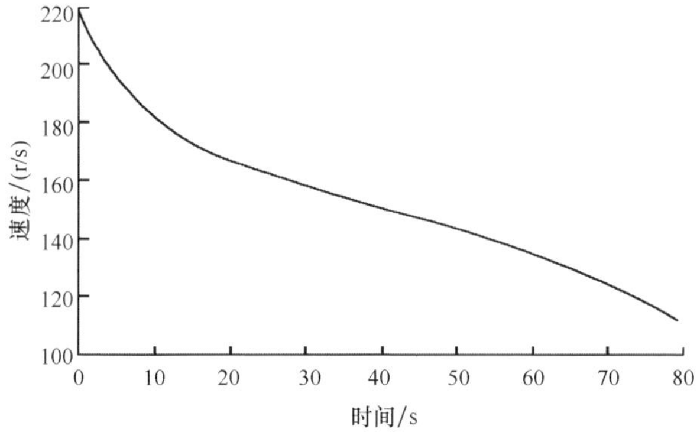

图 8－7 转速随时间的变化

2. 有控弹丸弹道仿真

不失一般性，选取任意一个滚转角仿真计算。这里选取舵滚转角为 135°，固定偏角舵开始作用的时刻为第 60 秒，发射的初始条件同无控弹丸。在实际环境中，固定偏角舵由自由滚转状态转化为操纵状态是需要一定过渡时间，为简化分析，不考虑这个过渡时间，即认为由自由滚转状态到相对惯性坐标系静止是瞬时的。经仿真计算，得到在该仿真条件下攻角及弹道诸元的变化情况如图 8－8 所示。图中虚线部分代表无控弹丸的参数曲线，实线代表有控弹丸的参数曲线。

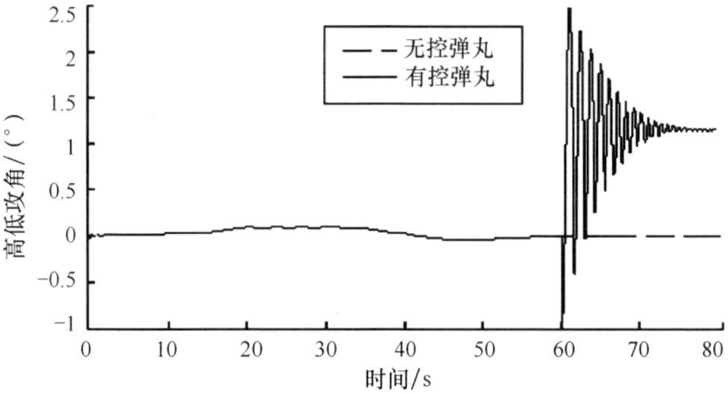

（a）

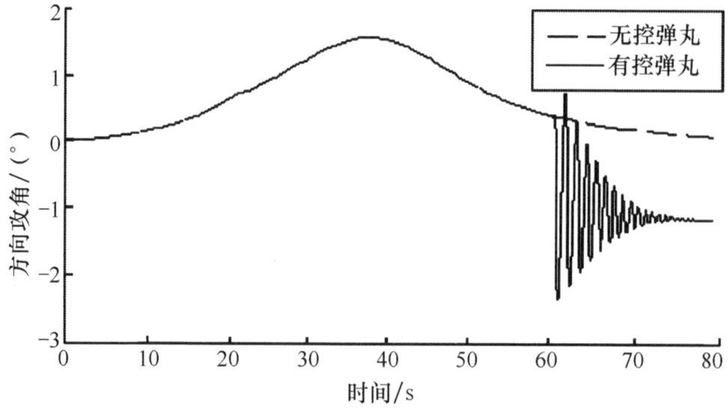

(b)

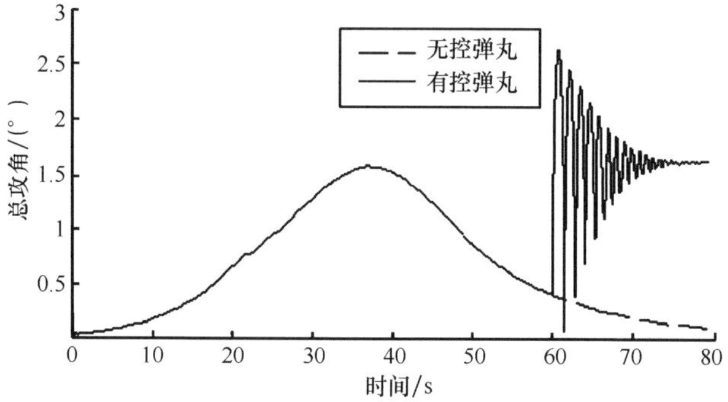

(c)

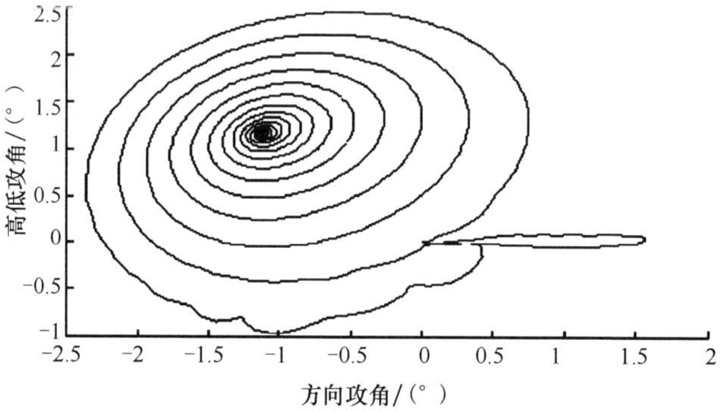

(d)

图 8-8　攻角随时间的变化情况

(a) 高低攻角与时间；(b) 方向攻角与时间；(c) 总攻角与时间；(d) 高低攻角与方向攻角。

从图 8-8 可以看出，弹丸在操纵力作用下，攻角变化较大，但是最大值也不超过 2.5°，弹丸攻角仍然能够保持稳定。由于弹丸为右旋，其攻角在收敛过程中是绕着最终的平衡点位置做半径逐渐减小的顺时针进动。同样从图 8-8可以看出，攻角的平衡位置方向与固定偏角舵产生操纵力方向并不一样，其具体原因将在下节中讨论。

图 8-9 为弹丸射程、高度与横偏随时间的关系。从图 8-9 可看出，弹丸

持续修正的时间约为10s，弹丸的射程增大36m，横偏减小81m。从这组的仿真情况来看，弹丸在操纵力的作用下，其攻角能够保持平衡，且具有一定的修正能力。

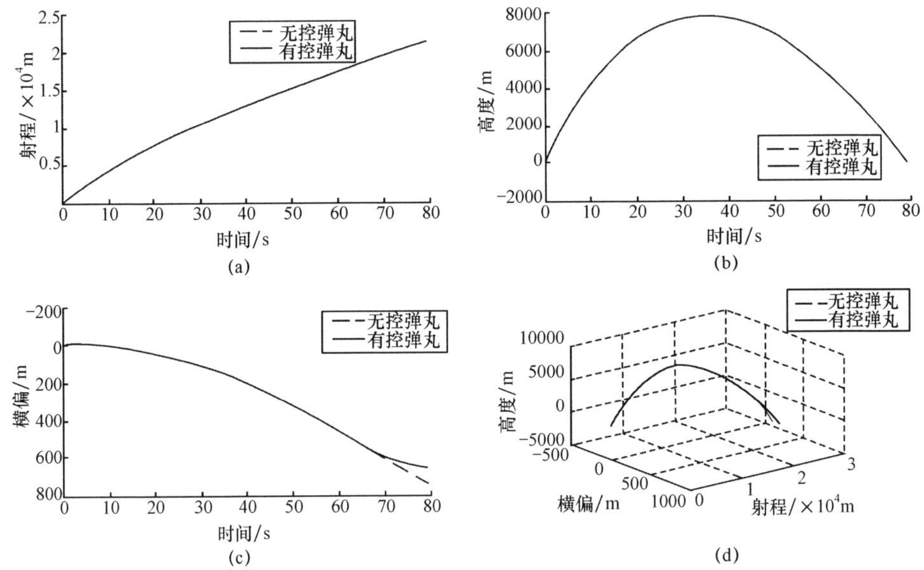

图8－9　三维坐标与时间的关系

(a) 射程与时间；(b) 高度与时间；(c) 横偏与时间；(d) 三维坐标。

8.2.2　高旋弹丸稳定性分析

从8.2.1节的数字仿真分析结果可以看出，在飞行过程中，旋转的弹丸在固定偏角舵产生的操纵力作用下仍然能够稳定飞行，但是不能获知弹丸有多大的稳定裕度。本节的陀螺稳定性分析可以估算弹丸的稳定裕度。

经过改装的弹丸由二维弹道修正引信与弹体两部分组成，在自由飞行与修正控制飞行过程中，根据8.2.1节分析，舵部件与引信及弹体相对旋转，由于引信及弹体的质量和转动惯量都远大于舵部件，为简化分析，不考虑舵部件所产生的陀螺效应。在舵部件不旋转时产生的操纵力的作用下，弹丸的陀螺稳定因子、动态稳定因子会发生改变，这些因素的变化会对弹丸的飞行稳定性造成一定的影响。

1. 陀螺稳定性

高速旋转弹丸的稳定飞行是依靠其产生的陀螺稳定性来实现的。弹丸在高速旋转条件下，当有操纵力作用时，弹轴将围绕某个平均位置旋转与摆动，从而不会因翻转力矩的作用而翻转。具有陀螺稳定的弹丸有保持弹轴方向不变或变化很小的特点，使得弹丸飞行的章动角始终不会超过允许值，从而保证弹丸的稳定飞行。

陀螺稳定性是指弹丸受到扰动后弹轴可以形成绕速度线周期性摆动的特性。对于旋转弹，静力矩一般为翻转力矩，当受到扰动产生攻角后，会产生静不稳定力矩，使弹轴有离开飞行速度线的趋势，如果弹丸不自转，弹轴将进一步离开速度线直至翻倒。但如果弹体自转，在有足够高的转速下形成足够高的陀螺效应，弹轴绕速度线做周期摆动而不至于翻倒，这称为旋转弹丸的陀螺稳定性。

在所有空气力矩中，静力矩占主导地位，在考虑全部外力和力矩时，弹轴角运动的表达式仍可以用当只考虑静力矩时，描述旋转弹飞行稳定性的攻角方程来代替：

$$\Delta'' - \mathrm{i}P\Delta - M\Delta = 0 \tag{8-1}$$

线性微分方程的稳定性完全取决于齐次方程解的稳定性。为保证式（8－1）的根能够收敛，需有

$$S_{\mathrm{g}} = \frac{P^2}{4M} > 1 \text{ 或 } 1/S_{\mathrm{g}} < 1 \tag{8-2}$$

式中

$$P = \frac{C\dot{\gamma}}{Av}, M = \frac{\rho S}{2A} l m'_z + \frac{\rho S l_{\mathrm{cg}}}{2A} c'_{\mathrm{cy}}$$

其中：v 为弹丸飞行速度；$\dot{\gamma}$ 为弹丸自转角速度；C 为弹丸极转动惯量；A 为弹丸赤道转动惯量；ρ 为来流空气密度；l 为弹丸长度；m 为弹丸质量；S 为弹丸圆柱段横截面积；m'_z 为静力矩系数导数（表 8－1）；l_{cg} 为舵面气动力作用中心至弹丸质心的距离；c'_{cy} 为固定偏角舵的升力系数导数（表 8－2）。

表 8－1　静力矩系数导数

Ma	0.01	0.6	0.9	0.95	1	1.05	1.1	1.2	1.35	1.5	1.75	2	2.5
m'_z	3.36	3.38	3.96	3.89	3.68	3.42	3.38	3.42	3.28	3.26	3.2	3.01	3.01

表 8－2　固定偏角舵的升力系数导数

Ma	0.7	0.9	1	1.1	1.5	2	3
c'_{cy}	0.0159	0.0165	0.0167	0.0177	0.0162	0.013	0.0096

S_{g} 为陀螺稳定因子，在陀螺效应计算中，一般无控弹的静力矩是指总空气动力对弹箭质心之矩，对于旋转弹它是一个使弹体翻转的力矩。有控弹丸产生的操纵力位于弹丸的头部，它对质心的力矩也是一个翻转力矩。因此，计算陀螺稳定性时，静力矩还应包括操纵力。

从表 8－1 和表 8－2 可以看出：Ma 数大于 2 时，不管是静力矩系数导数

还是固定偏角舵升力系数导数随马赫数的变化并不大。当 Ma 数大于 2 时，这两个系数都随之减小。

弹丸发射后，由于空气的阻力作用，特别是在弹道顶点前，速度减小较快，10～20s 后 Ma 数小于 2。弹丸过弹道顶点后，由于重力的作用，速度会有所增加，但是仍然受空气阻力的影响，由于空气阻力的作用，速度也不会一直增加，而是保持 $Ma=0.8\sim1.3$。弹道修正的位置一般都在弹道的中后段，因此，可以不分析弹丸在较高马赫数下的陀螺稳定性。因为不对弹丸修正时，其弹道特征与无控弹丸相近，而无控弹丸的稳定性肯定是满足要求的。

从式（8－2）可以看出，陀螺稳定性与空气密度、飞行速度、弹丸转速相关，且陀螺稳定性与空气密度成反比，与弹丸转速成正比，与飞行速度在一定范围内也成反比。

为保证分析的全面性，陀螺稳定性从两个方面分析：一是选取几组马赫数，每确定一个马赫数，以空气密度和弹丸转速为自变量，计算陀螺稳定性；二是选一条弹道，分析弹道特征点处的陀螺稳定性。

根据实际情况，分别确定马赫数为 0.8、1.0、1.1、1.3。空气密度的范围为 0.4～1.23kg/m³，转速的范围为 90～150r/s。

稳定计算结果如图 8－10 所示。图 8－10 中共有四个曲面，从上到下依次代表马赫数为 0.8、1.0、1.1、1.3 的计算结果。从图 8－10 可见：①当空气密度与弹丸转速一定时，飞行速度增加，陀螺稳定性逐渐下降；②当空气密度与飞行速度一定时，陀螺稳定性将会随着弹丸转速的增加而增大；③当飞行速度与弹丸转速确定时，空气密度不利于陀螺稳定性。

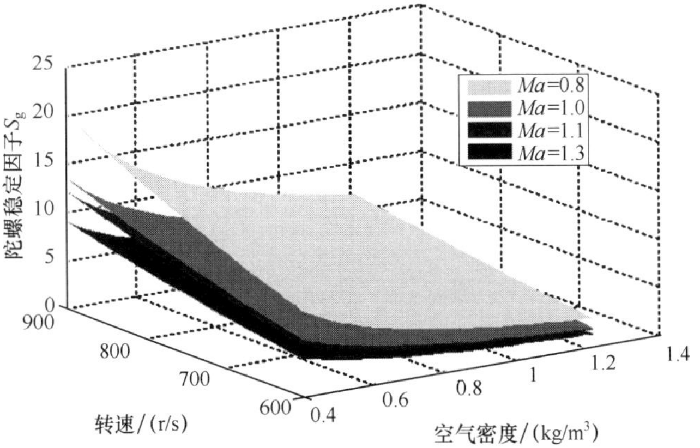

图 8－10　各马赫数下，不同空气密度与转速下陀螺稳定系数变化规律

经计算，在以上各种情况下，S_g 的最大值为 20.3、最小值为 1.32，满足式（8－2）的要求，即始终能够满足陀螺稳定性。

采用这种计算方式的要求比实际情况严格一些。由于在实际情况中，弹丸在飞行过程中所历经的空气密度、转速与飞行速度的各种组合都在以上计算范围内，是计算考虑范围的一个子集，因此，如果以上计算能满足要求，在实际飞行过程中陀螺稳定性就满足要求。

进一步对弹丸飞行过程中稳定性进行分析，分别在弹道上升段中点、顶点、下降段中点与落点四个位置选取为特征点，因为出炮口附近一般是不用弹道修正的，所以不予考虑。弹道的初始条件不变，各特征点所用的弹道参数见表8－3。

表8－3　弹道特征点参数与陀螺稳定因子

特征点	时间/s	空气密度/（kg/m^3）	转速/（r/s）	速度/（m/s）	S_g
上升段中点	15	0.6765	172.8	392.51	9.83
顶点	36	0.7139	153.6	258.45	19.89
下降段	60	0.5249	134.8	311.65	8.72
落点	79	1.1966	111.7	334.79	2.75

从表8－3可以看出，在此初始发射条件下，弹丸的陀螺稳定因子始终大于1，即能够满足陀螺稳定性。同时，通过这几个特征点可知，弹丸在弹道顶点附近有较好的陀螺稳定性，是因为弹丸的转速相对较高，飞行速度较低，最重要的是空气密度在整个飞行过程中是稀薄的。弹丸在落点附近的陀螺稳定性最小，有两个方面的原因：一方面是飞行速度有所增加；另一方面是此时的空气密度最大，且弹丸的转速在整个过程中一直衰减，达到最低值，这一特点与常规无控弹丸的陀螺稳定性相似。一般情况下，普通旋转稳定弹，只有在炮口、弹道顶点和落点满足陀螺稳定性，全弹道的飞行稳定性才能得到保障。一般情况下，弹丸的稳定性越好，修正能力越差；反之，修正能力越好。通过以上分析可知，弹丸在弹道下降段，特别是后半段，具有较好的机动性。

以上部分是计算弹丸的陀螺稳定性，但陀螺稳定性只能确保弹丸的攻角在飞行过程中是周期性的，不能保证周期性运动是一个幅值逐渐减小的过程，为保证弹丸的角运动能不断衰减，还需要计算旋转稳定弹丸的动态稳定性。陀螺稳定性主要与自转角速度、飞行速度及静力矩有关，动态稳定性除与这些因素有关外，还与其他一些气动力有关，特别是马格努斯力矩，它对动态稳定性有较大的影响。

2. 动态稳定性分析

弹丸的动态稳定因子为：

$$S_d = (2T - H)/H \tag{8-3}$$

式中：$T = b_y - k_y A/C$，主要与升力和马格努斯力有关，常称为升力与马格努斯力的耦合项，$b_y=\frac{\rho S}{2m}(c'_y+c'_{cy})$，$k_y=\frac{\rho Sld}{2A}m''_y$；$H=k_{zz}+b_y-b_x-g\sin\theta/v^2$，代表角运动的阻尼，它主要取决于赤道阻尼力矩，$\theta$ 为理想弹道倾角，且有，$b_x=\frac{\rho S}{2m}c_x$，$k_{zz}=\frac{\rho Sl^2}{2A}m'_{zz}$。

动态稳定性的判据为

$$1/S_g<1-S_d^2 \tag{8-4}$$

动态稳定性分析的基本思想是系数冻结法，只能在系数冻结点附近用动态稳定性判断该点附近一段弹道上的动态稳定性，判断动态稳定性常选取弹道上的一些特殊点，如炮口点、弹道顶点、落点等，用以评价弹丸沿全弹道的飞行特性。根据实际应用特点，并不需要弹道上每个点都能够满足动态稳定性，只要这种不稳定时间不长，能够在不长弹道内恢复稳定性，也可以认为满足稳定性。

特征点分别选择弹道上升段中点、顶点、下降段中点与落点四个位置，因为出炮口附近一般是不用弹道修正的，所以不予考虑。弹道的初始条件不变，各特征点所用的弹道参数见表8－4。

表8－4 弹道特征点动态稳定因子

特征点	时间/s	S_g	S_d	$1/S_g$	$1-S_d^2$
上升段中点	15	9.83	－0.3382	0.1017	0.8856
顶点	36	19.89	－0.4033	0.0503	0.8373
下降段	60	8.72	－0.4568	0.1295	0.7913
落点	79	2.75	－0.4855	0.3636	0.7643

从表8－4可以看出，在弹道特征点处，始终满足动态稳定性判据，即满足动态稳定性要求。

图8－11为陀螺稳定性与动态稳定性之间的关系。

图8－11分别用直线标注了静稳定、动态稳定与陀螺稳定之间的关系。图8－11中，$y=1$ 虚直线以上为静稳定区域，以下为静不稳定区域。陀螺稳定区域为 $y=1$ 与坐标横轴之间的部分，坐标横轴以下为陀螺不稳定区域。两条倾斜的直线之间部分为动态稳定区域，其余部分为动态不稳定区域。如果认为静稳定是广义的陀螺稳定，那么，陀螺稳定只是动态稳定的必要条件，即弹丸如果动态稳定，则必定陀螺稳定。本节中分析的对象为高旋转榴弹，为静不稳定弹丸。同时满足动态稳定性和陀螺稳定性的区域为图中斜线部分，只有在这一区域，弹丸才有可能保持稳定性。

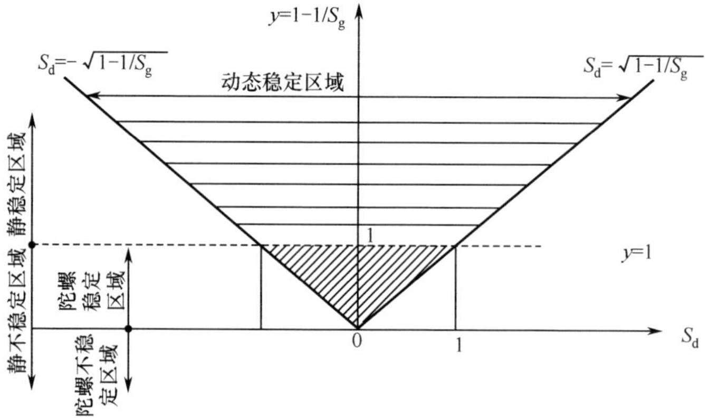

图 8-11　陀螺稳定性与动态稳定性之间的关系

8.2.3　弹道模型线性化分析

在工程中，主要有数值积分法和小扰动法研究弹丸的扰动运动。随着电子计算机的发展，数据积分应用越来越广，它具有计算精确高的特点，且不需要解出方程组的解析解，但是数值积分相当于求解初始条件下的特解，不能从方程组获得带规律性的结果，这里用小扰动的方法对微方程进行线性化，求解在操纵力作用下角运动的一般规律。

由于本节中讨论的对象为旋转弹，所以采用滚转弹弹体的线性化方法来实现。对于滚转弹丸，导弹纵、侧向运动会产生交连影响，其主要原因是陀螺效应和马格努斯效应。限于篇幅，这里直接列出滚转弹丸弹体的传递函数：

$$\Delta(s)=\begin{vmatrix} s^2-(a_{22}+\mathrm{i}\,a'_{28})s & -(a_{24}-\mathrm{i}\,a'_{27}) & 0 \\ 0 & -a_{34} & s \\ 1 & -1 & 1 \end{vmatrix}$$
$$=s^3+(a_{34}-a_{22}-\mathrm{i}\,a'_{28})s^2+[(-a_{24}-a_{34}a_{22})+\mathrm{i}(a'_{27}-a_{34}\,a'_{28})]s \tag{8-5}$$

1. 动态稳定性分析

可以利用滚转弹丸的自由扰动运动方程，研究滚转弹丸弹体的动态稳定性，只要求解式（8-5）的特征方程就可以判别其稳定性。其特征方程为

$$\Delta\lambda=\lambda^2+(a_{34}-a_{22}-\mathrm{i}\,a'_{28})\lambda+(-a_{24}-a_{34}a_{22})+\mathrm{i}\,('_{27}-a_{34}\,a'_{28})=0 \tag{8-6}$$

上式可以解出两个特征根 λ_1 与 λ_2，且有

$$\lambda_{1,2}=-\frac{a_{34}-a_{22}-\mathrm{i}\,a'_{28}}{2}\pm\frac{1}{2}$$

$$\sqrt{(a_{34}-a_{22}-\mathrm{i}\,a'_{28})^2-4[(-a_{24}-a_{34}a_{22})+\mathrm{i}(a'_{27}-a_{34}\,a'_{28})]}\quad(8-7)$$

特征根 λ_1 与 λ_2 的性质决定了扰动运动是否稳定：如果 λ_1 与 λ_2 的实部都是负数，运动就是稳定的；如果其中任意一个是正数，运动就是不稳定的。为了采用线性化的方法验证弹丸的稳定性，对一条弹道的一些位置进行计算，然后求解特征根 λ_1 与 λ_2，看是否能满足稳定性要求。

式（8-7）的实部如果要都是负数，可以用下式来判定，只要满足下式，就认为弹丸是动态稳定的：

$$\Delta=-4(a_{24}+a_{22}a_{34})+a'^2_{28}-\left[\frac{2\,a'_{27}-(a_{22}+a_{34})\,a'_{28}}{a_{34}-a_{22}}\right]^2>0\quad(8-8)$$

不同弹道时间气动力系数及稳定性参数见表8-5。

表8-5 不同弹道时间气动力系数及稳定性参数

时间/s	a_{22}	a_{24}	a_{34}	a'_{27}	a'_{28}	a_{25}	a_{35}	Δ
5	-1.594	1294.4	0.316	23.53	145.2	120.4	0.0125	1084
10	-1.083	700.08	0.196	12.22	135.1	70.18	0.0091	2771
15	-0.741	428.5	0.132	7.916	128.6	40.34	0.0063	3694
20	-0.515	293.89	0.095	3.837	124.1	24.78	0.0045	4658
25	-0.209	227.39	0.064	0.497	120.6	17.66	0.0037	9135
30	-0.121	162.2	0.056	-1.19	117.5	14.48	0.0032	12310
35	-0.111	142.46	0.052	-1.73	114.8	13.03	0.0030	12212
40	-0.113	141.3	0.052	-1.933	112.1	12.94	0.0031	11694
45	-0.117	155.11	0.056	-1.77	109.5	14.14	0.0033	11038
50	-0.141	189.13	0.063	-1.21	107.6	17.63	0.0036	9785
55	-0.227	258.45	0.074	0.111	103.6	20.43	0.0042	6853
60	-0.342	328.64	0.093	1.789	100.3	25.36	0.0050	4485
65	-0.462	397.82	0.115	2.942	97.60	30.94	0.0058	3103
70	-0.565	472.86	0.136	3.750	92.37	37.05	0.0069	2144

从表8-5可以看出，在以5s为间隔的弹道过程中，Δ 始终远大于0，即可以满足稳定性要求。

2. 在操纵力作用下攻角的动态变化

通过式（8-5）可以得到高低攻角与方向攻角在操纵力作用下动态响应传递函数，在此不做推导，只给出传递函数的表达式：

$$W_y^{\alpha}=\frac{N_1M_1+N_0M_0}{N_0^2+N_1^2}\quad(8-9)$$

$$W_y^{\beta} = \frac{N_0M_1 - N_1M_0}{N_0^2 + N_1^2} \tag{8-10}$$

式中

$$\begin{cases} M_0 = -a_{35}s + a_{35}a_{22} + a_{25} \\ M_1 = a_{35}a'_{28} \\ N_0 = s^2 + (a_{34} - a_{22})s - a_{24} - a_{34}a_{22} \\ N_1 = -a'_{28}s + a'_{27} - a_{34}a'_{28} \end{cases}$$

式（8-9）表示在操纵力作用下，攻角在操纵力作用平面内的攻角响应传递函数。式（8-10）表示在操纵力作用下，攻角在垂直于操纵力作用平面内的攻角响应传递函数。

一般情况下，旋转稳定弹在外界扰动或操纵力的作用下，角运动会出现周期性变化，不过在阻尼的作用下，角运动会逐减弱并回到平衡位置。图8-12为弹丸的角运动，速度方向垂直于坐标系平面且通过坐标原点，δ_1 与 δ_2 分别代表高低攻角与方向攻角的方向。

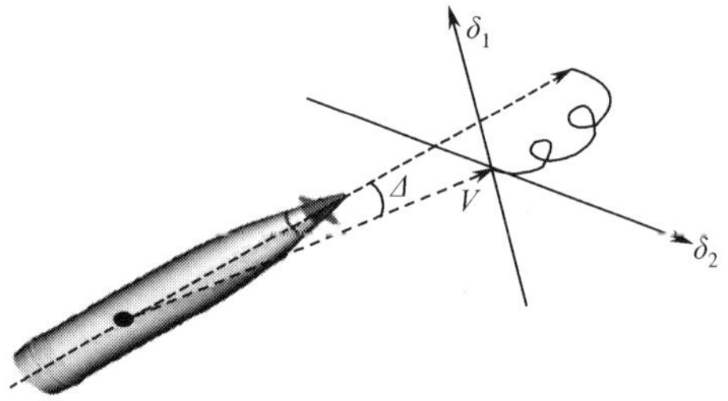

图8-12　弹丸的角运动

上面已经通过运动方程的线性化得到弹体的传递函数，下面将利用Matlab/Simulink仿真弹体在操纵力的作用下弹丸角运动的变化情况。任取弹道中一点作为分析点，在Simulink中，弹体的传递函数的模型如图8-13所示。

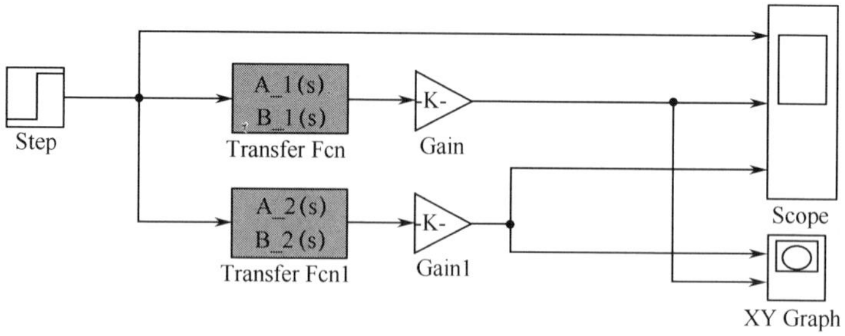

图8-13　角运动的Simulink模型

采用经典控制理论来分析弹体的传递函数，模型为单输入、单输出，且输入为固定偏角舵的操纵力，输出为高低攻角与方向攻角的变化。图 8－13 中："Step" 表示操纵力的输入，当信号为 0 时，没有操纵力，当信号为 1 时，表示有操纵力；"Transfer Fcn" 与 "Transfer Fcn1" 分别代表式（8－9）与式（8－10）的传递函数；"Scope" 为示波器；"XY Graph" 表示高低攻角与方向攻角分别为 Y 轴与 X 轴对应的轨迹。图 8－14 为当操纵力竖直向上时，即沿高低的攻角的正方向时，角运动的响应过程。

仿真时，操纵力在发射后 1s 施加，这里假设弹丸操纵力的施加过渡过程忽略不计，仿真持续时间为 50s。从 20s 开始，每隔 10s 取一个点，仿真角运动的响应过程，仿真结果如图 8－14 所示。

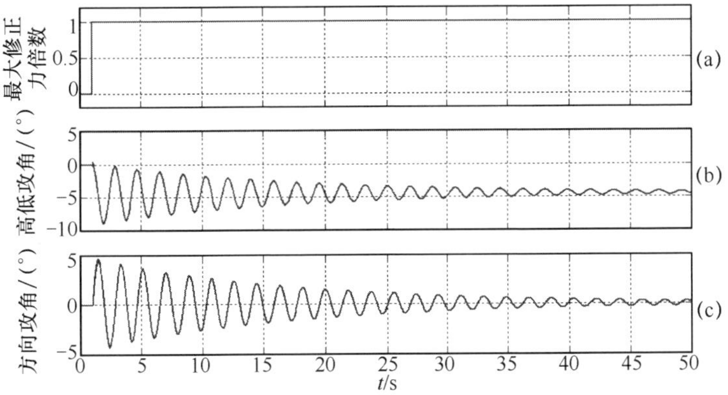

图 8－14 高低攻角与方向攻角对施加阶跃操纵力学的响应过程

图 8－14（a）、（b）、（c）分别表示阶跃操纵力、高低攻角与方向攻角随时间的响应过程，持续时间为 50s，可以看出，当施加操纵力后，高低攻角与方向攻角都会发生较大的变化，说明纵向与横向通道发生了较强的耦合现象，但是随着时间会逐渐衰减，这一点说明弹丸可以保持角运动稳定，并且在空气阻尼的作用下攻角会渐渐减小。

图 8－15 为在不同时刻，添加操纵力后高低攻角与方向攻角的极坐标图。

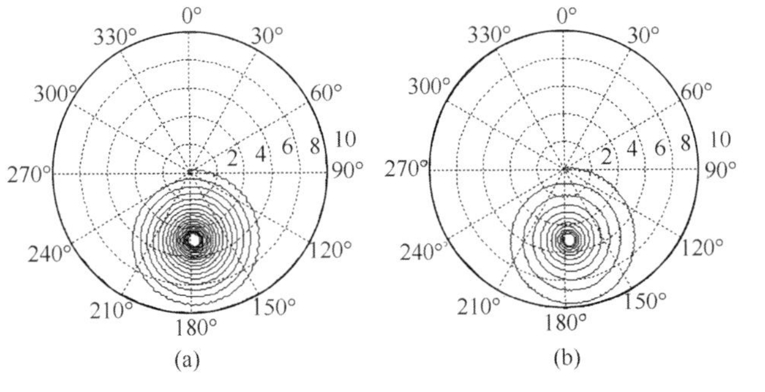

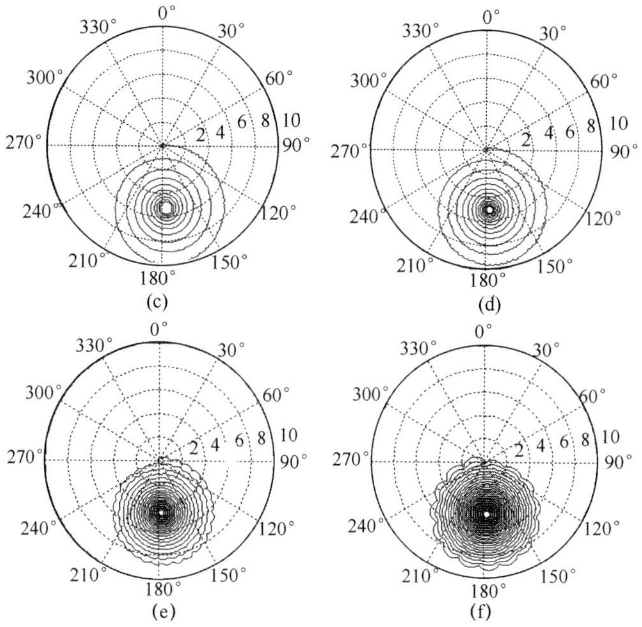

图 8－15　在不同时刻，添加操纵力后高低攻角与方向攻角的极坐标图

（a）$t=20$s；（b）$t=30$s；（c）$t=40$s；（d）$t=50$s；（e）$t=60$s；（f）$t=70$s。

从图 8－15 可以看出，有操纵力的作用下，弹丸的攻角做二圆运动，二圆运动的周期在不同的时刻，其周期大小也会不同，但角运动都可以保持稳定且收敛。同时，最终攻角收敛对应的方向与操纵力的方向基本相反。如图 8－16 所示，操纵力的方向为向上，但是稳定后攻角的方向朝下，即操纵力的方向与弹丸“抬头”的方向并不一致，存在一定的相位角。

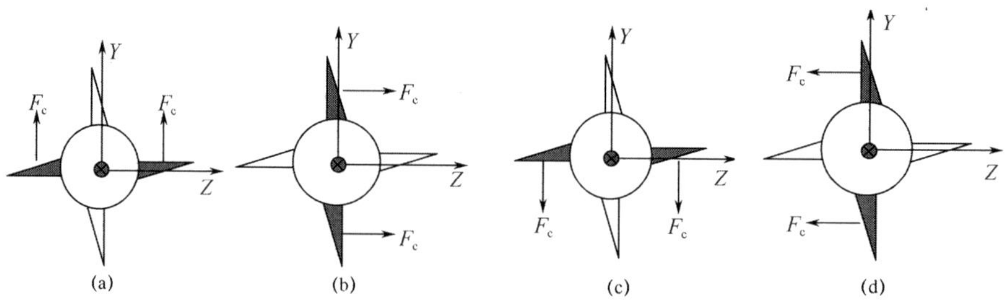

图 8－16　操纵力在固定偏角舵坐标系中的方向

（a）$\gamma_c=0°$；（b）$\gamma_c=90°$；（c）$\gamma_c=180°$；（d）$\gamma_c=270°$。

8.3　固定偏角舵滚转姿态与修正量之间的关系

通过 8.2 节的分析计算，可知弹丸在飞行过程中，由于弹丸的高速转动，固定偏角舵产生的操纵力不会使弹丸失稳，弹丸仍然能够保持飞行稳定。因此，本节将结合 8.2 节的分析结果并通过进一步的仿真求解固定偏角舵的滚转角与弹道修正方向的对应关系，即用一种简单的方法移除横向与纵向之间的耦合，从而为提出弹丸修正控制方法奠定基础。

8.3.1 弹丸在操纵力下弹道修正能力

弹丸在操纵力作用可以保持稳定，如果要能对弹丸进行修正，还需对弹丸的修正能力进行计算。

下面将分别分析固定偏角舵在不同的滚转角下弹丸的修正能力及修正方向。从弹丸尾部向前看，共分析四种特殊的滚转角 γ_c 情况，如图 8－16 所示。

图 8－16 中深灰色的舵片表示操纵舵，F_c 所指就是操纵力的方向。假设当弹丸过弹道某点后，固定偏角舵开始对弹丸进行操纵，并且滚转角的方向相对于惯性坐标一直保持不变。图 8－17 分别为四种情况下弹道射程与横偏的变化。发射的初始条件同 8.2.1 节，固定偏角舵开始修正所对应的时间为发射后 50s。

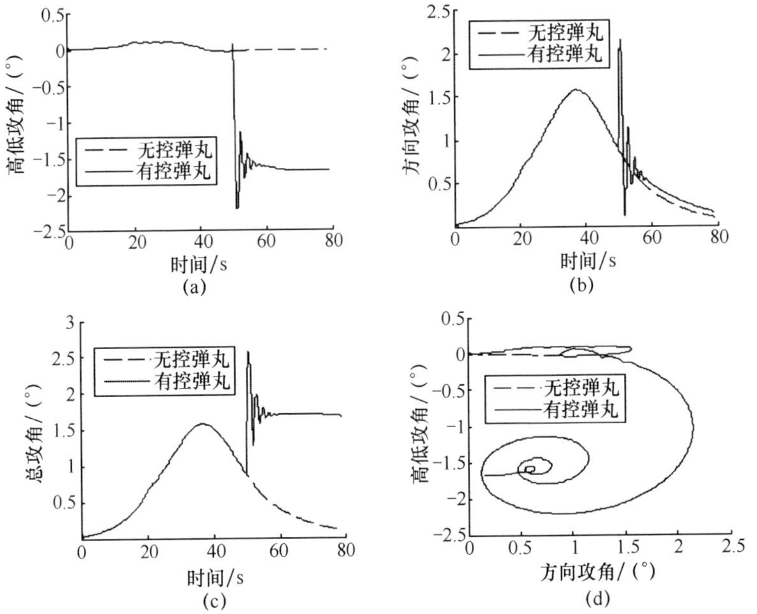

图 8－17 $\gamma_c = 0°$ 对应的攻角变化

（a）高低攻角与时间；（b）方向攻角与时间；

（c）总攻角与时间；（d）方向攻角与高低攻角。

从图 8-17 可以看出：当固定偏角舵的滚转角 $\gamma_c=0°$ 时，弹丸的高低攻角与方向攻角都会有较大的变化；但是，高低攻角的方向变化与操纵力的方向正好相反，这是由于静力矩为翻转力矩，方向攻角在平衡位置振荡后衰减，且方向攻角的变化值与高低攻角的变化值相差不大，约为 1.5°。

图 8-18 为 $\gamma_c=0°$ 时对应的射程、横偏与高度的变化。

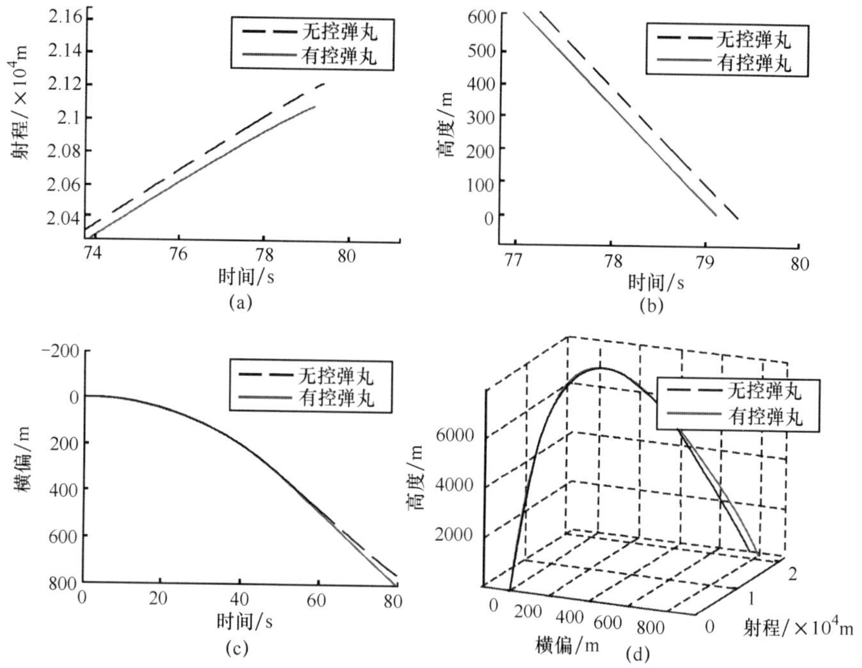

图 8-18　$\gamma_c=0°$ 时对应的射程、横偏与高度的变化

（a）射程与时间；（b）高度与时间；（c）横偏与时间；（d）射程、横偏与高度。

从图 8-18 可以看出，在操纵力的作用下，弹丸的射程减小 135.00m，横偏增大 48.93m。说明向上的操纵力并不能够使弹丸的射程增大，反而使射程减小，同时导致横偏也增大了，旋转稳定弹丸不能像尾翼稳定弹那样，需要往哪个方向修正就往哪个方向施加操纵力，因此需要探求操纵力与修正方向两者之间的关系。

下面继续计算仿真在另外三种不同滚转角的条件下，弹丸飞行攻角以及落点的比较，看是否存在一定的规律。

图 8-19 为 $\gamma_c=90°$时对应的攻角变化。从图 8-19 可见，当固定偏角舵的滚转角 $\gamma_c=90°$时，高低攻角在 0°上下振荡直至衰减到 0°附近，而方向攻角在施加操纵力的瞬间发生突变后并振荡，最后也逐渐收敛；但方向攻角的变化与操纵力施加的方向相反。衰减到 0°附近，而方向攻角在施加操纵力的瞬间

发生突变后并振荡，最后也逐渐收敛；但方向攻角的变化与操纵力施加的方向相反。

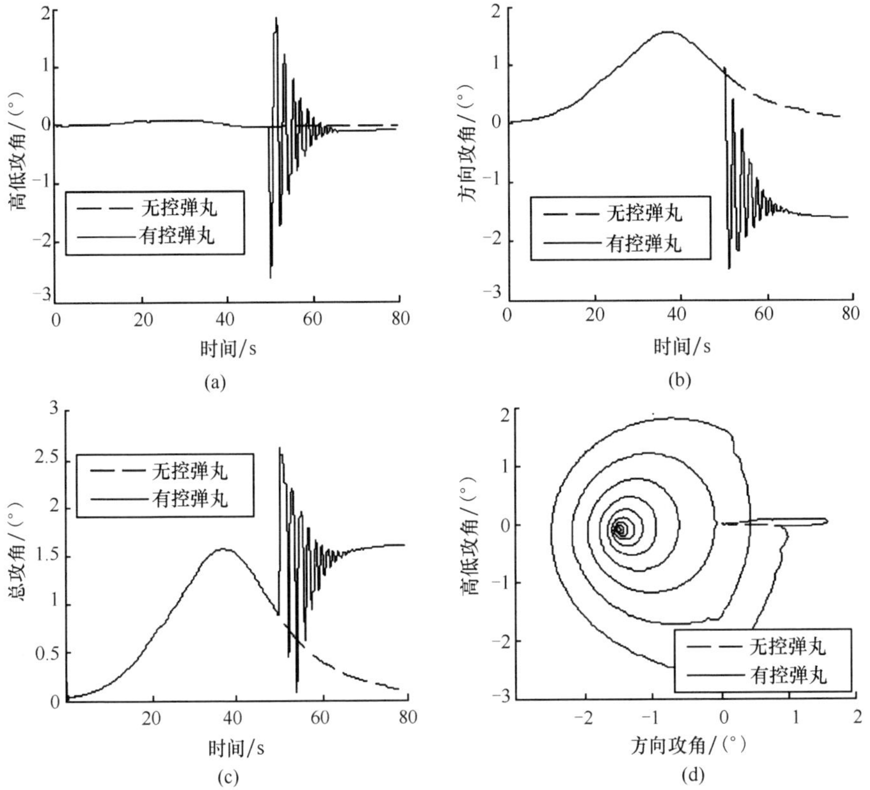

图 8－19　γ_c = 90° 时对应的攻角变化

（a）高低攻角与时间；（b）方向攻角与时间；

（c）总攻角与时间；（d）高低攻角与方向攻角。

图 8－20 为弹丸射程、高度及横偏与无控弹丸的对比，弹丸落地时，射程减小 63. 08m，横偏减小 135. 19m。

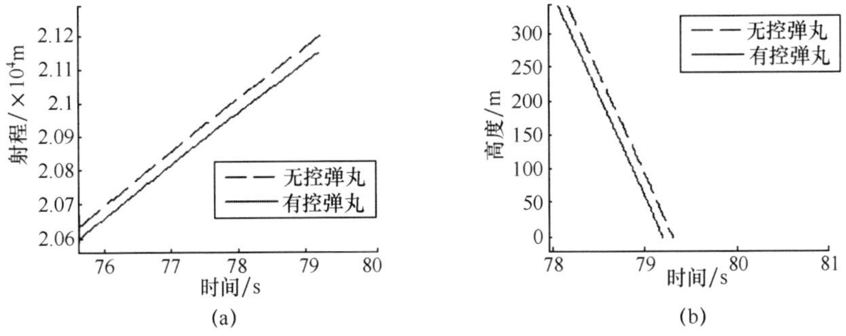

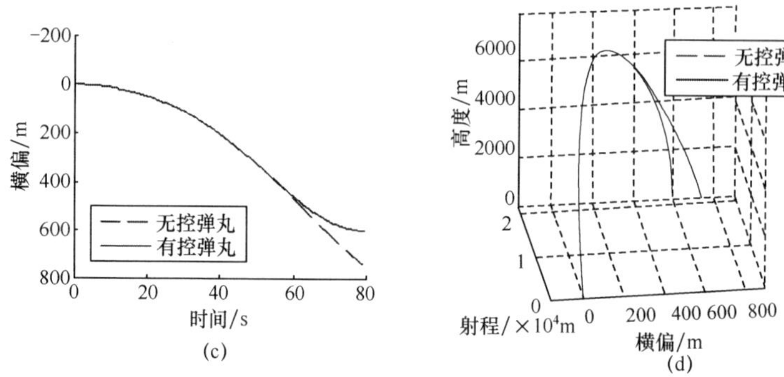

图 8－20　γ_c = 90°时对应的射程、横偏与高度的变化

（a）射程与时间；（b）高度与时间；（c）横偏与时间；（d）射程、横偏与高度。

图 8－21 为 γ_c = 180°时对应的攻角变化。

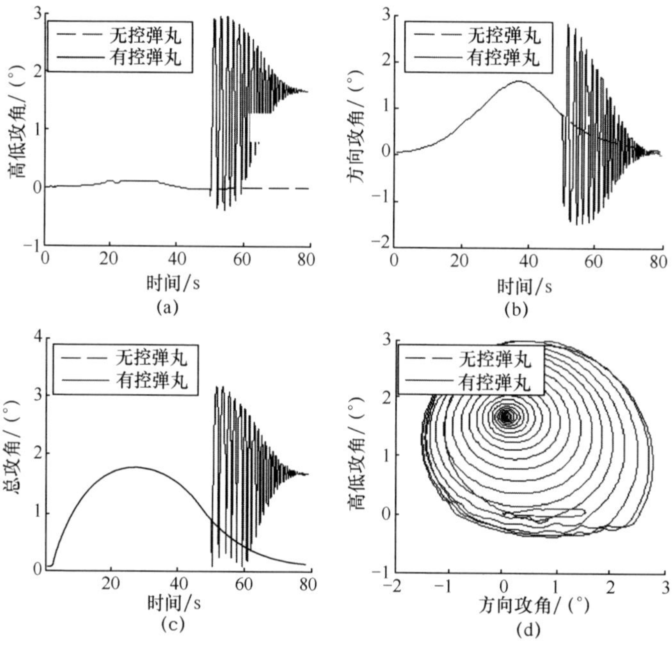

图 8－21　γ_c = 180°时对应的攻角变化

（a）高低攻角与时间；（b）方向攻角与时间；

（c）总攻角与时间；（d）高低攻角与方向攻角。

从图 8－21 可以看出，与 γ_c = 90°相比，此时的攻角变化比较剧烈，衰减速度比较慢，但攻角的变化趋势还是相同的，即高低攻角的收敛方向与操纵力的方向大致相反，且在垂直于操纵力的平面上，攻角的变化也很明显。从图 8－22 可以看出，此时射程有所增大，为 123.72m，横偏减小 49.80m。

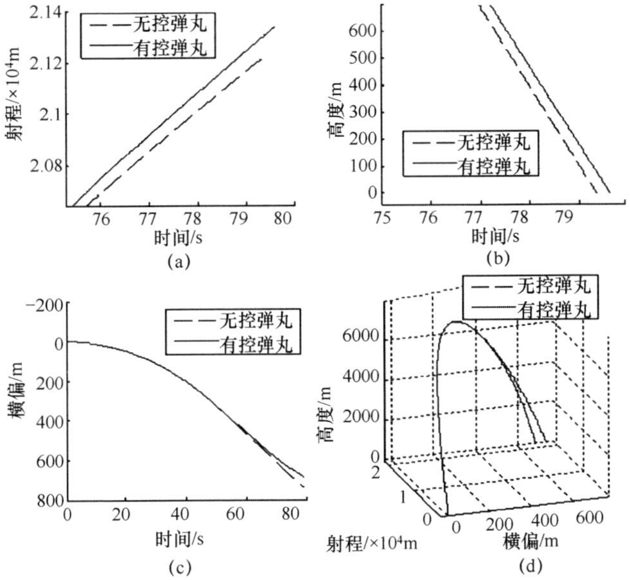

图 8－22 γ_c ＝180°时对应的射程、横偏与高度的变化

（a）射程与时间；（b）高度与时间；（c）横偏与时间；（d）射程、横偏与高度。

图 8－23 为 γ_c ＝270°时对应的攻角变化。

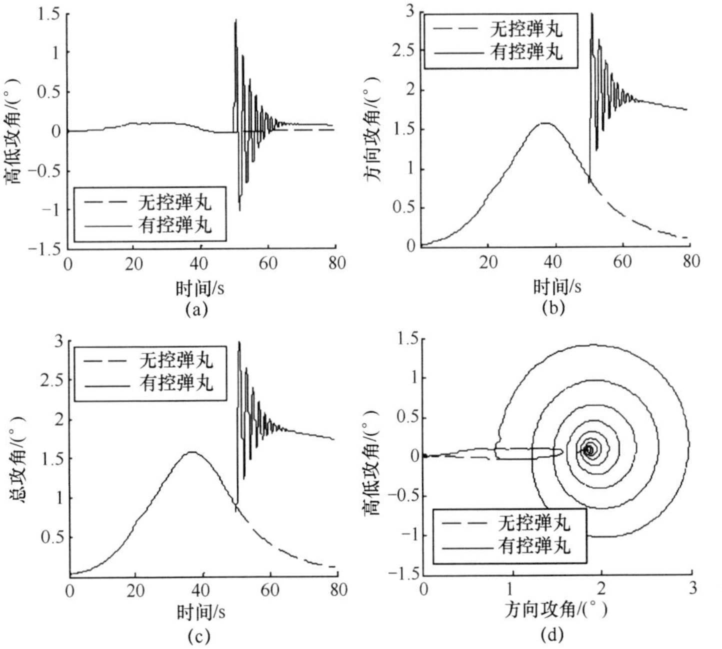

图 8－23 γ_c ＝270°时对应的攻角变化

（a）高低攻角与时间；（b）方向攻角与时间；（c）总攻角与时间；（d）高低攻角与方向攻角。

图8－23所示的这一组攻角变化情况与$\gamma_c = 90°$比较类似，特别是高低攻角的过渡过程，由于操纵力的反向，方向攻角的方向也发生变化，也同样是与操纵力的方向大致相反。从图8－24可以看出，此时射程也相对于无控弹丸有所增加，为47.05m，横偏增大114.00m。

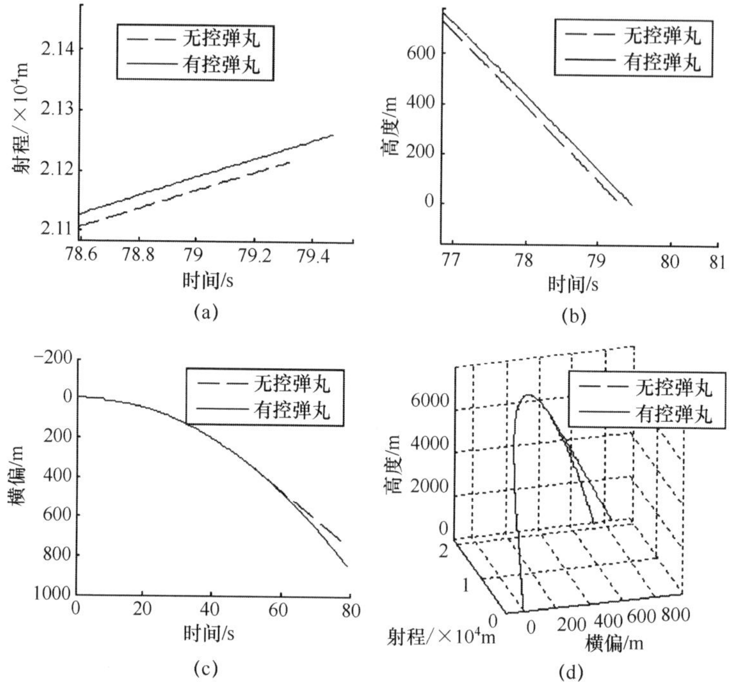

图8－24　$\gamma_c = 270°$时对应的射程、横偏与高度的变化

（a）射程与时间；（b）高度与时间；（c）横偏与时间；（d）射程、横偏与高度。

以上分析了四个不同的固定偏角舵滚转角下，弹丸的攻角及落点变化情况，它反映了在不同方向添加操纵力时射程、横偏相对于无控弹丸的射程、横偏的关系。为方便分析，总结于表8－6中。

表8－6　有控弹丸与无控弹丸落点对比

滚转角 γ_c/(°)	0	90	180	270
射程变化/m	－135.00	－63.08	123.72	47.05
横偏变化/m	48.93	－135.19	－49.80	114.00

从上面可以得到以下结论：

（1）当操纵力施加在弹丸的头部时，在操纵力平面内的攻角与垂直于操纵力平面内的攻角都会发生较大变化，且变化的幅值比较相近，说明旋转弹丸的两个通道有比较明显的耦合作用。

（2）因为耦合作用，导致弹丸弹体总升力发生周期性变化，从而对射程与横偏造成影响。

（3）由于操纵力施加后，弹丸会产生相对较大的攻角，使得马格努斯效应更加明显，从而为弹丸的运动与落点带来更加不确定的因素，增加了控制的难度，如图 8－25 所示。

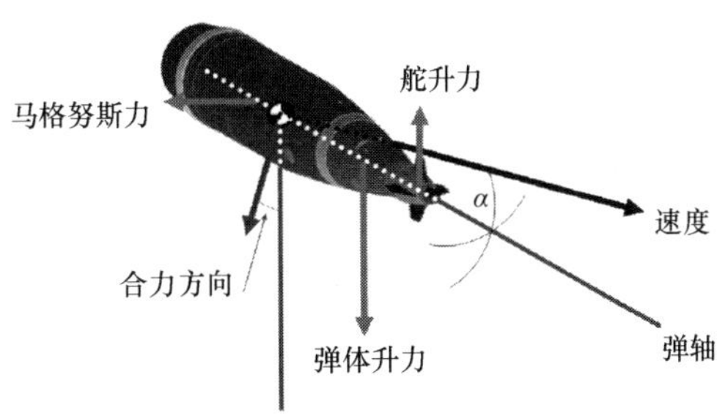

图 8－25　旋转弹丸在操纵力下各其他力的方向

（4）落点修正的方向与弹丸在操纵力后攻角所收敛的位置相关，因此修正的方向可以通过确定攻角收敛的位置来判断。

对于火箭弹，由于有尾翼稳定的作用，静力矩为稳定力矩，此时，舵升力的方向会与弹体的升力的方向一致。又因为马格努斯力较小，可以忽略不计，此时合力的方向会在舵升力与弹体升力所构成的平面内。

对于旋转稳定弹丸（图 8－25），由于弹体自旋，有较强的马格努斯效应，会产生马格努斯力与力矩。除阻力外，弹体受的力主要为弹体升力、马格努斯力与固定偏角舵的气动力。同时，由于是旋转稳定弹，一般静力矩为翻转力矩，弹体升力所产生的静力矩必须与舵产生的力矩相反，弹丸才能保持平衡。

根据质心运动定律，质心运动方向取决于合外力的方向，因此，可以通过分析弹丸的修正方向来分析合力的方向。下面将利用弹丸的修正方向规律分析在操纵力的作用下，合力方向与操纵力方向之间的关系。

8.3.2　操纵力对弹丸修正方向的影响

从 8.3.1 节的仿真可以看出，对于旋转稳定弹丸，当有操纵力旋转于弹丸头部时，由于旋转弹丸的陀螺效应，弹丸纵向通道与横向通道存在较强的耦合作用，弹丸的攻角会发生较剧烈的变化，其结果直接导致弹丸落点的变化。

在导弹控制中，解除这两个方向耦合有很多种方法，如恒值补偿的方法，当弹体转速变化不大时，可以实现静态解耦效果。Michael 等人将导弹数学模型分为运动学和动力学部分，应用动态逆方法设计了相应的解耦控制律，但基于该种思想对反馈线性化的要求较为苛刻，对于没有姿态反馈的系统是不适合的。RyotaHaga 等人采用神经网络对实时自适应飞行控制系统进行设计，引入神经网络，需要解决弹上机的实时解算能力和网络训练精度、泛化能力。受二维弹道修正引信修正控制原理所限，由于不测量弹丸俯仰角、偏航角，无传统制导弹药所具有的姿态稳定回路。仅测量弹丸飞行的位置和速度，在此情况下，需要研究比较特殊的修正控制方法。

从 8.3.1 节的分析也可以看出，在同一弹道的同一时间施加不同方向的操纵力，攻角的变化不同。因此，较全面地分析操纵力与修正方向之间的关系，需要考虑较多弹道情况，但是也不可能所有情况都加以考虑，因为这样会带来繁琐重复的计算。为了既得到两者之间的关系又不至于需要较多的仿真计算，可以采用以下方法来探索。

考虑不同发射初速、不同射角、不同的修正持续时间、不同的固定偏角舵滚转角 4 个变化因素，然后四者遍历组合，分析所有组合情况下操纵力方向与修正方向之间的关系。选取两种不同的初速与射角，5 组不同的修正持续时间，8 种不同的固定偏角舵滚转角，具体组合如图 8－26 所示。

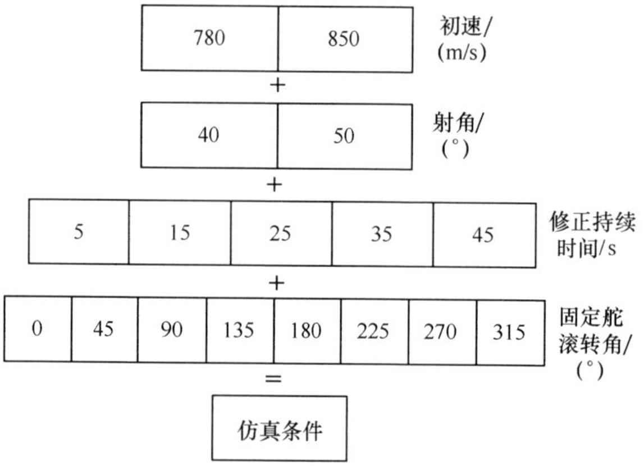

图 8－26　构成仿真初始条件的组合形式

由图 8－26 可见，这 4 个变量共同能构成 $2\times2\times5\times8=160$ 组条件，然后分别计算各种条件下固定偏角舵的操纵力所产生的修正距离的方向，最后总结两者方向关系。具体实施方法如图 8－27 所示，以上总共有 160 条不同的数据结果，然后求解出滚转角与修正方向之间的近似关系 $f(\gamma_c,\theta_c)$。

固定偏角舵的滚转角 γ_c 的范围为 0°～360°，这里也对修正方向的角度做以下定义，如图 8－28 所示，其范围同样为 0°～360°。

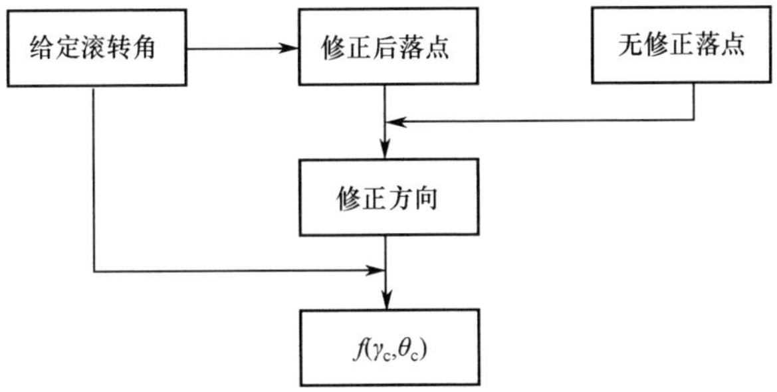

图 8 - 27　由给定滚转角求解它与合力方向关系的基本思路

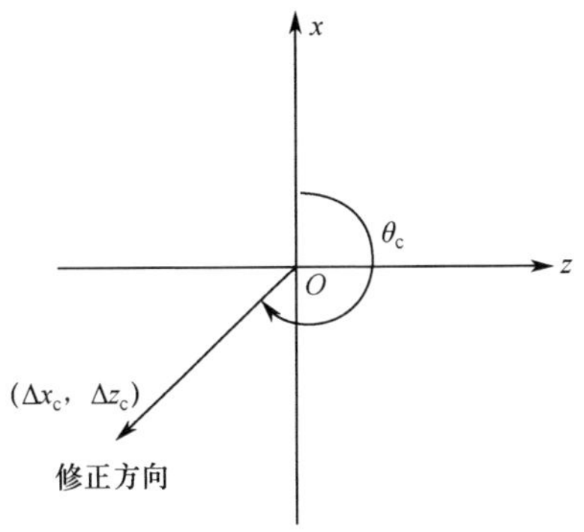

图 8 - 28　修正方向角的定义

除以上提及的条件外，气象条件为炮兵标准条件，无风，不考虑弹丸的弹形及质量偏差。图 8 - 28 对修正方向进行了定义，那么，在已知射程变化量 Δx_c 与横偏变化量 Δz_c 的情况下，θ_c 求解如下：

$$\theta_c = \begin{cases} \arctan\dfrac{\Delta x_c}{\Delta z_c} + \pi(\Delta x_c < 0) \\ \arctan\dfrac{\Delta x_c}{\Delta z_c} + 2\pi(\Delta x_c > 0, \Delta z_c < 0) \\ \arctan\dfrac{\Delta x_c}{\Delta z_c}(\text{其他}) \end{cases} \tag{8-11}$$

按照式（8 - 11）就可以计算出在不同条件下，固定偏角舵的不同滚转角所对应的修正方向角。

1. 固定偏角舵的修正能力

弹丸的修正量是指修正弹丸的落点与无控弹丸落点之间距离偏差的大小，设弹丸从开始修正到弹丸落地的时间为 t_c。在不同持续修正时间时，不同滚转角所产生的落点修正量如图 8 - 29 所示。图 8 - 29 中，同一持续修正时间共有四条曲线，它们分别代表发射初速与射角的四种组合下，修正方向角与滚转角之间的关系。

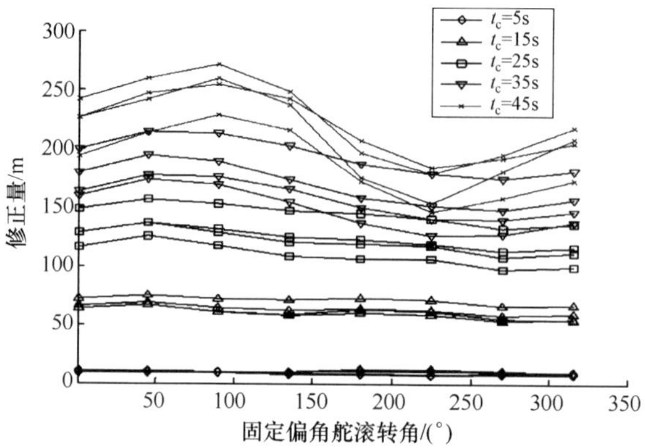

图 8－29　不同持续修正时间，不同滚转角对应的修正量

从图 8－29 可以看出：

（1）一般情况下，持续修正时间越长，修正量越大。

（2）当初始条件不同，t_c 相同时，修正量随 θ_c 的变化趋势相似。

（3）当 t_c 相同时，不同 θ_c 所对应的修正量也存在差异，特别是 t_c 较长时，这一差异会更明显。如图 8－29 中，当 t_c =45s 时，滚转角 γ_c 从 0°到 315°时，修正量的大小相差达几十米。

（4）如果弹丸单位时间内的修正量不能满要求，可以对固定偏角舵的舵偏角进行调整，一般情况下，单位时间内的修正量越大越好，但是必须满足稳定性要求。

2. 滚转角与修正方向角之间的关系

为分析固定偏角舵滚转角与修正方向角之间的关系，以滚转角为横轴、修正方向角为纵轴绘制它们在坐标中的对应关系，如图 8－30 所示。

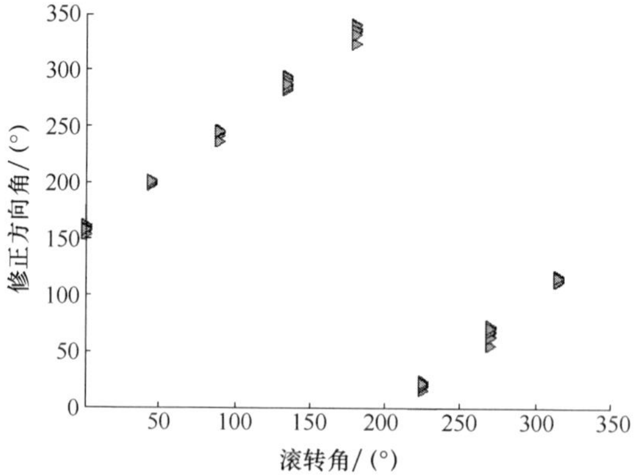

图 8－30　滚转角 γ_c 与修正方向角 θ_c 对应关系

从图 8－30 可以看出，在不同的发射初始条件与不同的持续修正时间情况

下，滚转角 γ_c 与修正方向角 θ_c 对应为两条几近平行的直线。之所以为两条平行的直线，是因为滚转角 γ_c 与修正方向角 θ_c 的定义范围为 0°～360°，θ_c 按照式（8－11）计算得来，而其实 θ_c 与 $\theta_c+360°$ 是相等的，为了便于利用图 8－30分析 γ_c 与 θ_c 之间关系，定义 θ'_c 为 0°～360°的角度，然后绘制曲线如图 8－31所示。对应公式为

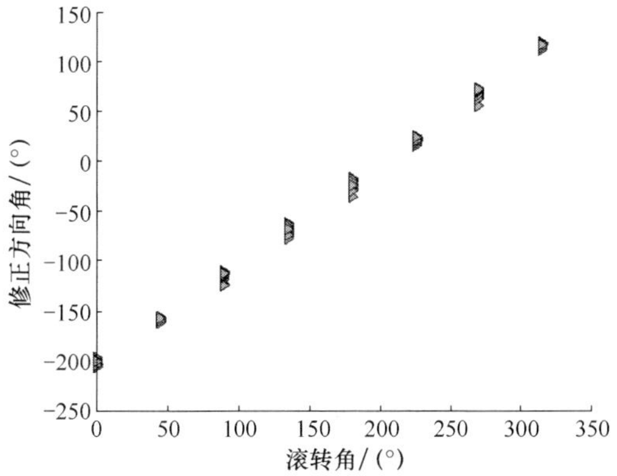

图 8－31　调整后，滚转角 γ_c 与修正方向角 θ'_c 对应关系

$$\begin{cases}\theta'_c = \theta_c - 360°(\theta_c > 100) \\ \theta'_c = \theta_c(\text{其他})\end{cases} \tag{8-12}$$

从图 8－31 可以更直观地看出，γ_c 与 θ'_c 呈线性关系，这一简单的线性关系有利于工程应用。当滚转角相等时，修正方向角的位置十分接近，因此可以认为 γ_c 与 θ'_c 之间的关系与初始发射条件及持续修正时间关系不是特别明显。

从图 8－31 中可以看出，不同条件下，相同的滚转角对应的修正方向仍然有一定的偏差，可以根据这些点使用最小二乘法拟合一条最优直线，使得这条件直线与各点偏差的平方和最小，那么这条件直线即为近似描述滚转角 γ_c 与修正方向角 θ'_c 的对应关系。

首先，设这条待拟合的直线为

$$\hat{\theta}_{ci} = k\gamma_{ci} + b \tag{8-13}$$

式中：k、b 为常数；γ_{ci} 为固定偏角舵的滚转角输入；$\hat{\theta}_{ci}$ 为由式（8－14）求得的修正方向角。当使用最小二乘法作为拟合方法时，要使这条直线为最优直线，残差平方和 s 应为最小值，其中 s 为

$$s = \sum(\hat{\theta}_{ci} - \theta_{ci})^2 (i = 1,\cdots,160) \tag{8-14}$$

式中：θ_{ci} 为与 γ_{ci} 对应的实际修正方向角。

s 取最小值时，有

$$\frac{\partial s}{\partial k} = 0, \frac{\partial s}{\partial b} = 0 \tag{8-15}$$

对式（8－15）化简，可得

$$\begin{cases} na_0 + k\sum x_i = \sum y_i \\ b\sum x_i + k\sum x_i^2 = \sum x_i y_i \end{cases} (n = 160) \tag{8-16}$$

对式（8－16）变形可求得对应的 k 与 b 能满足 s 最小值，即求得最优一次方程为

$$\begin{cases} b = \dfrac{\sum x_i^2 \sum y_i - \sum x_i \sum x_i y_i}{n\sum x_i^2 - (\sum x_i)^2} \\ k = \dfrac{n\sum x_i y_i - \sum x_i \sum y_i}{n\sum x_i^2 - (\sum x_i)^2} \end{cases} \tag{8-17}$$

其中，令 $x_i = \gamma_{ci} y_i = \theta_{ci}$，经计算得 $k=1.0063$，$b=-203.66$，即这条最优直线为 $\hat{\theta}_{ci} = 1.0063\gamma_{ci} - 203.66$

然后用式（8－17）计算的拟合修正方向角与实际修正方向之间的偏差，并对偏差进行数学统计。

计算得所有偏差的平均值为0°，标准差为3.75°。可以看出，用这条件直线拟合得到的结果与实际值是比较相近的。图8－32为修正方向角的拟合值与实际之间的偏差，其中最大偏差为13.6°。图8－33为偏差分布。从图8－33可见，90%以上的偏差处于±6°范围内。

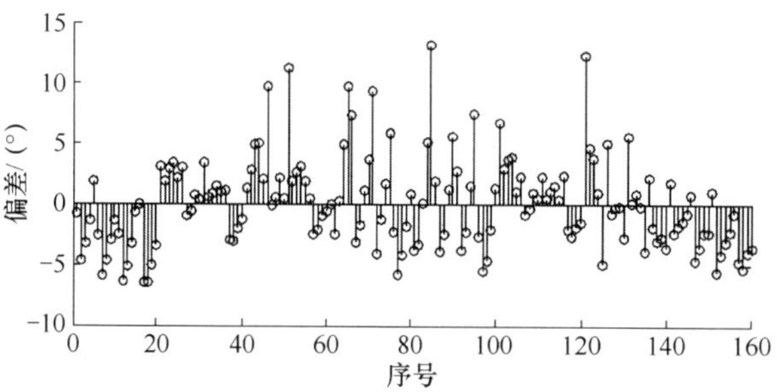

图8－32　拟合修正方向角与实际值之间的偏差

以上是由给定滚转求修正方向角，但在实际应用是已知修正方向角，求固定偏角舵的滚转角，由修正方向角求滚转角的关系式为

$$\gamma_c = (\theta_c - b)/k \tag{8-18}$$

需要注意的是，由式（8－18）求出的滚转可能会超出0°～360°，需要将 γ_c 加上或减去360°以将其调整至定义范围内。

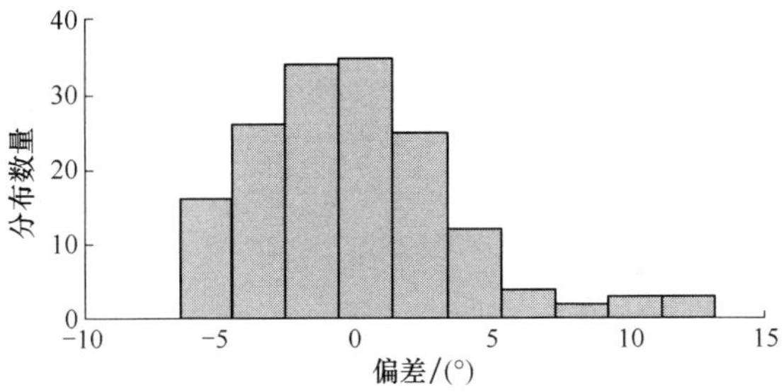

图 8－33 偏差分布

8.4 基于固定偏角舵的二维弹道修正控制方法

8.3 节已经通过计算仿真得到了滚转角与修正方向角之间的近似关系，本节中将利用该关系求得固定偏角舵的滚转角对弹丸进行修正控制；然后利用这两者之间的换算关系对弹丸修正控制，通过仿真证明，该修正控制方法能有效地提高弹丸的落点精度。

8.4.1 修正控制方法

1. 二维弹道修正控制原理

基于落点预估的弹道修正控制流程如图 8－34 所示。弹道修正控制器根据卫星定位接收机输出的位置、速度信息进行弹道辨识和落点预估，与目标点坐标进行比较，形成修正偏差量，输出固定舵滚转角作为控制指令。固定偏角舵在控制指令作用下对弹体进行操控，从而改变弹体的位置与速度，即对弹丸进行修正，使弹丸的落点与目标点靠近。经过一定时间后，再次重复以上的过程，直至弹丸落地。

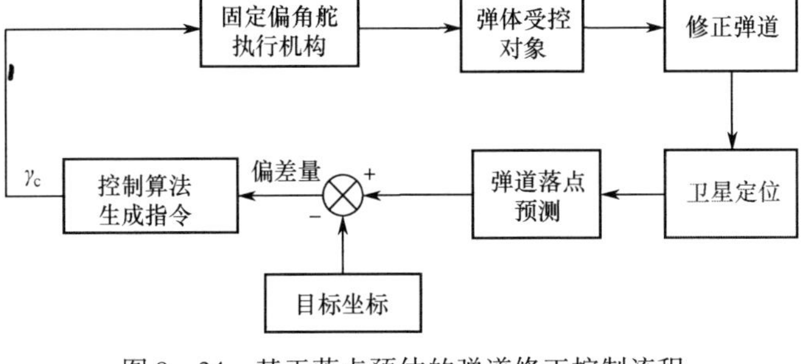

图 8－34 基于落点预估的弹道修正控制流程

2. 修正控制方法

针对二维弹道修正控制，各国学者提出了不同的控制方法，比较典型的是 Deanilg 改进比例导引方法，并与落点预测控制方法进行了比较。结果表明。这两种方法都能有效提高弹丸落点精度。本节采用的修正控制方法是基于落点预测的控制方法。其实质是将弹丸的实际落点位置向目标点修正。通常将所需修正方向角作为输入量，然后求得所需滚转角 γ_{ci} ，此时固定偏角舵将相对于惯性坐标系将滚转角保持在 γ_{ci} ，弹丸的落点将在操纵力的作用下向目标点靠近。一段时间后，再次预测落点，重复上面的过程，直到弹丸落地。

通过 8.3 节仿真计算，在获得所需修正方向角后，可以利用式（8－18）求得固定偏角舵的滚转角控制指令，但求得的滚转角并不是精确的、最优的滚转角，不过仍然能够利用该式来对弹丸进行修正控制，具体原因如图 8－35所示。

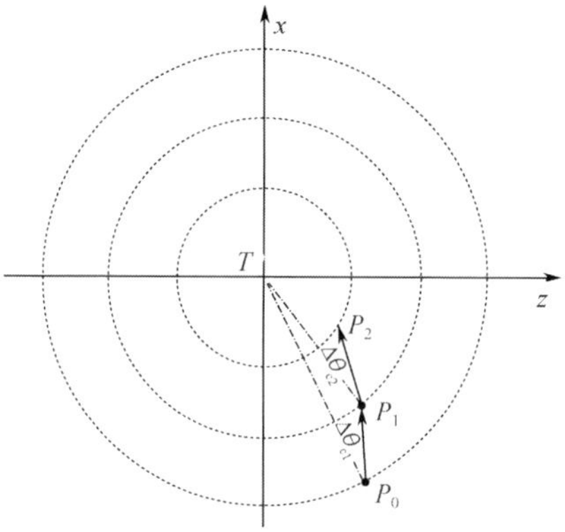

图 8－35　修正控制的可行性分析

图 8－35 中：P_i 代表弹丸第 i 次预测的落点，其中 $i=0$，1，2，…；T 代表目标点的位置；x、z 轴分别代表射程与横偏方向。弹丸在修正控制过程中，首次预测弹丸的落点为 P_0 ，所以需要修正方向为 $\overrightarrow{P_0T}$ ，但是由于滚转角的计算偏差，可能会将弹丸修正至 P_1 ，使得实际修正方向角与理想修正方向角之间存在 $\Delta\theta_{c1}$ 偏差。但是，修正之后，弹丸的落点离目标点变近。同理，第二次对弹丸修正时，弹丸的落点修正至 P_2 ，即使理想修正方向角与实际修正方向角存在偏差 $\Delta\theta_{c2}$ ，弹丸的落点与目标点之间的距离也变得更近。

事实上，只要两者之间的角度偏差 $\Delta\theta_{ci}$ 始终小于 90°，修正后弹丸的落点都会与目标点越来越近，并且 $\Delta\theta_{ci}$ 越小，弹丸落点与目标接近的速度也越快。8.3 节中已经计算了两者之间的误差大部分都在 ±6°范围内，只有少数情况才会有大的偏差，但都是在 90°以内的，因此，用式（8－18）求得固定偏角舵的滚转角可以对弹丸进行修正控制。

8.4.2 修正控制方法的仿真

1. 修正控制方法的基本参数确定

基于落点预估的二维修正控制方法，如果要保证控制方法的精度，首先要求落点预估的误差不能太大。在实际工程应用中，获得弹丸落点的方法有很多种，采用的模型不尽相同。根据采用的运动模型的不同大致有质点运动方程、改进质点弹道方程、刚体运动方程等。质点运动方程计算量小，所需的初始条件也少，但计算精度不高，会带来较大的误差。刚体方程计算精度最高，但需要最大的计算量与最多的初始条件，限制了在弹载计算上的应用。改进质点弹道方程在计算量、精度与初始条件处于这两者之间，因此，改进质点弹道方程的应用也越来越多，尤其是旋转弹丸的落点预估。总之弹道修正中的落点预估是一个很重要的关键技术。

由于固定偏角舵结构特点，它不同于一般的鸭舵修正机构能够改变舵偏角，而固定偏角舵的工作模式只有修正与不修正两种。假设预测的落点准确，那么只要让预测落点向目标点逐渐靠近，就可以提高命中精度。当预测落点与目标之间的偏差 $|TP_i|$ 大于给定值 λ 时，就需要对弹丸进行修正；反之，就不用修正。

λ 直接与修正落点精度有关，一般情况下，λ 越小，修正后弹丸落点精度越高，但是 λ 也不是越小越好，它还受到修正时间周期的限制，即计算弹丸落点时间间隔 T_c ，T_c 与卫星定位系统给出数据的频率有关，实际应用中 1Hz 与 10Hz 较为常见。由于弹载计算机计算速度有限，计算弹丸的落点需耗费一定时间，所以 T_c 不能太小，这里令 $T_c = 1\text{s}$ ，$\lambda = 10\text{m}$ 。

2. 标准气象条件下的二维弹道修正控制仿真

初始条件如下：

（1）炮兵标准气象，无风。

（2）初速 780m/s，射角 45°。

（3）弹丸初始转速 220r/s，正方向为从弹轴的尾部向头部看去，顺时针方向为正。

（4）目标点静止。

对于无控弹丸，其射程 $x = 21191\text{m}$，横偏 $z = 666\text{m}$，飞行时长 $t = 75.4\text{s}$。设目标点在发射坐标系中的坐标位置为（21100，600）m 处。设当弹丸 40s 开始预测弹丸落点并根据实际情况对弹丸进行修正。

从图 8－36 可以看出，经过修正后，弹丸的落点相对于实际落点的最终偏差为（5.1，3.6）m，在整个修正过程中，弹丸预测的落点一直在向目标靠近，且修正的路径基本上为一条直线，说明修正效率比较高，没有走“弯路”。

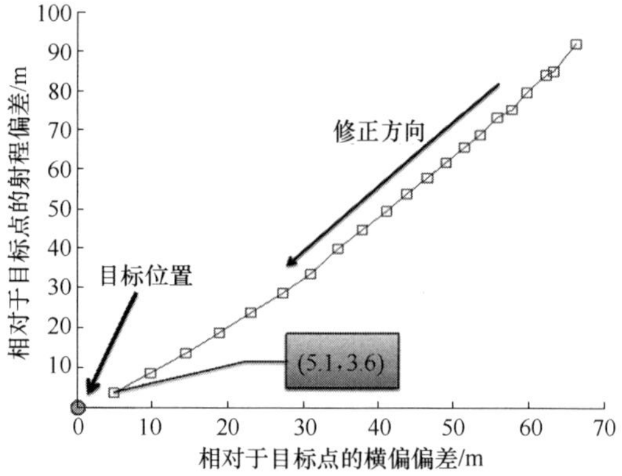

图 8－36　仿真结果—修正效果图

从图 8－37 可以看到，在全弹道飞行过程中，只有 40～60s 处于修正状态，其余时间为自由反旋状态，说明固定偏角舵只需一次修正就可以满足精度要求。

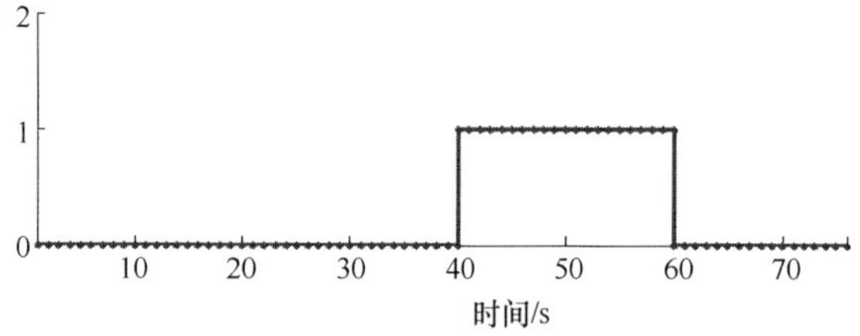

图 8－37　固定偏角舵工作时序

0—自由反旋；1—修正状态。

图 8－38 为弹丸开始修正后，固定偏角舵在修正过程中滚转角的大小。由图 8－38 可以看出，在修正过程中，滚转角的变化不大，这一特点有利于对固定偏角舵执行机构的控制。

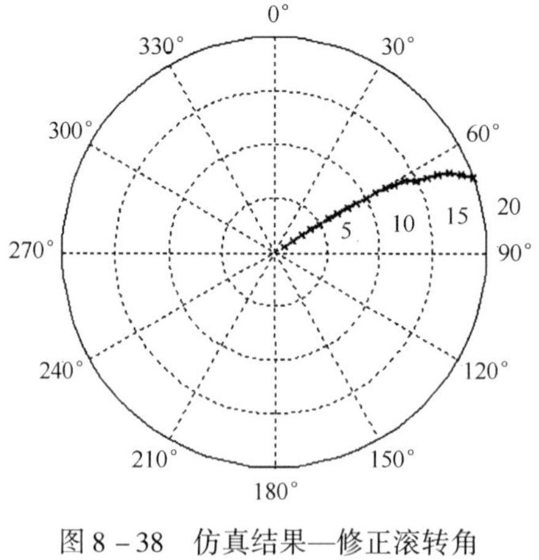

图 8－38　仿真结果—修正滚转角

3. 实际气象条件下的修正控制仿真

初始条件如下：

(1) 实际气象，考虑风速的影响。

(2) 初速 780m/s，射角 45°。

(3) 弹丸初始转速 220r/s，正方向为从弹轴的尾部向头部看去，顺时针方向为正。

(4) 目标点静止。

对于无控弹丸，其射程 $x=21095\text{m}$，横偏 $z=365\text{m}$，飞行时间 $t=75.65\text{s}$。目标点在发射坐标系中的坐标位置为（21000，300）m 处。弹丸 40s 后开始预测弹丸落点并根据实际情况对弹丸进行修正，如图 8-39 所示。

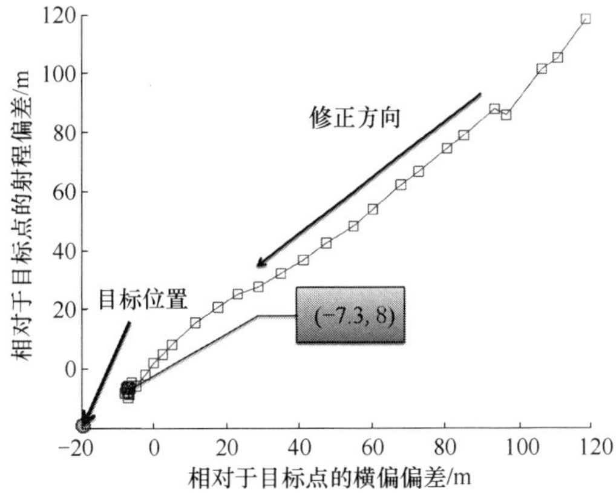

图 8-39 仿真结果—修正效果

从图 8-39 中可以看出，其修正过程与标准条件相似，但是由于风的影响，使得固定偏角舵不能一次将弹丸修正到目标点，在弹丸落地的最后一段时间内，固定偏角舵又频繁地对弹丸进行了修正，与目标点的最终偏差为（-8.3，8）m。

图 8-40 为固定偏角舵工作时序图，弹丸在飞行过程中间歇式工作，只要当落点的偏差大于给定值，固定偏角舵就会得到指令对弹丸进行修正，如图 8-41所示。

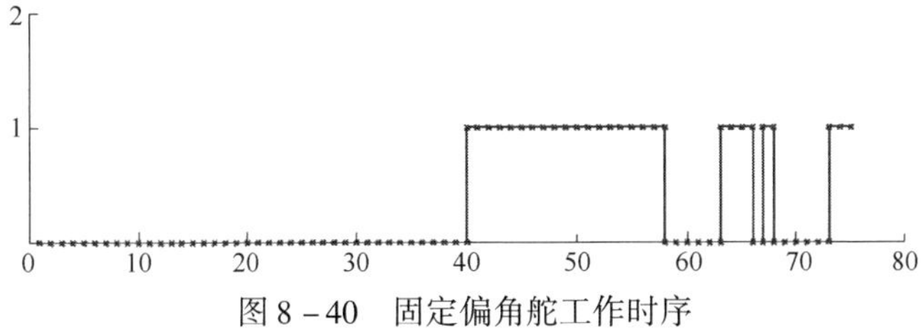

图 8-40 固定偏角舵工作时序

0—自由反旋；1—修正状态。

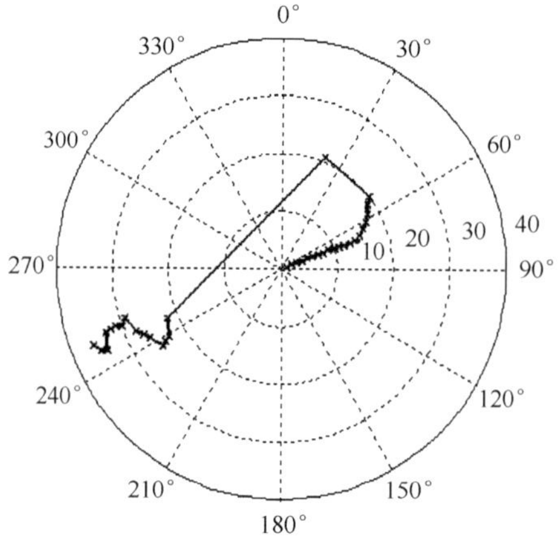

图 8-41 仿真结果—修正滚转角

从图 8-41 可以看出，在弹丸落点前，固定偏角舵的滚转角变化相对较大，这是因为受到风的干扰后，弹丸的落点偏离了预测的落点，因此需要不断对弹道进行修正。

从以上两组仿真结果可以看出，不论是在标准气象条件，还是实际气象条件下，使用该控制方法均能够使得弹丸的落点精度大大提高，说明这种控制方法是可行的。

8.5 其他修正控制方法简介

对于二维弹道修正引信，除基于落点预估的弹道修正控制方法外，还有基于模板弹道比对、基于改进比例导引的方法。

1. 基于模板弹道比对的制导

基于模板弹道的估计方法，模板弹道由弹道模板库给出。由此，若已知导弹发射点参数，就确定了它的弹道。根据弹丸飞行过程中任意时刻的位置信息与模板比对得出修正量，然后由修正量计算出所需修正滚转角的大小对弹丸位置进行修正，实际弹道与模板弹道间的关系如图 8-42 所示。

2. 基于改进比例导引的制导方法

比例导引律由于具有便于工程实现的优点，几十年来一直被广泛使用，如载机追踪、导弹拦截以及太空的飞行器对接。与其他复杂的导引律相比，比例导引对运动目标的信息量少，可降低对机载传感器的要求，提高导引系统可靠性和鲁棒性。鉴于比例导引重要性，人们对采用比例导引进行追踪拦截的性能做了大量的分析研究工作。

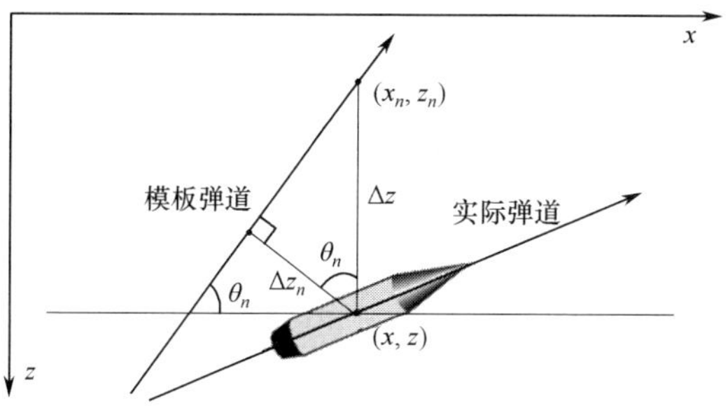

图 8-42 弹丸实际弹道与模板弹道关系

比例导引最早定义：追踪器在接近目标的过程中，使追踪器的速度矢量的转动角速度正比于目标视线的转动角速度。随着对比例导引研究的发展，其定义有了很大的扩展。本节选择目标位置与弹丸当前的状态（位置与速度）而不是预测落点作为主要变量。

因此，可以通过舵片改变弹丸加速度实现对弹丸的控制。当前速度与位置用 $\{v_{X\mathrm{e}}, v_{Y\mathrm{e}}, v_{Z\mathrm{e}}, x_{\mathrm{e}}, y_{\mathrm{e}}, z_{\mathrm{e}}\}$ 表示，目标点用 $\{v_{X\mathrm{e_t}}, v_{Y\mathrm{e_t}}, v_{Z\mathrm{e_t}}, x_{\mathrm{e_t}}, y_{\mathrm{e_t}}, z_{\mathrm{e_t}}\}$ 表示。刚体的标准运动方程如下：

$$\boldsymbol{r} = \boldsymbol{r}_0 + \boldsymbol{v}t_{\mathrm{go}} + \frac{1}{2}at_{\mathrm{go}}^2 \tag{8-19}$$

式中：t_{go} 为剩余飞行时间，且 $t_{\mathrm{go}} = t_{\mathrm{f}} - t_{\mathrm{c}}$；$\boldsymbol{r}$ 为相对位移；$\boldsymbol{v}$ 为弹目相对运动速度；a 为相对加速度。

因此，加速度与位置及速度之间的对应关系为

$$\boldsymbol{a}_{\mathrm{p}} = \frac{(\boldsymbol{r}_{\mathrm{t}} - \boldsymbol{r}_{\mathrm{p}}) + (\boldsymbol{v}_{\mathrm{t}} - \boldsymbol{v}_{\mathrm{p}})t_{\mathrm{go}} + \frac{1}{2}\boldsymbol{a}_{\mathrm{t}}t_{\mathrm{go}}^2}{t_{\mathrm{go}}^2} \tag{8-20}$$

式中：下标 p 代表弹丸（projectile）；下标 t 代表目标（target）。

这些量都是在大地坐标系中表示的，因此可以做如下假设：

（1）弹丸所受的力主要为重力。

（2）目标是静止不动的，因此不考虑目标的速度与加速度。

（3）弹丸不存在推力。

从前两个假设可以看出，t_{go} 是以下方程的正解：

$$z_{\mathrm{t}} - z_{\mathrm{p}} - v_{\mathrm{pz}}t_{\mathrm{go}} - \frac{1}{2}\boldsymbol{g}t_{\mathrm{go}}^2 \tag{8-21}$$

之所以这样认为，是由于假设大气为真空，不考虑空气的阻力，弹丸相当于自由落体。因此，在三个方向加速度如下：

$$\begin{bmatrix} a_{pX} \\ a_{pY} \\ a_{pZ} \end{bmatrix} = \boldsymbol{K}_P \frac{\begin{bmatrix} x_t - x_p \\ y_t - y_p \\ z_t - z_p \end{bmatrix} - \begin{bmatrix} v_{pX} \\ v_{pY} \\ v_{pZ} \end{bmatrix} t_{go}}{t_{go}^2} \tag{8-22}$$

式中：$\boldsymbol{K}_p$ 为比例增益，是一个矢量。

这个加速度可以转换到弹体坐标系中，或转换为操纵舵的相位角与舵偏角，转换关系如下：

$$\varphi_r = \arctan 2(a_{pX}, a_{pY}) + \frac{\pi}{2} \tag{8-23}$$

$$\delta_c = \| \{ a_{pX}, a_{pY} \} \| \tag{8-24}$$

为实现上述弹道修正控制模型，应依次进行弹丸运动方程线性化及弹体传递函数模型建立、导引传递函数模型建立、控制函数模型建立和滚转角提取模型建立等工作。

参考文献

[1] 马宝华. 网络时代的引信 [J]. 西安：探测与控制学报，2006，28 (6)：1 -5.
[2] 马宝华. 坚持自主创新实现我国引信技术与装备的跨越式发展 [J]. 西安：探测与控制学报，2007，29 (1)：1 -4.
[3] 刘萍. 自主式弹道修正引信系统的理论研究和计算机仿真 [R]. 北京：北京理工大学，1996.
[4] 熊永虎. 弹道修正引信无陀螺捷联惯性测量方法研究 [D]. 北京：北京理工大学，2001.
[5] 李杰. 一维弹道修正引信控制技术及其实现 [D]. 北京：北京理工大学，2001.
[6] 李东光. 弹道修正引信弹道特征敏感及飞行姿态测试技术的研究 [R]. 北京：北京理工大学，2001.
[7] 周国勇. 一维弹道修正引信的弹道辨识与修正技术 [D]. 北京：北京理工大学，2001.
[8] 王宝全. 一维弹道修正引信弹道解算精度与修正算法研究 [D]. 北京：北京理工大学，2002.
[9] 何光林. GPS 弹道修正引信弹道辨识技术 [D]. 北京：北京理工大学，2002.
[10] 申强. 基于速度 - 时间序列的射程修正算法及实现研究 [D]. 北京：北京理工大学，2005.
[11] 李会杰. 基于 IMU 的二维弹道修正引信弹道辨识技术研究 [D]. 北京：北京理工大学，2004.
[12] 张剑. 旋转弹弹道修正引信与卫星定位接收系统 [D]. 北京：北京理工大学，2005.
[13] 吴日恒. 中大口径加榴炮一维弹道修正引信弹道辨识技术 [D]. 北京：北京理工大学，2007.
[14] 商广良. 自主式射程修正引信高性能接触式装定器设计 [D]. 北京：北京理工大学，2006.
[15] 周翩. 基于固定舵的高旋转弹二维弹道修正控制方法 [D]. 北京：北京理工大学，2013.
[16] 曾广裕. 非全向天线旋转条件下导航方法及滚转姿态测量技术 [D]. 北京：北京理工大学，2015.
[17] 申强，李世义，李东光. 一维弹道修正引信基于速度 - 时间序列的弹道辨识 [J]. 探测与控制学报，2004 (3)：6 -9.
[18] 吴炎烜，范宁军，王正杰，等. 十字舵型二维弹道修正引信的修正 [J]. 弹箭与制导学报，2007，27 (5)：163 -166.
[19] 浦发，芮筱亭. 外弹道学 [M]. 北京：国防工业出版社，1989.
[20] 程云门. 评定射击效率原理 [M]. 北京：解放军出版社，1986.

[21] 韩子鹏. 弹箭外弹道学 [M]. 北京：北京理工大学出版社，2008.
[22] 郭锡福. 远程火炮武器系统射击精度分析. 北京：国防工业出版社，2004.
[23] Kaplan E. Understanding GPS：principles and application [M]. Boston，MA：Artech House，1990.
[24] 谢钢. GPS原理与接收机设计 [M]. 北京：电子工业出版社，2009.
[25] Ruper J G，Siewart et al. 2-D projectile trajectory corrector：US6502786B2 [P]：2003.
[26] Chris E. 2-D projectile trajectory correction system and method：US7163176B1 [P]：2007.
[27] 于海亮，李强，罗海英，等. 旋转状态下的GPS信号跟踪性能 [J]. 北京：中国惯性技术学报，2009，17 (6)：256-261.
[28] 申强，王猛，李东光. 旋转条件GPS接收信号频率和相位变化分析 [J]. 北京：北京理工大学学报，2009，29 (1)：35-37.
[29] 李杰，申强，唐婉玲，等. 动态GPS接收机载波多普勒分析及环路跟踪性能实验研究 [J]. 北京：北京理工大学学报，2010，30 (2)：137-139.
[30] 申强. 一维弹道修正引信弹道辨识实现及二维弹道测量精度研究 [D]. 北京：北京理工大学，2002.
[31] 张树侠，孙静. 捷联式惯性导航系统 [M]. 北京：国防工业出版社，1992.
[32] 陈哲. 捷联惯导系统原理 [M]. 北京：中国宇航出版社，1986.
[33] 申强，葛脯，彭博，等. 基于GPS弹道测量的卡尔曼滤波参数估计算法 [J]. 北京理工大学学报，2009 (12)：1048-1051.
[34] 申强，杨登红，李东光. 基于MSP430单片机的弹道解算方法研究与实现 [J]. 北京理工大学学报，2011，31 (2)：140-143.
[35] 申强，葛脯，张冀兴，等. 一种GPS弹道辨识方法的精度仿真分析 [J]. 北京理工大学学报，2009，29 (2)：100-102.
[36] 申强，李世义，等. 射程修正引信弹道辨识算法精度分析 [J]. 北京理工大学学报，2005 (1)：5-8.
[37] 张宇宸. 一维弹道修正弹弹底增阻机构设计与研究 [D]. 南京：南京理工大学，2012.
[38] 吴雪飞. 一维弹道修正弹刚性伞形阻力器气动特性分析 [D]. 山西：中北大学，2013.
[39] Benjamin C. Spacido 1D course correction fuze [C]. 51st Annual Fuze Conference，2007.
[40] Michae S，H L，Fred J. Design and analysis of a fuze-configurable range correction device for an artillery projectile [R]. ARL-TR-2074，1999.
[41] 王中原，史金光. 一维弹道修正弹气动布局与修正能力研究 [J]. 南京：南京理工大学学报，2008，32 (3).
[42] Steijl R，Barakos G. Sliding mesh algorithm for CFD analysis of helicopter rotor-fuselage aerodynamics [J]. International Journal for Numerical Methods in Fluids，2008 (58)：527-549.

［43］ Reusch O, Kautzsch K B. Precision enhancement build on a multi functional fuze for 155 mm artillery munition ［C］. 47th NDIA Annual Fuze Conference, 2003.

［44］ Engel M. Guidance integrated fuzing demonstration technical overview ［C］. Proceeding of the 48th Annual Fuze Conference, 2004.

［45］ Hillstrom T, Osbme P. united defense course correcting fuze for the projectile guidance kit program ［C］. 49th Annual Fuze Conference, 2005: 376 – 38.

［46］ Storsved D. PGK and the impact of affordable precision on the fires mission ［C］. 43rd Annual Guns &Missiles Symposium, 2008.

［47］ 贾晨阳．反旋鸭舵对旋转飞行器飞行轨迹的影响［D］．北京：北京理工大学，2011.

［48］ 纪秀玲，王海鹏，曾时明，等．可旋转鸭舵对旋转弹丸纵向气动特性的影响［J］．北京：北京理工大学学报，2011，31（3）：265 – 268.

［49］ Ji Xiu Ling, Wang Hai Peng, Zeng Shiming, et al. Lateral – directional aerodynamics of a canard guided spin stabilized projectile at supersonic velocity ［J］. Applied Mechanics and Materials, 2011 (110 – 116): 4343 – 4350.

［50］ Ji Xiu Ling, Wang Hai Peng, Zeng Shi Ming. Longitudinal aerodynamics of a canard guided spin stabilized projectile ［J］. Advanced Materials Research, 2012 (443 – 444): 719 – 723.

［51］ 孟庆宇．二维弹道修正机构的设计及气动特性分析［D］．沈阳：沈阳理工大学，2012.

［52］ 刘欣．脉冲式弹道修正弹运动稳定性分析［D］．湖南：国防科技大学，2007.

［53］ 郝永平，孟庆宇，张嘉易．固定翼二维弹道修正弹气动特性分析［J］．弹箭与制导学报，2012（32）：172 – 177.

［54］ Wernert Philippe, Leopold Friedrich, Bidino Denis. Wind tunnel tests and open – loop trajectory simulations for a 155mm canards guided spin stabilized projectile ［C］. AIAA Atmospheric Flight Mechanics Conference and Exhibit, 2008.

［55］ Costello M, Peterson A. Linear theory of a dual – spin projectile in atmospheric flight ［J］, Journal of Guidance and Control , 2000, 23 (5): 789 – 797.

［56］ Zhou Pian, Shen Qiang, LI Dong Guang. A method of trajectory estimation and prediction using extended kalman filter based on GPS data ［C］. Proceedings – 27 th International Symposium on Ballistics, 2013: 245 – 250.

［57］ 张鸣．滚转导弹耦合性分析［J］．导弹与航天运载技术，2005（4）：47 – 51.

［58］ 李玉林，杨树兴，闫晓勇．斜置尾翼导弹的转速对耦合度的影响［J］．南京：弹道学报，2009，21（1）：55 – 58.

［59］ 关世玺，张斐，范国勇．弹丸外弹道运动学分析及模拟试验［J］．弹箭与制导学报，2012（4）：165 – 167.

［60］ Gene Cooper Frank Frescon. Flight stability of asymmetric projectiles with control mechanisms ［C］. AIAA Atmospheric Flight Mechanics Conference, Toronto, Ontario Canada, 2010.

［61］ 闫晓勇，张成，杨树兴．一类滚转弹的补偿解耦方法［J］．南京：弹道学报，2009，

21 (4): 17 – 20.

[62] Mark Dean Ilg. Guidance, navigation, and control for munitions [D]. USA: Drexel University, 2008.

[63] Leonard C. In flight projectile impact point prediction [C]. AIAA. Atmospheric Flight Mechanics Conference and Exhibit, Rhode Island, 2004.

[64] Hardiman D F, Kerce J C. Nonlinear estimation techniques for impact point prediction of ballistic targets [C]. Proceedings of SPIE Conference on Signal and Data Processing of Small Targets, Orlando, FL, 2007.

《现代引信技术丛书》集中展示了近20年来我国在现代引信理论基础、设计方法和验证技术、工程制造等领域最权威、最先进成果，填补了国内引信基础研究的空白，汇集了大量创新理论、设计思想和创新方法。

——秦光泉

《现代引信技术丛书》具有自主知识产权的理论和技术，紧紧把握我军装备与技术发展的重大机遇，充分体现了引信发展中坚持需求牵引和技术推动相结合、机理研究和装备应用相结合及产学研相结合的原则。

——黄峥